"十四五"职业教育国家规划教材

网页设计与制作

新世纪高职高专教材编审委员会 组编
主　编　李英俊
副主编　吴　艳　刘　宏
　　　　夏俊博　杨　光
　　　　黎永碧

第六版

大连理工大学出版社

图书在版编目(CIP)数据

网页设计与制作／李英俊主编. -- 6 版. -- 大连：大连理工大学出版社，2022.1(2025.6重印)
新世纪高职高专计算机应用技术专业系列规划教材
ISBN 978-7-5685-3689-9

Ⅰ.①网… Ⅱ.①李… Ⅲ.①网页制作工具－高等职业教育－教材 Ⅳ.①TP393.092.2

中国版本图书馆 CIP 数据核字(2022)第 022267 号

大连理工大学出版社出版

地址：大连市软件园路 80 号　邮政编码：116023
发行：0411-84708842　邮购：0411-84708943　传真：0411-84701466
E-mail：dutp@dutp.cn　URL：https://www.dutp.cn
大连永盛印业有限公司印刷　　大连理工大学出版社发行

幅面尺寸：185mm×260mm　　印张：18　　字数：461 千字
2003 年 7 月第 1 版　　　　　　　　　　　2022 年 1 月第 6 版
2025 年 6 月第 7 次印刷

责任编辑：马　双　　　　　　　　　　　责任校对：李　红
封面设计：张　莹

ISBN 978-7-5685-3689-9　　　　　　　　　定　价：58.80 元

本书如有印装质量问题，请与我社发行部联系更换。

前　言

《网页设计与制作》(第六版)是"十四五"职业教育国家规划教材、"十三五"职业教育国家规划教材、"十二五"职业教育国家规划教材,也是新世纪高职高专教材编审委员会组编的计算机应用技术专业系列规划教材之一。

党的二十大报告指出,加快建设"网络强国、数字中国",推进"教育数字化"。Web 应用作为重要的网络服务,是构建现代化产业体系的重要组成部分,是数字中国、教育数字化建设的重要分支,数字信息的内容呈现和交互式处理大都是通过 Web 网页或其衍生技术来实现,因此,网页设计技能型人才的培养显得尤为重要。

本教材主要讲述了网页设计与制作的常用基本技术,内容以中文 Dreamweaver、中文 Fireworks、中文 Flash 网页制作三剑客软件为主体,对网页设计与制作的基础知识、HTML 语言等内容进行简要介绍,以培养高等职业院校学生网页设计与制作的实际技能为主要教学目标。

全书贯穿两个体系,一是通过任务训练完成项目制作,二是结合实际案例进行知识讲解,同时在讲授项目的过程中安排两个体系之间的联结点。

本教材以行动导向教学模式为指导,以项目(或称为教学产品、模拟教学产品)为教学载体,以任务为训练手段,融网页设计与制作的知识、技能操作于项目设计与任务训练之中,每个项目都可以建立一个较为完整的主题网站。各个项目的选择按照实用性、典型性、覆盖性、综合性、趣味性、可行性的原则进行,并对项目按由浅入深、从简单到复杂的顺序进行教学安排。

本教材既注重技能的实用性、可操作性,又适当注重知识的科学性、系统性;既注意体现项目教学的优势,又注意克服其不足,在进行项目训练的同时注意融入知识讲解。

对学生的实践技能培养贯穿教材始终,并安排了三个实践能力训练环节:结合实际项目讲授教学内容,并指导学生实践,这一环节有实例,有步骤,有讲解,有分析;依靠实训指导培养学生自主学习能力,这一环节有实例,有步骤,

无讲解,无分析;通过综合练习测试提高学生的综合应用能力,这一环节有目标,无步骤,无讲解,无分析,靠学生自己对本项目内容的掌握来完成。

本教材力求语言简洁、逻辑清晰、高效实用。

关于本教材使用,以下建议仅供参考:

1. 建议应用现代教育理论指导教学。如应用建构主义学习理论,充分体现学生的主体地位和教师的主导作用,培养学生的自主学习、协作学习能力;采用任务驱动教学法,培养学生运用所学知识解决实际问题的能力;运用整合信息技术与课程方法,采用现代化多媒体教学手段以提高教学效率。

2. 建议教学主要在教学机房进行。教学机房中具备上网的条件,这样有利于提高教学效果和培养学生能力。

3. 关于如何处理技能体系训练与知识体系讲授的关系,我们建议采用以下三种方式:将知识讲授融入技能体系的训练中;在项目演示及训练之后再讲授知识;知识供学生自学时参考。

4. 教学学时可长可短,知识讲授可多可少。可根据实际教学情况选择相应项目来组织教学,一般学时在40到70均可完成相应4到6个项目的教学。

本教材由辽宁建筑职业学院李英俊任主编,辽宁科技学院吴艳、辽宁建筑职业学院刘宏和夏俊博、辽宁政法职业学院杨光、河南工业和信息化职业学院黎永碧任副主编,逐梦计划(厦门)文化传媒有限公司陈利文提供了项目案例和网站技术支持。具体编写分工如下:项目1由李英俊编写,项目6由吴艳编写,项目2由刘宏编写,项目4由夏俊博编写,项目5由杨光编写,项目3由黎永碧编写,全书由李英俊整体设计。

感谢辽阳信息技术网络有限公司、光大电脑有限公司、辽建集团等校企合作单位为本教材编写所提供的相关素材与技术支持。

由于编者水平有限,加之时间仓促,书中难免会存在缺点与不足,希望广大读者提出宝贵意见,以便改进。

编　者

所有意见和建议请发往:dutpgz@163.com

欢迎访问职教数字化服务平台:https://www.dutp.cn/sve/

联系电话:0411-84707492　84706104

目 录

项目 1　班级风采网站制作 ··· 1

1.1　班级风采网站制作过程 ·· 2

　　任务 1-1　设计规划班级风采网站 ·· 2
　　任务 1-2　创建班级风采网站站点 ·· 2
　　任务 1-3　制作并添加网页标题栏 ·· 5
　　任务 1-4　设置导航栏 ··· 9
　　任务 1-5　设置网页主体内容 ··· 12
　　任务 1-6　制作版权区 ··· 13
　　任务 1-7　设置页面属性 ·· 14
　　任务 1-8　制作子网页 ··· 17
　　任务 1-9　建立网页之间的链接 ·· 17
　　任务 1-10　浏览网页 ·· 19
　　任务 1-11　保存网页 ·· 19

1.2　班级风采网站制作相关知识 ·· 20

　　知识点 1-1　网页与网站的概念 ·· 20
　　知识点 1-2　网站设计与制作流程 ··· 23
　　知识点 1-3　初步认识 Dreamweaver ··· 25
　　知识点 1-4　Dreamweaver 文本编辑与格式化 ··· 28
　　知识点 1-5　Dreamweaver 中图像及应用 ··· 34
　　知识点 1-6　Dreamweaver 中超链接的概念与基本应用 ······························ 38
　　知识点 1-7　Dreamweaver 中表格的建立与基本操作 ································· 41
　　知识点 1-8　Dreamweaver 中层的建立与基本操作 ···································· 48
　　知识点 1-9　初步认识 Fireworks ·· 52

　实训指导 1 ··· 52
　综合练习 1 ··· 55

项目 2　我的校园生活网站制作 ··· 57

2.1　我的校园生活网站制作过程 ·· 58

　　任务 2-1　设计规划我的校园生活网站 ·· 58
　　任务 2-2　创建我的校园生活网站站点 ·· 58
　　任务 2-3　建立包含网页主体标记的主页文件 ·· 59
　　任务 2-4　应用表格标记进行网站布局 ·· 60

任务 2-5　应用文本格式标记编辑文本 ………………………………………… 61
　　任务 2-6　应用图像标记插入图像 ……………………………………………… 63
　　任务 2-7　应用表单标记制作表单 ……………………………………………… 66
　　任务 2-8　应用多媒体标记插入多媒体对象 …………………………………… 68
　　任务 2-9　制作子网页并应用链接标记建立导航链接 ………………………… 69
2.2　我的校园生活网站制作相关知识 ……………………………………………………… 76
　　知识点 2-1　HTML 网页的基本组成与特点 …………………………………… 76
　　知识点 2-2　文本格式标记 ……………………………………………………… 80
　　知识点 2-3　版面控制标记 ……………………………………………………… 82
　　知识点 2-4　图像标记 …………………………………………………………… 84
　　知识点 2-5　超链接标记 ………………………………………………………… 85
　　知识点 2-6　表格标记 …………………………………………………………… 86
　　知识点 2-7　表单标记 …………………………………………………………… 89
　　知识点 2-8　多媒体及其他常用标记 …………………………………………… 94
实训指导 2 ………………………………………………………………………………………… 96
综合练习 2 ………………………………………………………………………………………… 99

项目 3　风光旅游网站制作 ………………………………………………………………… 101

3.1　风光旅游网站制作过程 ………………………………………………………………… 102
　　任务 3-1　设计规划风光旅游网站 ……………………………………………… 102
　　任务 3-2　创建风光旅游网站站点 ……………………………………………… 102
　　任务 3-3　应用 Dreamweaver 表格进行网站主页布局 ………………………… 104
　　任务 3-4　利用 Fireworks 制作站标图像 ……………………………………… 105
　　任务 3-5　利用 Fireworks 制作站标动画 ……………………………………… 107
　　任务 3-6　利用 Fireworks 制作按钮导航 ……………………………………… 109
　　任务 3-7　编辑制作主体区 ……………………………………………………… 113
　　任务 3-8　编辑制作版权区 ……………………………………………………… 116
　　任务 3-9　制作子网页并链接测试 ……………………………………………… 118
3.2　风光旅游网站制作相关知识 …………………………………………………………… 120
　　知识点 3-1　Dreamweaver 中 CSS 样式及应用 ………………………………… 120
　　知识点 3-2　Dreamweaver 中超链接的进一步应用 …………………………… 125
　　知识点 3-3　Dreamweaver 表格与网页布局 …………………………………… 126
　　知识点 3-4　Fireworks 文字特效 ………………………………………………… 128
　　知识点 3-5　Fireworks 图像处理 ………………………………………………… 130
　　知识点 3-6　Fireworks 按钮导航 ………………………………………………… 138
　　知识点 3-7　Fireworks 基本动画制作 …………………………………………… 140
实训指导 3 ………………………………………………………………………………………… 142
综合练习 3 ………………………………………………………………………………………… 144

项目 4　中国文学阅读网站制作 …… 146

4.1　中国文学阅读网站制作过程 …… 147
- 任务 4-1　设计规划中国文学阅读网站 …… 147
- 任务 4-2　创建中国文学阅读网站站点 …… 148
- 任务 4-3　制作中国文学阅读网站各章回网页 …… 149
- 任务 4-4　制作《三国演义》阅读网页 …… 150
- 任务 4-5　制作《红楼梦》阅读网页 …… 152
- 任务 4-6　制作《水浒传》阅读网页 …… 154
- 任务 4-7　制作《西游记》阅读网页 …… 157
- 任务 4-8　制作中国文学阅读网站主页 …… 157

4.2　中国文学阅读网站制作相关知识 …… 158
- 知识点 4-1　框架及应用 …… 158
- 知识点 4-2　模板及应用 …… 163
- 知识点 4-3　Fireworks 元件及应用 …… 164
- 知识点 4-4　Fireworks 切片及应用 …… 166
- 知识点 4-5　Fireworks 补间动画制作 …… 169

实训指导 4 …… 170
综合练习 4 …… 173

项目 5　网聚电子公司网站制作 …… 174

5.1　网聚电子公司网站制作过程 …… 175
- 任务 5-1　设计规划网聚电子公司网站 …… 175
- 任务 5-2　应用 Dreamweaver 表格进行网站整体布局 …… 175
- 任务 5-3　应用 Fireworks 制作站标图像 …… 179
- 任务 5-4　应用 Flash 制作主页动画条幅 …… 182
- 任务 5-5　应用 Dreamweaver 层与行为制作网站导航栏 …… 184
- 任务 5-6　主页其余部分及各子网页制作与链接 …… 189
- 任务 5-7　网聚电子公司网站发布 …… 203

5.2　网聚电子公司网站制作相关知识 …… 206
- 知识点 5-1　Flash 操作基础 …… 206
- 知识点 5-2　Flash 逐帧动画制作 …… 213
- 知识点 5-3　应用 Fireworks 制作动态交换图像 …… 214
- 知识点 5-4　Dreamweaver 行为 …… 215
- 知识点 5-5　网站的测试与发布 …… 217

实训指导 5 …… 219
综合练习 5 …… 223

项目 6　金鑫房地产开发公司网站制作 …… 224

6.1　金鑫房地产开发公司网站制作过程 …… 225

任务 6-1　设计规划金鑫房地产开发公司网站……………………………………… 225
任务 6-2　创建金鑫房地产开发公司网站站点……………………………………… 226
任务 6-3　应用 Dreamweaver 表格进行网站整体布局……………………………… 228
任务 6-4　应用 Fireworks 制作站标动画…………………………………………… 236
任务 6-5　应用 Flash 制作网站标题动画…………………………………………… 239
任务 6-6　应用 Dreamweaver 层与行为制作网站导航栏…………………………… 244
任务 6-7　应用 Dreamweaver 制作网站注册表单…………………………………… 249
任务 6-8　各子网页制作与链接测试………………………………………………… 252
任务 6-9　金鑫房地产开发公司网站发布…………………………………………… 258
6.2　金鑫房地产开发公司网站制作相关知识…………………………………………… 262
知识点 6-1　Flash 渐变动画制作…………………………………………………… 263
知识点 6-2　Dreamweaver 表单……………………………………………………… 268
实训指导 6 …………………………………………………………………………………… 271
综合练习 6 …………………………………………………………………………………… 273
附录　知识点索引 ………………………………………………………………………… 276

本书微课视频表

序号	二维码	微课名称	页码
1		Dreamweaver 文本编辑与格式化	28
2		Dreamweaver 中图像及应用	34
3		Dreamweaver 中超链接的概念与基本应用	38
4		Dreamweaver 中表格的建立与基本操作	41
5		Dreamweaver 中层的建立与基本操作	48
6		HTML 网页的基本组成及特点	76
7		Dreamweaver 中 CSS 样式及应用	120
8		Fireworks 文字特效	128
9		Fireworks 按钮导航	138
10		Fireworks 基本动画制作	140
11		Dreamweaver 中框架及应用	158
12		Dreamweaver 中模板及应用	163

项目 1　班级风采网站制作

内容提要

　　本项目从清晰明确的任务训练入手,讲授了班级风采小型网站的规划设计,应用中文Dreamweaver、中文Fireworks建立网站并制作网页的全过程,介绍了网站规划设计及应用上述软件进行网页制作的相关知识。

能力目标

1. 能够运用网站规划设计相关知识进行小型网站规划设计。
2. 能够运用中文Dreamweaver 网站管理、文本编辑与格式化、超级链接、图像操作、表格操作、层操作等知识进行小型网站的创建、管理及网页制作。
3. 能够运用中文Fireworks文本等工具制作网站标题图像。

知识目标

1. 熟悉网站规划设计的基本知识。
2. 掌握利用中文Dreamweaver进行网页设计制作的相关知识。

1.1 班级风采网站制作过程

任务1-1 设计规划班级风采网站

网页制作之前要进行规划,内容包括:设置主题栏目、设计网页结构、确定网站风格等。

本班级风采网站的主题栏目包括:班级档案、组织机构、荣誉殿堂、风采图片、文体天地、学习园地、支部生活。

网站主页规划的结构如图1-1所示。

网站的主页可采用简单明了的板块结构——上中下结构。上边为标题区,用于存放网站标题等内容。中间为主体区,它又分为左、右两部分:左边窄,是导航区,用竖式结构放置导航栏;右边宽,是正文区,存放班级简介等内容。下边为版权区,用于存放版权声明信息。

标题区	
导航区	正文区
版权区	

图1-1 网站主页规划的结构

网页尺寸一般选择1024×768规格,实际尺寸为:980×***。宽度最好限定在一个幅面内,长度一般不超过3个版面。

> ※特别提示　**本任务相关知识请参阅:**
>
> 　知识点1-1　网页与网站的概念
> 　知识点1-2　网站设计与制作流程

任务1-2 创建班级风采网站站点

【子任务1-2-1】 设置本地站点文件夹

本地站点文件夹用于存放所有站点文件。设置本地站点文件夹的操作步骤如下:

(1)在桌面双击"我的电脑"图标。

(2)在"我的电脑"窗口中双击打开用于存储站点的硬盘驱动器(如E盘)。

(3)执行"文件"→"新建"→"文件夹"命令,在硬盘中建立一个新文件夹。

(4)在新文件夹上单击鼠标右键,选择"重命名"命令,在英文输入法状态下输入站点名称,如class,然后在空白处单击确定,如图1-2所示。

项目 1　班级风采网站制作　3

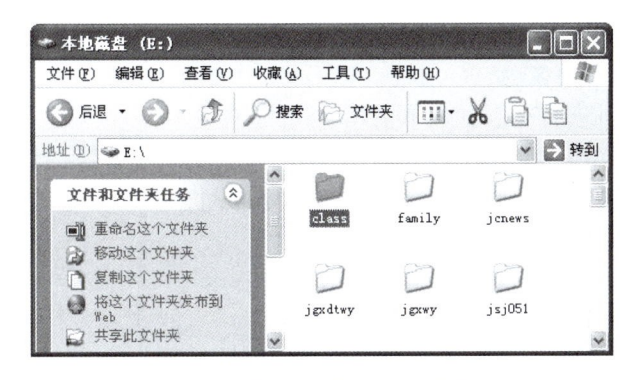

图 1-2　建立并重命名站点文件夹

【子任务 1-2-2】 建立一个名称为"班级"的站点

站点是对网站进行组织、维护和管理的功能集合。通过站点管理,用户可以根据自己的需要设计出自己的网站结构。

操作步骤如下:

(1)启动 Dreamweaver。

(2)执行"站点"→"新建站点"命令,弹出"站点设置对象"对话框。

(3)选择"站点"选项,在"站点名称"文本框中输入"班级",在"本地站点文件夹"文本框中输入"E:\class"(或单击【浏览文件】按钮 ,选择 E:\class)作为本地根文件夹,如图 1-3 所示。

(4)单击【保存】按钮,完成"班级"站点创建。

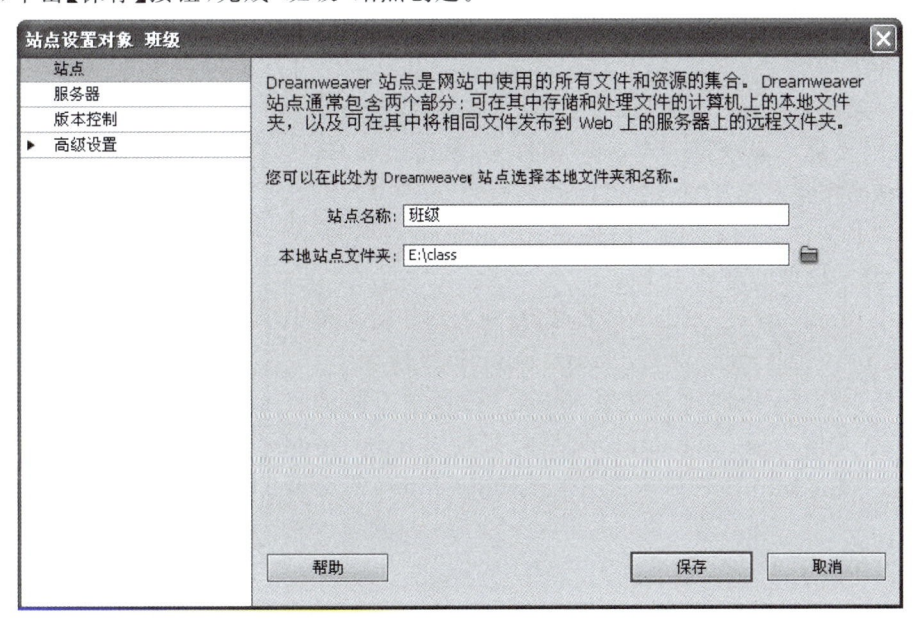

图 1-3　创建"班级"站点

【子任务 1-2-3】 在"班级"站点中建立站点子文件夹

在已建好的站点中,一般还需要建立一些子文件夹,用于归类存入站点中的图像、网页、动画、模板等文件。

操作步骤如下：

(1)在"文件"面板中选择"站点－班级(E:\class)"文件夹，单击鼠标右键，在弹出的快捷菜单中选择"新建文件夹"命令，建立一个 untitled 文件夹。

(2)单击 untitled 文件夹的名称部分，输入 image，将文件夹改名为 image，此文件夹用于存放图像文件。

(3)参照步骤(1)和(2)，依次建立子文件夹 html(用于存放非主页的其他网页)、music(用于存放音乐文件)、swf(用于存放 Flash 动画)，最后结果如图1-4所示。

图1-4 建立站点子文件夹结果

【子任务1-2-4】 在"班级"站点中建立网页文件

建立网页文件的方法为：先选中要放置网页文件的文件夹，单击鼠标右键，在弹出的快捷菜单中选择"新建文件"命令；或执行"文件"→"新建文件"命令，在弹出的"新建文档"对话框中选择"基本页"或"HTML"，单击【创建】按钮。编辑完成网页内容后，以适当的文件名保存到相应站点文件夹下(如保存到 E:\class\html 下)。

> **注意**：在操作时要注意以下问题：
> (1)首页文件必须放在本地站点根目录下，例如，本例应将首页文件放在 E:\class 文件夹下。
> (2)网页文件名、文件夹名和网站内的其他文件名最好全部使用英文小写形式，因为 Dreamweaver 不识别中文文件名，而且有些网站服务器区分字母大小写。

操作步骤如下：

①打开站点窗口，在"文件"面板上单击【展开】按钮。

②选中"站点－班级(E:\class)"文件夹，单击鼠标右键，在弹出的快捷菜单中选择"新建文件"命令。

③单击新文件名的名称部分，将 untitled.html 改名为 index.html(作为网站的首页文件)。

④选中 html 文件夹，单击鼠标右键，在弹出的快捷菜单中选择"新建文件"命令，建立网页 dangan.html(班级档案)。

⑤参照步骤④，分别建立网页 xuexi.html(学习园地)、wenti.html(文体天地)、jigou.html(组织机构)、zhibu.html(支部生活)、tupian.html(风采图片)、rongyu.html(荣誉殿堂)。

最后结果如图1-5所示。

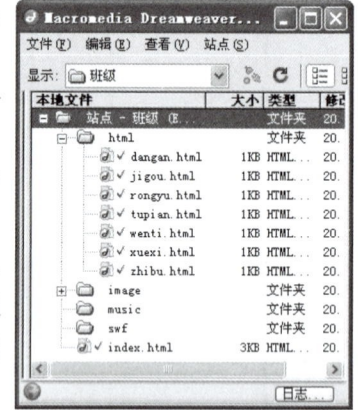

图1-5 建立网站新文件结果

> **注意**：
> 文件及文件夹的移动、复制、删除等操作，与 Windows 的资源管理器操作类似。例如，选中文件或文件夹后，单击鼠标右键，在弹出的快捷菜单中选择"编辑"命令，可以完成剪切、复制、粘贴、删除等操作。

制作一个班级风采主页,效果如图 1-6 所示。下面介绍这样一个简单网页的制作过程。

图 1-6　班级风采主页

※特别提示　本任务相关知识请参阅:

知识点 1-3　初步认识 Dreamweaver

任务 1-3　制作并添加网页标题栏

【子任务 1-3-1】　制作网页标题图像

一个网页通常有标题部分,来访者可以通过标题了解网站的名称及网站类型。标题部分可以是文本,也可以是图像。如果使用图像标题,我们可以用 Fireworks 制作。

操作步骤如下:

(1)启动 Fireworks,选择画布宽度为 980 像素,高度为 80 像素,画布颜色自定义为黑色,如图 1-7 所示。单击【确定】按钮,进入 Fireworks 主界面。

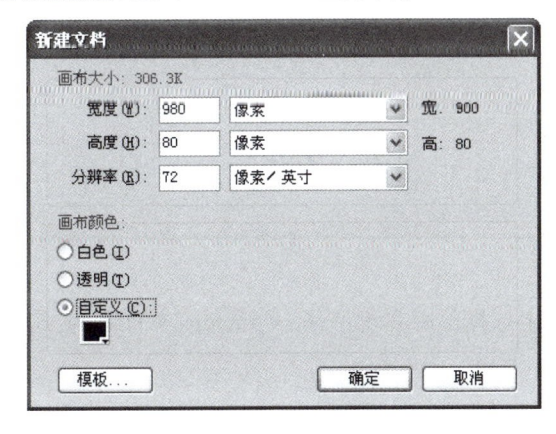

图 1-7　Fireworks 新建文档

(2) 在画布中间用"文本"工具输入"班级风采",在"属性"面板中设置:字体大小为 80,颜色为淡蓝色(♯00FFFF),字体为隶书。如图 1-8 所示。

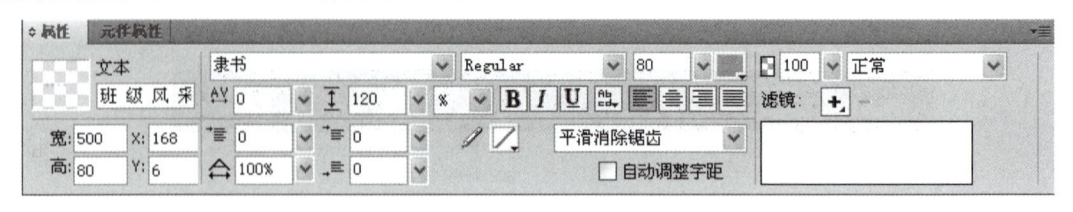

图 1-8 设置文本"班级风采"属性

(3) 在画布左边用"文本"工具输入"计算机多媒体",在"属性"面板中设置:字体大小为 22,颜色为白色,字体为黑体。

(4) 在画布右边用"文本"工具输入"Computer Multimedia",在"属性"面板中设置:字体大小为 22,颜色为白色,字体为黑体。

(5) 单击【保存】按钮,设置保存位置(如 E:\class\image)及文件名(扩展名为.png),以便以后修改。

(6) 执行"文件"→"图像预览"命令,设置文件格式为 GIF,单击【导出】按钮。如图 1-9 所示。

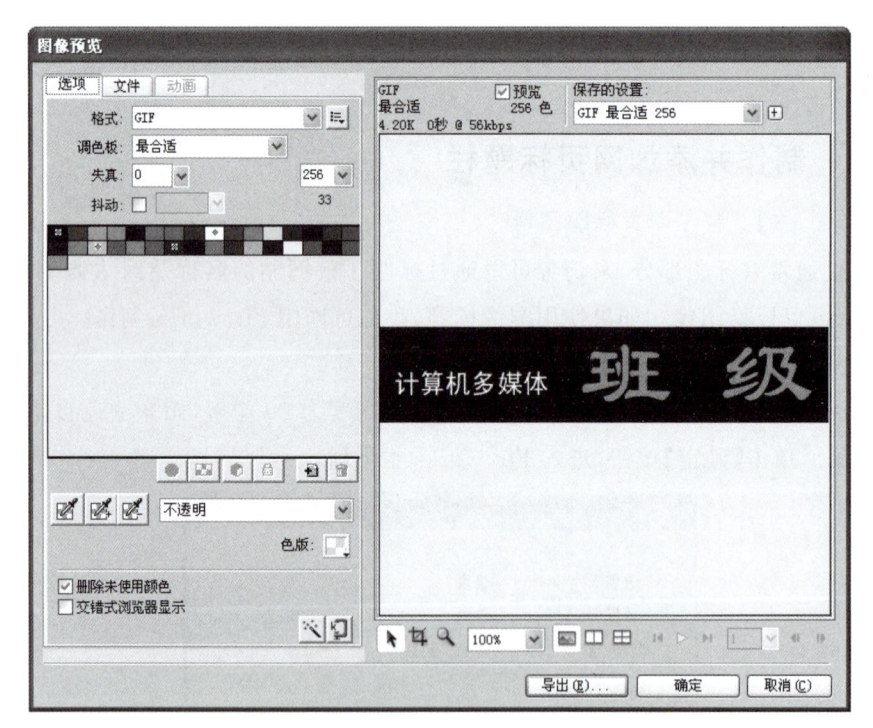

图 1-9 "图像预览"对话框

(7) 在"导出"对话框中选择保存在 E:\class\image,文件名为:bjbt,单击【保存】按钮。如图 1-10 所示。

图 1-10　"导出"对话框

(8) 标题图像制作效果如图 1-11 所示。

图 1-11　标题图像制作效果

【子任务 1-3-2】　添加主页标题图像"班级风采"

操作步骤如下：

(1) 在 Dreamweaver 应用程序窗口中执行"站点"→"管理站点"命令，在弹出的对话框中选择需要打开的站点名称，例如：班级。单击【完成】按钮，"班级"站点显示在"文件"面板中。

(2) 双击打开需要制作的网页文件。例如，双击打开主页文件 index.html。主页文件打开，此时是空白页。

(3) 执行"插入"→"图像"命令，或单击"常用"工具栏中的【图像】按钮，弹出"选择图像源文件"对话框，如图 1-12 所示。如果"常用"工具栏未打开，可按快捷键【Ctrl】+【F2】打开。

(4) 在指定文件夹中找到标题图像文件，选择标题图像文件后，对话框右侧将显示该标题图像的预览图，单击【确定】按钮，插入结束，如图 1-13 所示。

【子任务 1-3-3】　添加水平线

为了将标题区与正文内容分隔开，通常在标题下面插入一条水平线。

图 1-12 "选择图像源文件"对话框

图 1-13 插入标题图像

操作步骤如下：

(1) 将光标移到需要插入水平线的地方(如标题图像下方)。

(2) 执行"插入"→"HTML"→"水平线"命令。

(3) 标题图像的下面出现一条水平线，并处于选中状态，在"属性"面板中设置其属性，如宽度、高度、对齐方式、阴影等。这里设置宽度为 980 像素，有阴影。如图 1-14 所示。

※特别提示 **本任务相关知识请参阅：**

知识点 1-5　Dreamweaver 中图像及应用

知识点 1-9　初步认识 Fireworks

知识点 3-4　Fireworks 与文字特效

图 1-14　插入水平线

任务 1-4　设置导航栏

导航栏的作用是与其他网页链接，从而轻松地进入下一个页面。导航栏既可以使用文字，也可以使用图像。这里我们使用文字制作导航栏，并且使用表格布局导航栏。

【子任务 1-4-1】　插入表格并添加文字

操作步骤如下：

(1) 在水平线下单击鼠标，出现光标插入点。

(2) 执行"插入"→"表格"命令，或在"插入"面板上单击"常用"工具栏中的【表格】按钮，弹出"表格"对话框，设置"行数"为 7，"列"为 1，"表格宽度"为 25，单位为"百分比"，如图 1-15 所示。

(3) 单击【确定】按钮，表格插入。此时表格处于选中状态，拖动控制点（黑点）可以调整表格的大小，如图 1-16 所示。

(4) 参照图 1-16，在"属性"面板中设置表格的背景颜色为#CCFFCC。

(5) 在表格的第一个单元格里单击鼠标，出现光标插入点，通过键盘输入文字"班级档案"。

(6) 选中文字"班级档案"，在"属性"面板中单击【CSS】按钮，出现 CSS 属性面板。如图 1-17 所示。

(7) 单击字体中的下拉按钮，第一次使用字体设置会出现"新建 CSS 规则"对话框，"选择器类型"为"复合内容"，"选择器名称"为 FONT1，"规则定义"为"(仅限该文档)"，如图 1-18 所示。

图 1-15 "表格"对话框

图 1-16 插入表格

图 1-17 CSS 属性面板

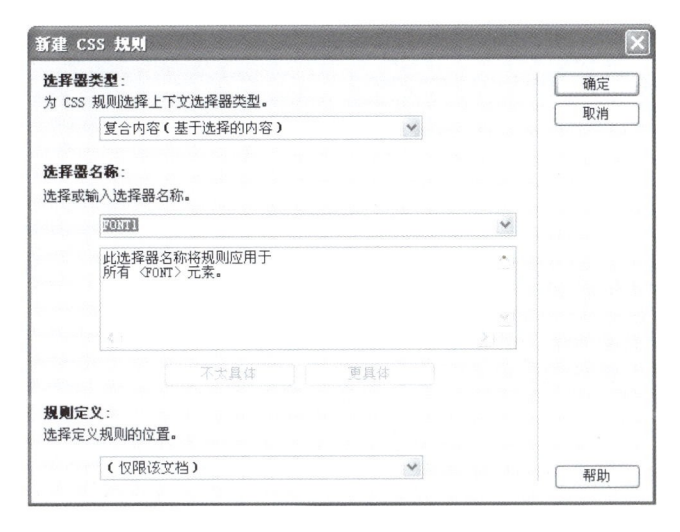

图 1-18 "新建 CSS 规则"对话框

(8)单击【确定】按钮,在 CSS 属性面板中设置其字体为默认字体、大小为 18、水平为居中对齐。如图 1-19 所示。

图 1-19 应用 CSS 属性面板设置字体

(9)参照步骤(6)～(8),输入并设置其他导航栏:"组织机构""荣誉殿堂""风采图片""文体天地""学习园地""支部生活",如图 1-20 所示。

图 1-20 设置导航栏

※特别提示　**本任务相关知识请参阅：**
　　知识点 1-4　　Dreamweaver 文本编辑与格式化
　　知识点 1-7　　Dreamweaver 表格建立与基本操作

任务 1-5　设置网页主体内容

为使网页内容设置更灵活，可以借助"层"来定位文字区域。

【子任务 1-5-1】　设置网页主体文字区域并添加文字

操作步骤如下：

(1) 在"插入"面板的"布局"工具栏上，单击【绘制 AP Div】按钮 。

(2) 在页面需要放文字的地方，按住鼠标左键拖动出一个矩形区域，如图 1-21 所示。

(3) 此时层处于选中状态，通过拖动控制点可以调整层的大小。将鼠标放在层的边缘线上，鼠标呈十字形时，拖动鼠标可以移动层的位置。

(4) 应用层属性面板可设置层属性，如背景颜色为 #CCFFCC 等。

图 1-21　绘制层及其属性设置

(5) 在层内单击鼠标，出现光标插入点后，即可输入文字内容"我们的班级，计算机多媒体××班，40 颗年轻的心，我们来自五湖四海，操着不同的口音，怀着青春的梦想！共同撑起同一片蓝天，一起遨游知识的海洋。让我们扬帆出海，胜利起航。我们是快乐的一家人，我们是自信的一家人！！！"。

项目1 班级风采网站制作 13

(6) 编辑文字,选中文本,在 CSS 属性面板的目标规则中选择新建规则,在"新建 CSS 规则"对话框中(参照图 1-18),"选择器名称"设为 line1,单击【确定】按钮后出现". line1 的 CSS 规则定义"对话框,设置字体为宋体、字号为 24、行距为 200%。如图 1-22 所示。

(7) 单击【确定】按钮后,文本内容将按 line1 定义呈现。如图 1-23 所示。

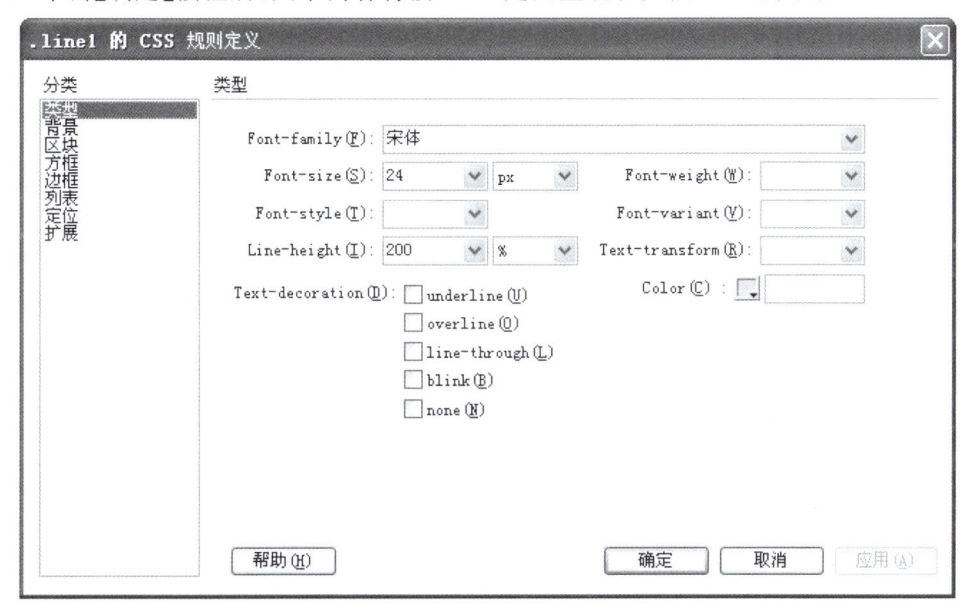

图 1-22 ". line1 的 CSS 规则定义"对话框

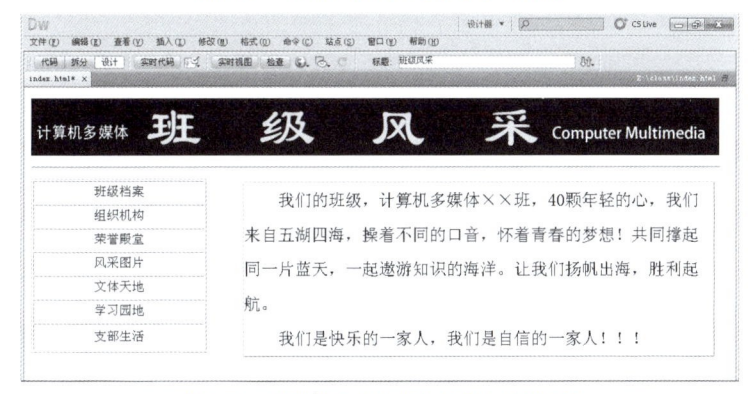

图 1-23 设置网页主体内容之后的内容呈现

特别提示 本任务相关知识请参阅:

知识点 1-4 Dreamweaver 文本编辑与格式化
知识点 1-8 Dreamweaver 层的建立与基本操作

任务 1-6 制作版权区

本网站虽然不大,但也应体现完整性,所以也应设置版权区。

【子任务 1-6-1】 制作版权区

操作步骤如下:

(1)将光标置于末行起始点,执行"插入"→"HTML"→"水平线"命令。出现一条水平线,并处于选中状态,在"属性"面板中设置其属性,如宽度、高度、对齐方式、阴影等。这里设置宽度为 980 像素,有阴影。

(2)在下一行输入"Copyright@2017-2021 班级风采工作室"。

(3)选中输入的版权内容文本,设置对齐方式为居中对齐(首次使用对齐方式应用新建 CSS 规则,如选择器名称为 center1。操作步骤与前述新建 CSS 规则类似),大小为 16。设置效果如图 1-24 所示。

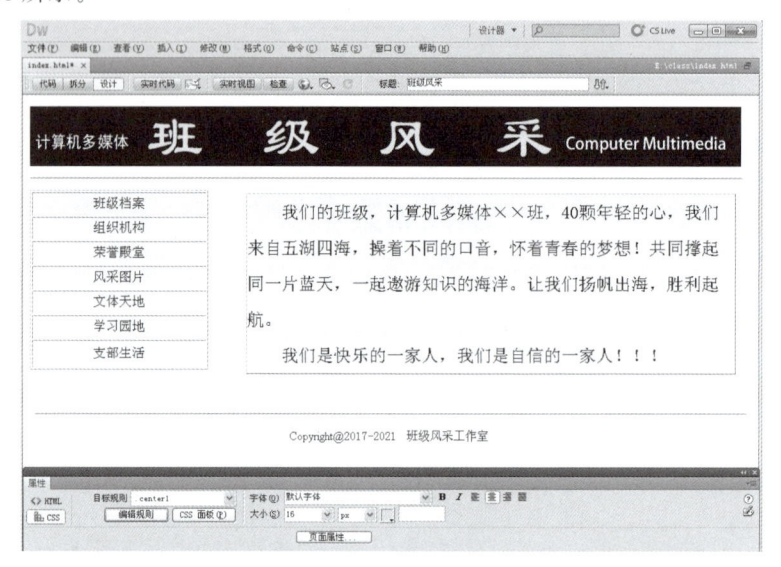

图 1-24 版权区的设置

> ※特别提示 **本任务相关知识请参阅:**
> 知识点 1-4 Dreamweaver 文本编辑与格式化

任务 1-7 设置页面属性

网页页面属性主要包括网页标题、网页背景图像与背景颜色、文本与链接颜色等。网页标题可以标记和命名文档;网页背景图像与颜色可以设置文档的外观;文本与链接颜色可以帮助浏览者区分普通文本和具有超链接的文本,并且可以识别已经访问过和尚未访问过的超链接。

【子任务 1-7-1】 添加网页标题"班级风采"

网页标题非常重要,它可以帮助浏览者在浏览网页时了解正在访问的内容,以及在历史记录和书签列表中标识网页。

如果网页没有标题,则网页将作为"无标题文档"在文档窗口、浏览器窗口、历史记录和书签列表中出现,如图 1-25 所示。

在 Dreamweaver 中有多种方法为网页添加文档标题。具体如下:

方法 1:直接在 Dreamweaver 文档工具栏中的"标题"文本框中输入新标题。例如,输入"班级风采",然后按【Enter】键确定。如果文档工具栏没有显示,可通过"查看"菜单打开。

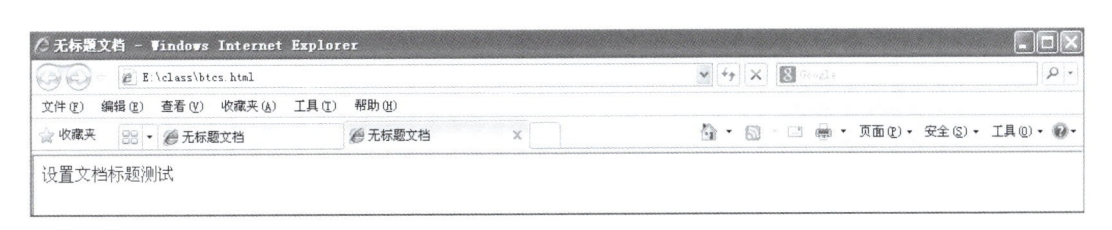

图 1-25 "无标题文档"在浏览器窗口的显示

方法 2：单击文档工具栏中的【代码】按钮 ，然后在＜title＞和＜/title＞标记之间输入新标题，如图 1-26 所示。

图 1-26　在 HTML 源代码窗口中设置标题

方法 3：执行"修改"→"页面属性"命令，或在网页空白处单击鼠标右键，选择"页面属性"命令，然后在"页面属性"对话框的"分类"列表中选中"标题/编码"，在"标题"文本框中输入新标题，如图 1-27 所示。最后单击【确定】按钮。

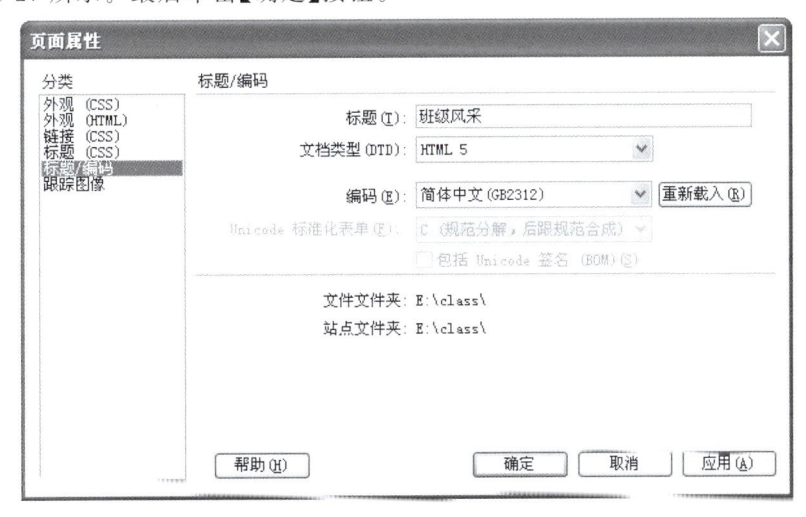

图 1-27　在"页面属性"对话框中设置标题

【子任务 1-7-2】　设置网页背景图像与背景颜色

使用"页面属性"对话框可以设置网页的背景图像或背景颜色。如果同时设置了背景图像和背景颜色，则背景颜色不能显示。只有背景图像有透明像素，背景颜色才能显示。

操作步骤如下：

(1)打开"页面属性"对话框，在"分类"列表中选中"外观(CSS)"，单击"背景图像"文本框右侧的【浏览】按钮，弹出"选择图像源文件"对话框，在"选择图像源文件"对话框中选择一个图像文件(例如 image/bj1.gif)，单击【确定】按钮；或者在"背景图像"文本框中直接输入图像文件名与路径，如图 1-28 所示。

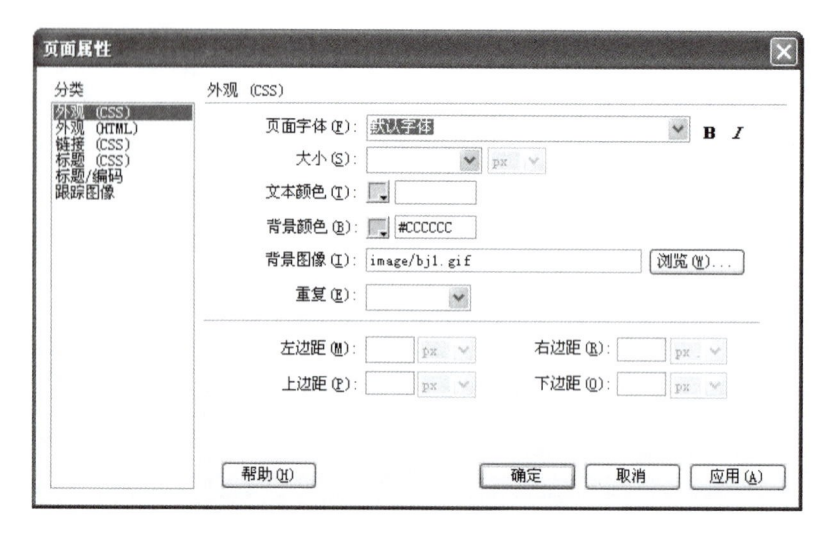

图 1-28　为网页设置背景图像

（2）单击"页面属性"对话框中的【应用】按钮，背景图像将应用到网页中。

（3）在"页面属性"对话框中单击"背景颜色"右侧的按钮，鼠标变为滴管形状，并弹出一个颜色面板，可以使用取色滴管在颜色面板中选取一种颜色。也可以直接输入颜色值，如#CCCCCC。

> **注意：**
> ● 同时设置背景图像和背景颜色的原因是当网络速度较慢时，背景图像可能显示迟缓，背景颜色将首先出现，让浏览者明白这是有图片的页面，需要稍加等候。
> ● 背景图像的文件名不能使用中文名称。
> ● 如果背景图像的尺寸小于文档窗口的大小，则 Dreamweaver 将重复排列背景图像直至填满文档窗口。
> ● 系统默认的背景颜色为白色。

【子任务 1-7-3】　设置文本与链接颜色

设置了背景图像和背景颜色之后，还需要设置网页中文本的字体、大小和颜色。

在"页面属性"对话框中既可以设置普通文本的默认颜色与字体，也可以设置链接、已访问链接和活动链接的默认颜色与字体。

操作步骤如下：

（1）打开"页面属性"对话框，在"分类"列表中选中"外观（HTML）"，如图 1-29 所示。

（2）单击"文本"右侧的按钮，弹出颜色面板。使用取色滴管选取文本颜色（例如黑色#000000）。

（3）单击"链接""已访问链接""活动链接"右侧的按钮，弹出颜色面板，分别设置链接颜色（例如黑色#000000）、已访问链接颜色（例如红色#FF0000）、活动链接颜色（例如蓝色#0000FF）。

【子任务 1-7-4】　设置网页页边距

通过设置页边距，可以使网页周围留出一些距离，也可以设置不留距离。

操作步骤如下：

（1）打开"页面属性"对话框，在"分类"列表中选中"外观（HTML）"，如图 1-29 所示。

（2）直接在边距框中输入边距数值，如图 1-29 所示。

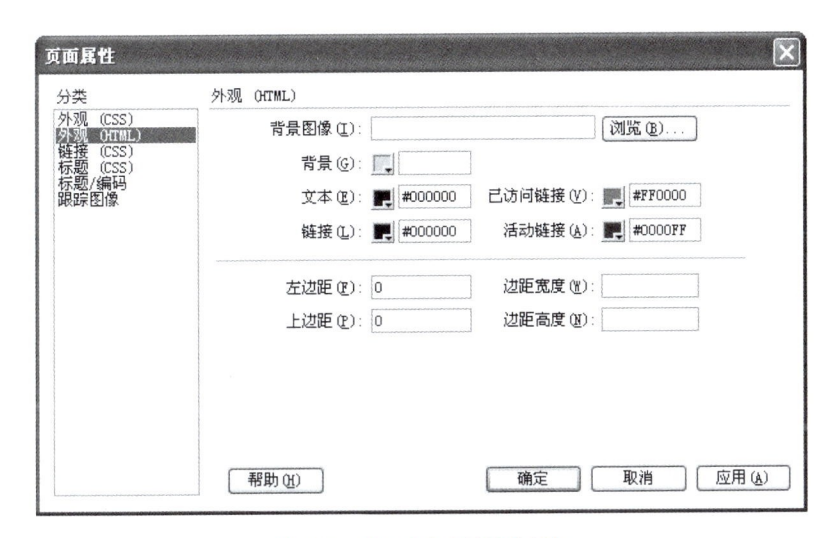

图 1-29 设置文本与链接的颜色

左边距：0（文档中左侧边缘的空白数值）。

上边距：0（文档中上侧边缘的空白数值）。

另外，还可设置汉字编码类型。在图 1-27 所示的"页面属性"对话框的"标题/编码"中，可以选择使用的汉字编码类型。对于中文网页，一般选择"简体中文（GB2312）"。

任务 1-8　制作子网页

这里以"组织机构"子网页制作为例，简述其制作过程。

【子任务 1-8-1】　制作"组织机构"子网页

操作步骤如下：

(1) 在"文件"面板中展开 HTML 文件夹，双击 jigou.html，组织机构子网页 jigou.html 出现在文档窗口中。

(2) 参照任务 1-5 的操作方法，输入文本"计算机多媒体 121 班组织机构"，设置字体为黑体、大小为 36、居中对齐。

(3) 参照任务 1-5 的操作方法，创建两个绘制层，用于输入班委会和团支部成员名单。设置字体为黑体、大小为 16、居中对齐，层背景颜色为#999900 等。

(4) 参照任务 1-7，设置网页标题为"组织机构"，背景图像为 image/bg3.jpg。

(5) 单击【在浏览器中预览】按钮，效果不满意可以进行修改。效果满意后，执行"文件"→"保存"命令将文件存盘。"组织机构"子网页核心部分效果如图 1-30 所示。

【子任务 1-8-2】　其他子网页制作

其他子网页的制作可参照子任务 1-8-1，这里不再赘述。

任务 1-9　建立网页之间的链接

超链接可以是一段文本、一幅图像或者其他的网页元素。这里以文字导航为例来建立链接。

【子任务 1-9-1】　建立文字导航的超链接

导航栏中的文字需要与后面相应的二级页面进行链接。

操作步骤如下：

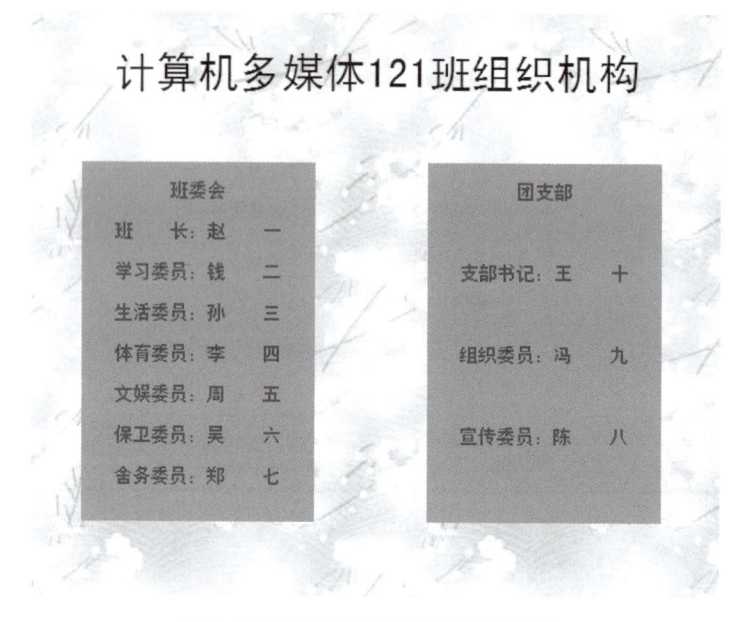

图 1-30 "组织机构"子网页核心部分效果

（1）首先选中设置超链接的文字，如"组织机构"。

（2）单击"属性"面板中的【浏览文件】按钮，弹出"选择文件"对话框，双击打开"html"文件夹，如图 1-31 所示。单击选中与"组织机构"相链接的网页文件 jigou.html，单击【确定】按钮后，在"属性"面板的链接框内显示出链接的网页文件及路径。也可以在"链接"框中直接输入需要链接的网址或文件路径。

（3）建立超链接的文字颜色（默认为蓝色），文字下方会出现一条下划线。

（4）参照步骤（1）～（3），设置其他导航栏文字的链接。

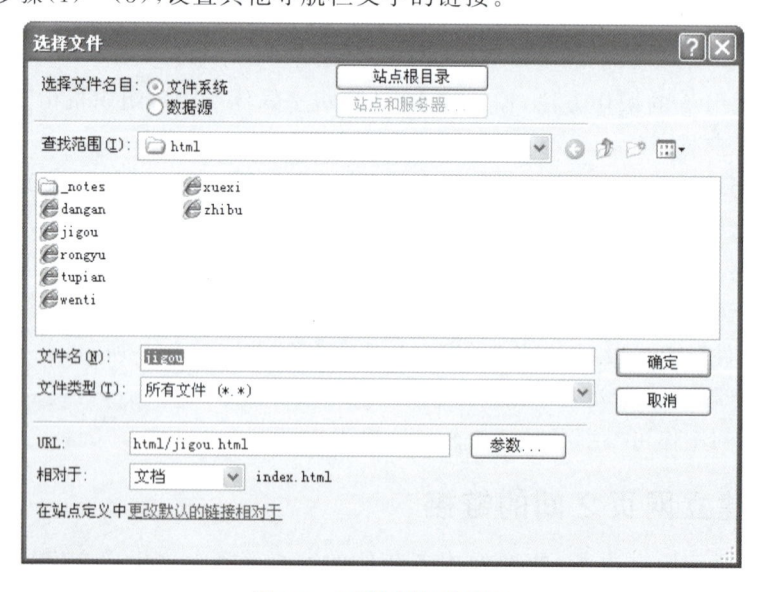

图 1-31 "选择文件"对话框

※特别提示　**本任务相关知识请参阅：**

知识点 1-6　Dreamweaver 中超链接的概念与基本应用

任务 1-10　浏览网页

一个网页制作完成后,可以在浏览器中预览,并根据预览效果再对网页进行调整。

【子任务 1-10-1】　在浏览器中预览"班级风采"主页

操作步骤如下:

(1)执行"文件"→"在浏览器中预览"→"预览在 IExplore"命令,或按【F12】键启动 IE 浏览器,并将当前编辑的网页显示在窗口中。也可单击文档工具栏中的【在浏览器中预览】按钮,再执行"预览在 IExplore"命令。

(2)将鼠标指向链接的文字或图像时,鼠标指针变为手形,状态栏显示被链接文件的名称,单击即可切换到链接的网页。

任务 1-11　保存网页

随时保存文件是编辑任何文档时应该有的良好习惯。在制作网页的过程中,随时可能发生断电或机器故障,而 Dreamweaver 编辑器没有自动保存的功能。因此,要经常地保存正在编辑的网页,以避免由于意外而导致辛勤劳动付之东流。

【子任务 1-11-1】　保存网页

操作步骤如下:

(1)执行"文件"→"保存"命令,或单击标准工具栏中的【保存】按钮,或按快捷键【Ctrl】+【S】。

(2)如果网页文件已经建好或以前保存过,则文件继续保存;如果文件从未保存过,则弹出"另存为"对话框,如图 1-32 所示。

图 1-32　"另存为"对话框

(3)在"保存在"中选择一个文件路径(注意:网页文件应保存在站点文件夹内),在"文件名"文本框中输入文件名,"保存类型"选择 html 文件,最后单击【保存】按钮。

1.2 班级风采网站制作相关知识

知识点 1-1 网页与网站的概念

1. 网页的概念

Web,直译过来就叫"网",它的含义是通过超链接将各种文档连接起来,形成一个大规模的信息集合。

网页(即 Web 页)是能够被浏览器软件识别的文本文件,扩展名一般为.htm 或.html;是使用网页制作工具编辑生成或使用 HTML 语言编写的超文本,网页里可以包含文字、表格、图像、声音和视频等网页元素。每个网页都是磁盘上的一个文件,可以单独浏览。网页是组成网站的特殊成分,图像、声音和视频等文件均需要通过网页才能让浏览者看到。

2. 网站的概念与分类

(1)网站的概念

网站,也称站点,英文为 WebSite。

从逻辑意义上讲,网站就是一个建构在网络上、具有独立名称的逻辑上的独立体。再简单来讲,就是一组具有特殊连接方式的页面群,表现出来就是我们常说的一个网站,如网易、搜狐、新浪、百度等。我们个人做的网站虽然规模上不能和大公司做的网站相比,但它在结构上也是完全独立的。

从物理意义上讲,所有的网站都架构在连接到因特网的服务器上,其具体网页文件都存放在一个网站文件夹中。

(2)网站的分类

网站的分类方式有多种,这里我们仅就网站的内容与网站的交互性两方面来分类。

①按网站的内容分类

- 搜索引擎式网站:以搜索引擎为主要功能,如百度、Google 等。
- 综合性门户网站:以新闻信息、娱乐资讯等为主要功能,如搜狐、新浪、网易、雅虎等。
- 电子商务网站:主要用于网上交易,如阿里巴巴、易趣等。
- 即时通信网站:用于实时性网上通信交流,如腾讯 QQ 等。
- 小型专题或个人网站:多以宣传创建者自身,提供信息,或就某一专题提供最新资讯、历史资料及相关论坛等内容为主要形式。小型企事业网站或个人网站大多采用这种形式。

②按网站的交互性分类

- 单向传递:这类网站重点在宣传自身、介绍产品、发布新闻等。与传统媒体的传播方式相类似,主要是提供资料供用户浏览,其他交流功能则较少。
- 双向交流:更注重网络与用户间信息的互动。网站可按用户的需求提供各种形式的检索,并且用户在网上获取信息的同时,网站也可接收到来自用户的信息,实现信息共享;用户还可加入各种网上互动活动,如参加论坛讨论、进行在线游戏等。

3. 网页浏览

网页浏览是通过浏览器来实现的，浏览器是专门用于浏览网页的软件，常用的浏览器软件有 Microsoft 的 IE 和 Netscape 的 Navigator 等。

浏览网页属于 Internet 所提供的 WWW 服务。网页浏览者在浏览网页时，实际上是将 HTML 文件及相关的文本、图像、声音等文件下载到自己本地计算机中，然后由浏览器程序对 HTML 文件进行解释后再显示网页内容。

4. 网页制作常用术语

(1) HTML 文件

用超文本标记语言编写的超文本文件称为 HTML(HyperText Mark-up Language)文件，它能不受各种操作系统限制，独立地运行于各种操作系统平台之上。

HTML 语言主要用于静态网页设计。自 1990 年起，HTML 语言就一直被用作 WWW(World Wide Web)上的信息表示语言，用于描述网页的格式，设计它与 WWW 上其他主页的链接信息。

HTML 文件是网页的源文件，是一个放置了标记的 ASCII 文本文件，通常以.htm 或.html 为扩展名。

(2) 服务器和客户机

浏览者在访问网页时，是由浏览者本地的计算机向存放网页的远程计算机发出一个请求。远程计算机在收到请求后，将所需要的浏览内容(即网页)发送给本地计算机。那么本地计算机被称为客户机(Client)，远程存放网页的计算机被称为服务器(Server)。根据服务器上运行的程序类型及服务器与客户机所使用的通信协议作用的不同，服务器可分为 WWW 服务器、FTP 服务器等。

(3) IP 地址和域名

① IP 地址

为了使连接在 Internet 上的计算机能够互相识别并进行通信，每台连入 Internet 的计算机必须有个"标识号"，这个标识号便是计算机在 Internet 中的地址。这个地址是由 IP 协议进行处理的，故称为计算机的 IP 地址。

IP 地址是一个 32 位的二进制数，IP 地址的写法是按 8 位一组分成 4 组，组与组之间用小数点分隔，每组数值用十进制数表示。如某台计算机的 IP 地址为 202.121.160.78。IP 地址包含两部分：一部分是网络号，用以区分在 Internet 上互联的各个网络；另一部分是计算机号，用以区分在同一网络上的不同计算机。

② 域名

Internet 规定了一套命令机制，称为域名系统 DNS(Domain Name System)。按域名系统定义的计算机名称为域名。如 www.sjzu.edu.cn，www.163.com。

当用户用域名来访问远程的计算机时，必须由 Internet 的 DNS 名字服务器(Name Server)将域名翻译成对应的 32 位 IP 地址，然后才能完成对远程计算机的访问。

(4) 统一资源定位器

统一资源定位器 URL(Uniform Resource Locator)是全球 WWW 服务器资源的标准寻址定位源码，用于确定资源相应的位置及所需检索的文件。其优点是用字符串来指向所需的信息，从而进行资料的检索。

URL 由三部分组成：Internet 协议、域名、主机路径及文件名。如 http://www.online.ln.cn/index.htm。

常用的协议如下：

HTTP：超文本传输协议；

FTP：文本传输协议；

Telnet：远程登录协议。

(5) 文件传输协议

文件传输协议(File Transfer Protocol，FTP)用于网络节点间文件的双向传输，是实现资源共享的重要方式和有效手段之一。

FTP 支持用户实现把文件从一台计算机传输到另一台计算机，并且能保证传输的可靠性。

用户在本地计算机上做好的网页除了用 Dreamweaver 上传之外，还可以用 FTP 上传到远程的计算机中。常用的 FTP 工具有 CuteFTP、LeapFTP 等。

(6) 虚拟主机

虚拟主机是使用特殊的软硬件技术把一台服务器主机分成几十个"虚拟"的服务器主机，每台虚拟主机都具有独立的域名和 IP 地址(或共享的 IP 地址)，具有完整的 Internet 服务器功能。

虚拟主机之间完全独立，在外界看来，每台虚拟主机和一台独立的服务器主机完全一样。多台虚拟主机共享真实主机的资源，这样就可以把网络的开销费用均摊到每台虚拟主机上。

可利用虚拟主机技术建立个人主页，在大型网站上(提供存放主页的免费空间，提供免费域名)申请主页空间和域名(免费或收费)，获得成功后，将制作的主页存放在虚拟主机上，这样就好像在 Internet 上拥有了自己的服务器和网站。

(7) 网站的发布

网站制作好后还需要发布才能被浏览者浏览。网站的性质不同，发布方式也不同。

① 企业级商业网站的发布

如果企业有足够的资金和技术支持，可以考虑创建自己的网络中心。硬件方面需要有性能稳定的服务器、路由器、交换机，并要向当地的电信部门申请网络专线。同时需要有一定数量的专人对网站进行维护和管理。

② 中小企业级或小型组织社团的网站发布

如果没有条件创建独立的网站硬件环境，或者网站规模并不大，不需要创建独立的网站硬件环境，可以选择以下几种小型网站的解决方案。

- 租赁虚拟主机

如果网站的内容不是很多，也不需要大量的服务器空间支持数据库，可以采用这种方式，也就是租用 ISP 主机服务器的一定空间来发布网站，一年需要支付少量费用，就可以建立一个功能比较强大的网站。目前，大多数中小企业和社会团体以及较具规模的各种组织网站多采用这种方式。

- 服务器托管

如果在网站里需要大量数据库支持，可以采用这种方式。将网络服务器主机存放在某个 ISP 网络中心，借用他们的通信系统接入 Internet。ISP 的人员还可代为维护，这样既可以节省网络管理人员和许多通信设备，又能保证网站的性能要求。

● DDN 专线接入

这种方式有些类似于服务器托管,企业拥有自己的服务器,但不是存放在 ISP 网络中心,而是存放在自己的机房中,利用 DDN 或其他专线接入方式与 ISP 的通信系统相连,由 ISP 连入 Internet。这种方式的费用很高,因为专线多是每月要收比较贵的月租费,而且还有一个容量问题,如果专线容量较小,允许访问网站的人数就会较少。

③免费主页空间

如果只是想建立一个小型的、功能简单的网站,当然也可采用以上形式,但这需要有相应的费用支持,投资与效益的比例关系需要权衡。如果目前还不想投资太多,那么免费主页空间是较好的选择。

(8)超文本、超媒体、超链接

超文本(Hypertext)就是指在文本中包含了与其他文本链接的文件。超链接文本下方带有下划线。

超媒体(Hypermedia)进一步扩展了超文本所链接的信息类型。超媒体文件就是一种文字、图像、声音、视频等综合在一起的文件。

超链接(Hyperlink)是 WWW 上使用最多的一种技术,是网页的灵魂,它的作用是建立网页之间的联系。通过超链接,浏览者能够方便自由地在网页、网站乃至整个 Internet 上遨游。在网页中,当鼠标移到超链接处,会呈现手的形状,表示单击该处,可以链接到该提示所指的网页。

(9)主页

网站向用户提供的最初起始页面叫主页(Homepage),也称为首页。主页是进入网站的门户,一般是整个网站的第一页,是网站中所有网页文件的起点和交点。主页中通常包括通向其他相关网页的超链接,还应包括站点的基本信息和主要内容,使浏览者一目了然地了解站点的基本主题,明确站点的信息对自己是否有用。

知识点 1-2　网站设计与制作流程

网站设计是一个系统工程,具有特定的工作流程,只有遵循这个流程,才能设计出令人满意的网站。网站设计与制作主要分为网站规划、网站制作、后期维护三个阶段,如图 1-33 所示。

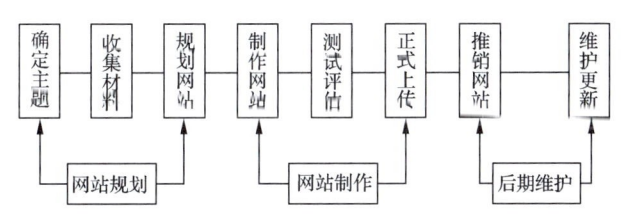

图 1-33　网站设计与制作流程

1. 网站规划

制作网页如同泼墨作画,首先要进行构思,然后再加以实现。这种构思就是网站规划。网站规划的总体原则有两个:一是为读者提供有用信息,二是美观。

(1)确定主题

网站主题是指建立的网站所要包含的主要内容。例如,教育、旅游、体育、新闻、医疗、时尚、娱乐、搜索等。其中每一大类又可细分为若干小类。一般来说,确定网站主题应遵循以下原则：

①主题鲜明：一个网站必须要有一个明确的主题，在主题范围内做到内容全而精。

②明确设立网站的目的。

③体现自己的个性。把自己的兴趣、爱好尽情地发挥出来，突出自己的个性，办出自己的特色。

在个人网站中，网站名称起着至关重要的作用，它在很大程度上决定了整个网站的定位。一个好的名称必须简洁、有概括性、有特色、容易记，还要符合主页的主题和风格。

(2)收集材料

确定网站主题后，要围绕主题收集材料，作为制作网页的素材。收集的材料越多，制作网站越容易。材料既可以从图书、报纸、光盘上获得，也可以从网上收集。对收集到的材料要去粗取精，去伪存真。

(3)规划网站

规划网站就像设计师设计大楼一样，只有图纸设计好了，才能建成一座漂亮的楼房。规划网站时，首先应把网站的内容列举出来，根据内容列出一个结构化的蓝图，根据实际情况设计各个网页之间的链接。规划网站的内容应包括：主题栏的设置、目录结构、网站的风格（即颜色搭配、网站标志 Logo、版面布局、图像的运用）等。

①主题栏的设置

在设计网站的主题栏与版块时应注意以下几个问题：

● 突出主题。把主题栏放在最明显的地方，让浏览者更快、更明确地知道网站所表现的内容。

● 设计一个最近更新栏目，让浏览者一目了然地知道更新内容。

● 栏目不要设置太多，一般不超过 10 个。

②目录结构

设计目录结构一般应注意以下几个问题：

● 按栏目内容建立子目录。

● 每个栏目下分别为图像文件创建一个子目录 image（图像较少时可不创建）。

● 目录的层次不要太深，主要栏目最好能直接从主页到达。

● 尽量使用意义明确的非中文目录。

③颜色搭配

合理地应用色彩是非常关键的，不同的色彩搭配产生不同的效果，并能影响浏览者的情绪。网页选用的背景应和网页的色调相协调，色彩搭配要遵循和谐、均衡、重点突出的原则。

④网站标志 Logo

Logo 最重要的作用就是表达网站的理念，便于人们识别，广泛地用于站点链接和宣传。如同商标一样，Logo 是站点特色和内涵的集中体现。如果是企业网站，最好是在企业商标的基础上设计，保持企业形象的整体统一。

设计 Logo 的原则是：以简洁、符号化的视觉艺术把网站的形象和理念展示出来。

⑤版面布局

网页的整体布局是不可忽视的。要合理地运用空间，让网页疏密有致、井井有条。

版面布局一般应遵循的原则是：突出重点、平衡和谐，将网站标志 Logo、主菜单等最重要的模块放在突出的位置，然后再排放次要模块（如搜索、计数器、版权信息、E-mail 地址等）。

此外,其他网页的设计应和主页保持相同的风格,并有返回主页的链接。

⑥图像的运用

网页上应适当地添加一些图像,使用图像时一般应注意以下几个问题:

- 图像是为主页的内容服务的,不能让图像喧宾夺主。
- 图像要兼顾大小和美观。图像不仅要好看,还应在保证图像质量的情况下尽量缩小图像的大小(即字节数)。图像过大会影响网页的传输速度。
- 合理地采用 JPEG 和 GIF 图像格式。颜色较少的(256 色以内)图像,可处理为 GIF 格式;色彩比较丰富的图像,最好处理为 JPEG 格式。

2. 网站制作

(1)制作网站

制作网站主要包括以下步骤:

①建立本地站点。建立站点根文件夹,用于存放主页、相关网页和网站中用到的其他文件。

②在站点根文件夹下创建子文件夹。为了使文件安排比较清晰,将网页文件和图像文件分开存放。

③向站点添加所需要的空网页。

④设计网页尺寸。网页页面大小一般可选择 800×600 或 1024×768 规格。

⑤设计网页属性,包括网页标题、背景图像、背景颜色、链接颜色、文本颜色等。

⑥向网页中插入文本、图像、动画等对象。

⑦建立所需要的超链接。

⑧预览和保存网页。

(2)测试评估与正式上传

测试评估与正式上传是不可分割的两部分。

制作完毕的网站,必须进行测试评估。测试评估主要包括上传前的兼容性测试、链接测试和上传后的实地测试。完成上传前所需要的测试评估后,利用 FTP 工具将网站发布到所申请的主页服务器上。网站上传后,继续通过浏览器进行实地测试,发现问题及时修改,然后再上传测试。

3. 后期维护

(1)推销网站

网站上传后,需要不断地进行宣传,以便让更多的朋友认识它,从而提高网站的访问率与知名度。推广网站的方法很多,例如,利用 E-mail、新闻组,与别的网站交换链接(友情链接)、到搜索引擎上注册、加入交换广告等。

(2)维护更新

网站必须定期维护、定期更新,只有不断地补充新内容,才能吸引浏览者。同时,随着软硬件的进步,网站的设计也由文字向多媒体、由平面图像向立体动画或影片、由单向传播向交互式发展。

知识点 1-3 初步认识 Dreamweaver

1. 中文 Dreamweaver 工作环境

中文 Dreamweaver 提供可视化的网页开发环境,具有所见即所得的功能。它的工作窗口简洁明了,功能面板及工具栏中几乎集中了所有的重要功能,属性面板放在窗口底部,其他面板放在窗口右边,可随时打开与关闭,这样就克服了以往版本浮动面板位置较乱,有时会影响网页编辑的不足。

中文 Dreamweaver 工作环境即中文 Dreamweaver 应用程序窗口,该应用程序窗口由菜单栏、文档工具栏、文档窗口、浮动面板等组成;文档窗口由文档标题栏、页面编辑区、状态栏等组成;浮动面板包括"属性"面板、面板组等;面板组包括"插入"面板、"CSS 样式/AP 元素"面板、"文件/资源"面板等。中文 Dreamweaver 工作环境如图 1-34 所示。

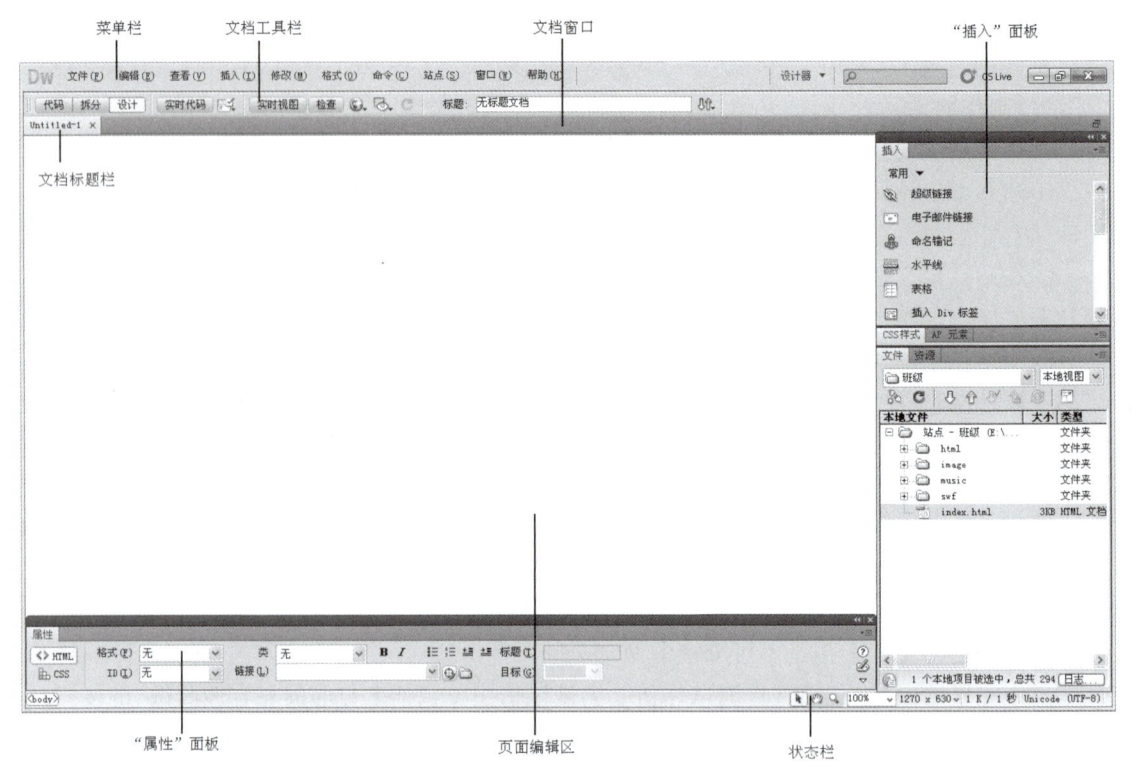

图 1-34 中文 Dreamweaver 工作环境

（1）菜单栏

和其他应用软件基本相同,菜单栏中的每一项都有一个下拉菜单,中文 Dreamweaver 中大部分操作都可以通过菜单项的下拉菜单来实现。

（2）文档工具栏

文档工具栏包含可在代码视图、拆分视图、设计视图之间快速切换的按钮,并包含一些与选定视图有关的常用命令。选择"查看"→"工具栏"命令,可以在窗口中显示或隐藏文档工具栏。

【代码】按钮:在窗口中显示代码视图。在代码视图中,可以直接查看和编辑 HTML 源代码。

【拆分】按钮:同时显示代码视图和设计视图。代码视图显示在窗口左侧,设计视图显示在窗口右侧。

【设计】按钮:在窗口中显示设计视图。设计视图是中文 Dreamweaver 编辑过程中的默认方式,可以达到所见即所得的效果。

"标题"文本框:显示或编辑当前网页的标题。

【在浏览器中预览/调试】按钮 :在浏览器中预览网页效果或检查错误。

【文件管理】按钮 :查看文件的上传、下载状态。

【刷新设计视图】按钮 :刷新设计视图。

【实时视图选项】按钮 :为不同的视图设置选项。

(3)文档窗口

文档窗口包括文档标题栏、页面编辑区、状态栏。

● 文档标题栏

文档标题栏可显示建立或打开的多个网页文档标题,单击文档标题栏标签可切换到相应网页的编辑窗口。

● 页面编辑区

页面编辑区用于设置和编辑页面内的文本、图形和表格等。

● 状态栏

状态栏用于选择标记、设置窗口大小及调整文件的下载速度等。

(4)浮动面板

中文 Dreamweaver 提供了多种多样的、具备不同功能的面板,大量操作可通过面板方便地完成。

浮动面板包括:"插入"面板、站点文件管理器、"文件/资源"面板、"行为"面板、"CSS 样式/AP 元素"面板、代码检查器、"框架"面板、"历史记录"面板、"图层"面板、"文档库"面板、"参考"面板、"模板"面板、"时间轴"面板等。

所有面板都可以由窗口菜单控制显示或隐藏。下面介绍一些常用面板,面板的具体操作方法,将在后面使用相应面板的实例中再进行介绍。

● "属性"面板

"属性"面板是使用频率最高的一个面板,一般被放置在窗口的下边。"属性"面板中的项目会随着网页中选定对象的不同而改变。在"属性"面板中,详细地列出了所选对象的属性参数,用户可以通过"属性"面板查看或修改这些参数。

选择"窗口"→"属性"命令或按快捷键【Ctrl】+【F3】,可显示或隐藏"属性"面板。

● "插入"面板

"插入"面板也可称为"插入"工具栏。选择"窗口"→"插入"命令或按快捷键【Ctrl】+【F2】可显示或隐藏"插入"面板。

"插入"面板是中文 Dreamweaver 中最重要的面板之一,所包含的内容均为网页设计最常用的工具按钮。有标签和隐藏标签两种显示方式。在隐藏标签显示方式下,将鼠标放在某个工具按钮上,可显示该工具按钮的名称。标签显示方式可直接显示工具按钮的名称。"插入"面板集成了"插入"菜单中的选项,在标签显示方式下(图 1-35),单击"常用"右边的下拉按钮可选择不同工具类型,如布局、表单、数据、文本等,默认为"常用"工具类型。

图 1-35 "插入"面板

- 其他面板

一般面板在打开时都显示在窗口的右侧,如"文件/资源"面板、"CSS 样式/AP 元素"面板、"框架"面板、"行为"面板等。

使用窗口菜单中的相应面板选项,可以显示或隐藏相应面板。在面板标题上单击鼠标右键,在弹出的快捷菜单中选择"关闭面板组"命令,也可关闭相应面板。

各种面板的具体操作可结合具体任务进一步熟悉。

2. 站点建立

在开始制作网页之前,一般需要先定义一个本地站点,然后再进行后续操作。作为一个网站,里面一般有很多图片、网页文件、音乐文件、Flash 动画等,如果不进行管理分类,分散在硬盘的各个地方就无法进行网站的发布了。因此,站点的实质就是硬盘上的一个目录,网页的所有文件都放在该目录中,创建站点就是在硬盘上建立一个目录,把所有的网页及相关文件都放在里面,以便进行网页的制作与管理。

启动 Dreamweaver,执行"站点"→"新建站点"命令,弹出"站点设置对象"对话框,其中一些选项说明如下:

①站点名称:输入站点名称,该名称可以使用户直接进入定义为本地站点的文件夹中,建立好的站点会出现在"文件"面板中。

②本地站点文件夹:指定本地站点所使用的文件夹。

设置完毕,单击【保存】按钮,新的站点就建立好了。

3. 管理已有站点

对于已经建立过的站点,可通过"管理站点"对话框进行管理,包括新建站点、编辑站点、复制站点、删除站点等。

【实例 1-1】 打开所建立过的"班级"站点。

操作方法 1:启动 Dreamweaver,在文档窗口中执行"站点"→"管理站点"命令,在"管理站点"对话框中选择需要打开的"班级"站点名称,单击【完成】按钮,即可打开相应站点。如图 1-36 所示。

操作方法 2:在"文件"面板中打开下拉列表,单击所需要的站点名称"班级",即可打开相应站点。

图 1-36 打开"班级"站点

知识点 1-4 Dreamweaver 文本编辑与格式化

1. 文本编辑

(1)文本的输入

网页创建好后,就可以在网页中输入文字了,Dreamweaver 是一款可视化的网页设计软件,即在网页中输入什么样的效果就可以在浏览器中原样显示。

在网页中输入《蜡笔小新》中的台词,其效果如图 1-37 所示。操作步骤如下:

Dreamweaver 文本编辑与格式化

①将光标定位到要输入文字的空白区域。

②输入《蜡笔小新》台词。

③如需换行,则在需换行的地方按回车键。

(2)编辑区域的设置

在网页中输入文字、插入图像时,可以先设置整个网页的可编辑区域,即文字或图像与网

```
xuexi.html*  ×
代码  拆分  设计  实时代码    实时视图  检查              标题：《蜡笔小新》经典台词
```

《蜡笔小新》经典台词

小新：「妹妹，你干嘛那么用功？」 妹：「还不都是因为你。」

小新：「我？」妹：「没错，我们家总要有人有出息吧！」

美芽：「上完暑期辅导课就要马上回家，为什么不听话？我最讨厌不准时回家的人……」

小新：「你干嘛那么生气？你下班没马上回家做饭，我也没生气啊！」

小新：「老师，我要上厕所。」
老师：「不行，现在是上课时间，刚才下课怎么不去？」
小新：「下课时间那么宝贵，用来上厕所多可惜呀！」

妹：「哥，你是我见过最爱干净的人。」小新：「过奖了，你是怎么看出来的？」

妹：「不管什么事，你都推得一干二净。」

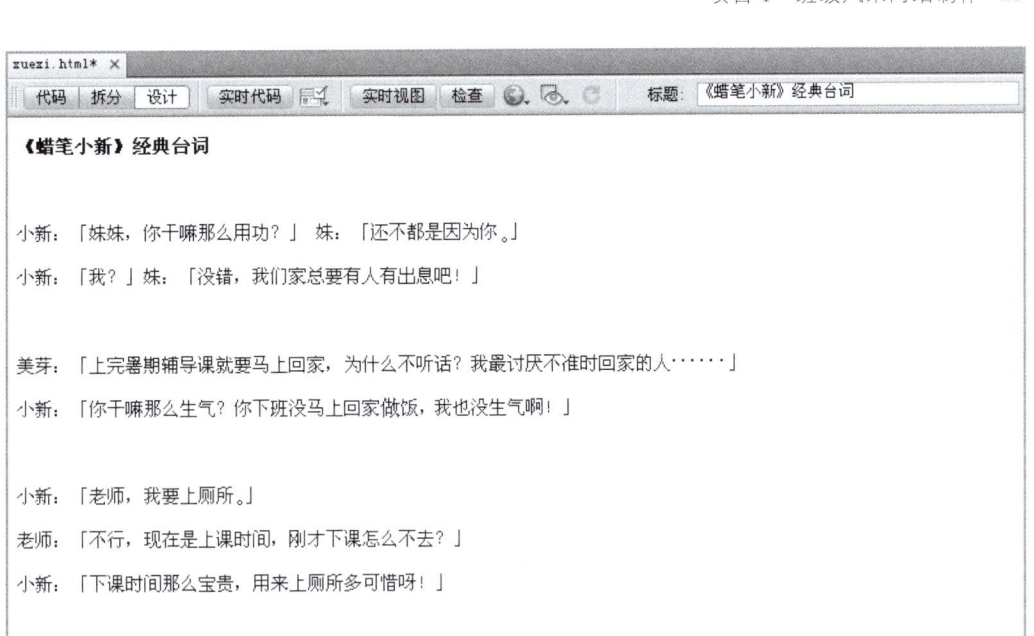

图 1-37　在网页中输入文字

页的边距。

【实例 1-2】　设置网页边距。

操作步骤如下：

①在网页任意位置单击鼠标右键。

②在弹出的快捷菜单中选择"页面属性"命令，打开"页面属性"对话框。

③在"页面属性"对话框中选择"分类"列表中的"外观(CSS)"。

④在"外观(CSS)"中设置左边距、右边距、上边距、下边距分别为 100 px，如图 1-38 所示。

图 1-38　设置网页页边距

这样就设置了整个页面的可编辑区域,其效果如图 1-39 所示。

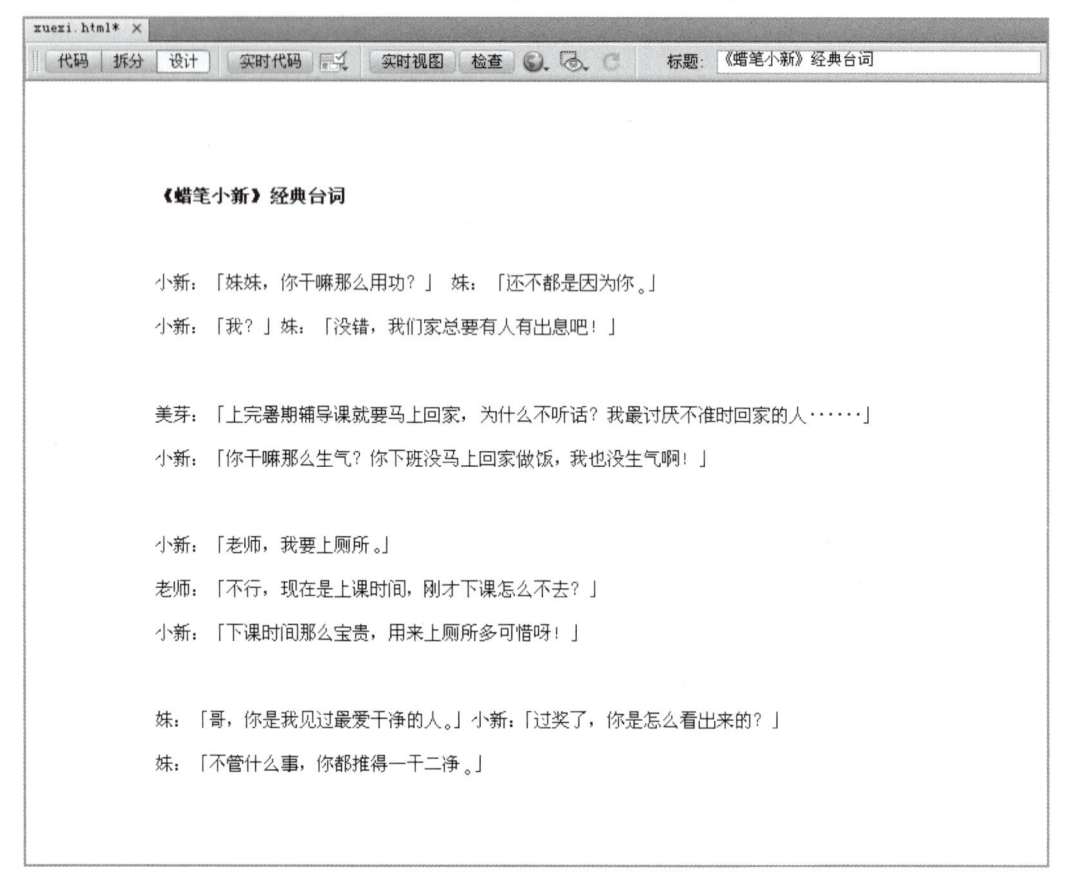

图 1-39　设置页边距后的网页

2. 字符格式化

在网页中输入了《蜡笔小新》的台词后,需要为字符设置相应的格式,以让其显得活泼、充满乐趣。字符格式的设置主要是使用"文本"菜单中的各种命令或者使用"属性"面板中的各种参数设置。"属性"面板分为 HTML 和 CSS 两种,如图 1-40 和图 1-41 所示。字符格式化主要是设置字体、大小、文字的粗细、倾斜及颜色等。

图 1-40　HTML 属性面板

图 1-41　CSS 属性面板

(1) 编辑字体

要设置字体首先要选择符合要求的字体,但在 CSS 属性面板中并没有加载所有的字体,所以需要添加相应的字体。

【实例 1-3】 添加相应的字体。

操作步骤如下:

①选择 CSS 属性面板中"字体"下拉列表,在弹出的下拉列表中选择"编辑字体列表",弹出"编辑字体列表"对话框,如图 1-42 所示。

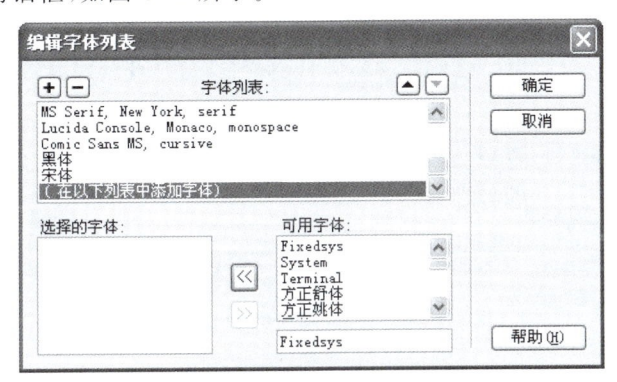

图 1-42 "编辑字体列表"对话框

②在"编辑字体列表"对话框中单击 ➕ 按钮,在"字体列表"区域中就会出现"(在以下列表中添加字体)"项(如果原来已有"(在以下列表中添加字体)"项,可省略这一步)。

③在"编辑字体列表"对话框中的"可用字体"区域中选择一种字体,如"华文彩云",然后单击 《《 按钮,将选择的字体添加到"选择的字体"区域中,如图 1-43 所示。

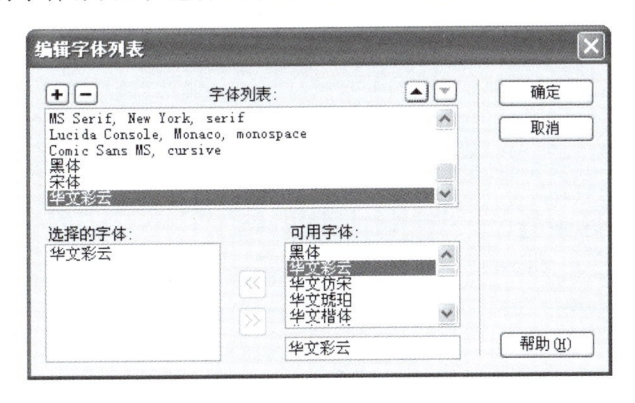

图 1-43 选择字体

④要添加其他字体,重复步骤②、③。

⑤最后在"编辑字体列表"对话框中单击【确定】按钮,在 CSS 属性面板的"字体"下拉列表中就出现了添加的字体,如图 1-44 所示。

(2) 设置字符格式

在 Dreamweaver 中,字符格式的设置一般要通过设定与选择 CSS 目标规则来完成。第一次使用某种字体、大小等格式时都要设置 CSS 目标规则。

【实例 1-4】 设置"《蜡笔小新》经典台词"字符格式。

操作步骤如下:

①选中要设置字体的文字。选择 CSS 属性面板中的某种字体,如"华文彩云",将弹出"新建 CSS 规则"对话框,输入选择器名称,如 font1,单击【确定】按钮。如图 1-45 所示。

图 1-44　设置好字体后的效果

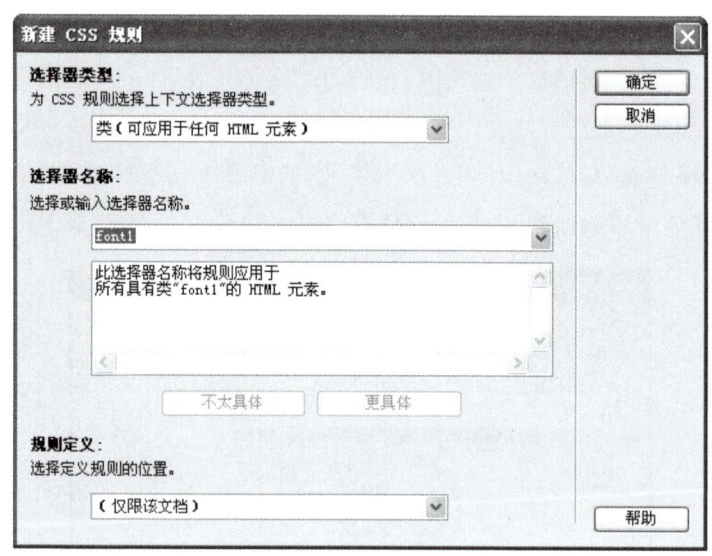

图 1-45　设置 font1 选择器名称

②在 CSS 属性面板中，继续针对规则 font1 设置字体大小为 36、颜色为粉色、加粗等。

③使用上述步骤，设置其他样式规则。如设置样式规则 font2，设置字体为黑体、大小为 18、颜色为绿色。

④某段文本想应用某一样式规则，在目标规则中选择相应样式规则名称即可。图 1-46 是字符格式化效果。

3. 段落格式化

网页中的文字设置好了格式，就比只在网页上输入单纯的文字显得生动多了，但我们发现文字的布局还很零乱，这就需要设置网页的段落格式。段落格式主要涉及一段文字的布局，是从左到右对齐，还是居中对齐，或是从右到左对齐。还可以将文字设置成一个标题，如"《蜡笔小新》经典台词"这一句话就应是整个网页内容的标题。

图1-46 字符格式化效果

(1)设置段落或标题

选中文字,可以将此文字设置为段落或标题,将一段独立的台词设置为段落或标题,可以让整个网页显得有层次感,网页标题分为6级。

【实例1-5】 设置段落标题。

操作步骤如下:

①在网页中选中相应的文字。

②在HTML属性面板中选择"格式"下拉列表,如图1-47所示。

图1-47 "格式"下拉列表

③选择不同的标题进行设置,其效果如图1-48所示。

图1-48 标题的设置效果

(2)段落的对齐方式

段落对齐方式有四种,即左对齐、居中对齐、右对齐、两端对齐。

【实例 1-6】 设置段落对齐方式。

操作步骤如下:

① 选中要设置的段落。

② 分别单击 CSS 属性面板中的【左对齐】按钮 ≡、【居中对齐】按钮 ≡、【右对齐】按钮 ≡、【两端对齐】按钮 ≡。按提示修改 CSS 样式。

段落对齐的设置效果如图 1-49 所示。

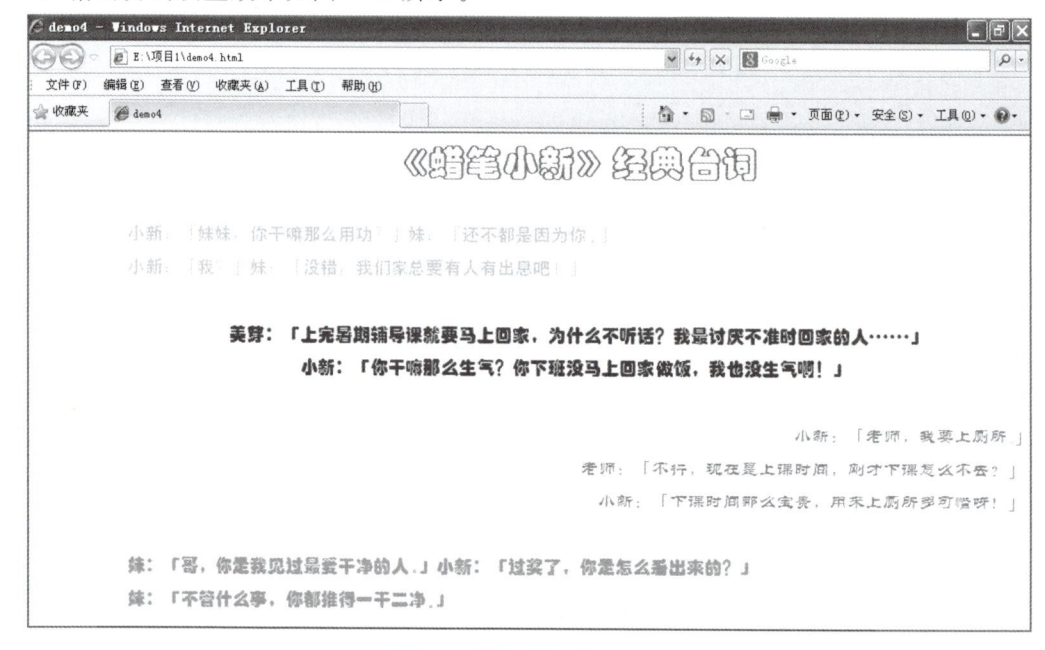

图 1-49 段落对齐的设置效果

知识点 1-5　Dreamweaver 中图像及应用

1. 熟悉网页图像的相关知识

网页中插入图像可以使网页内容更加丰富,在网页中可以插入的图像主要有 JPEG、GIF、PNG 等格式。在什么时候插入什么格式的图像,是根据内容的需求和图像格式的特点来确定的。我们先来看看这三种图像的不同特点。

JPEG:全称为 Joint Photographic Experts Group(联合图像专家组),是专门为照片或高彩图像开发的一种格式。JPEG 是一种有损压缩格式,能够将图像压缩在很小的存储空间,图像中重复或不重要的资料会被丢弃,因此容易造成图像数据的损伤。

GIF:全称为 Graphics Interchange Format(图像互换格式),是由 CompuServe 公司于 20 世纪 80 年代推出的一种高压缩比的彩色图像文件格式。所有浏览器均支持 GIF 格式。

PNG:全称为 Portable Network Graphic(便携网络图形),是最为合适的网络图形格式,然而在没有插件的情况下,并不是所有浏览器都能够充分利用 PNG 格式的特性。PNG 格式可以包含透明度或者 Alpha 通道,也可以进行渐变处理。PNG 格式的压缩不造成文件任何的损失,即使在高彩的情况下也如此。

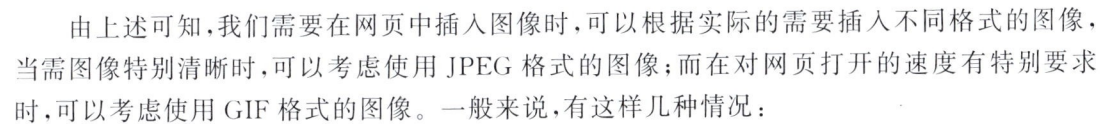

由上述可知,我们需要在网页中插入图像时,可以根据实际的需要插入不同格式的图像,当需图像特别清晰时,可以考虑使用 JPEG 格式的图像;而在对网页打开的速度有特别要求时,可以考虑使用 GIF 格式的图像。一般来说,有这样几种情况:

①将规则渐变色彩比较丰富的图像输出成 PNG 格式,如网页中的背景渐变、水晶风格按钮等。

②将色彩比较单纯的小图像输出成 GIF 格式,它通常应用在一些小按钮和 ICON 小图标上。

③将色彩非常复杂的图像输出成 JPEG 格式,如人物、风景等。

2. 在网页中应用图像

在网页中插入图像,利用 Dreamweaver 很容易做到。在 Dreamweaver 中对图像的操作,主要有插入图像、设置图像属性等。

(1)在网页中插入图像

在网页中插入图像时,要注意插入的图像不能过大,图像过大会影响网页的打开速度。一般选一些小图像插入网页,或是使用工具将大图像切割成几个小图像,然后再插入网页中。

【实例 1-7】 在网页空白位置插入一张图像。

操作步骤如下:

①在 Dreamweaver 中打开网页,然后在需要插入图像的地方单击鼠标。

②单击"常用"工具栏中的【图像】按钮 ,弹出"选择图像源文件"对话框,如图 1-50 所示。

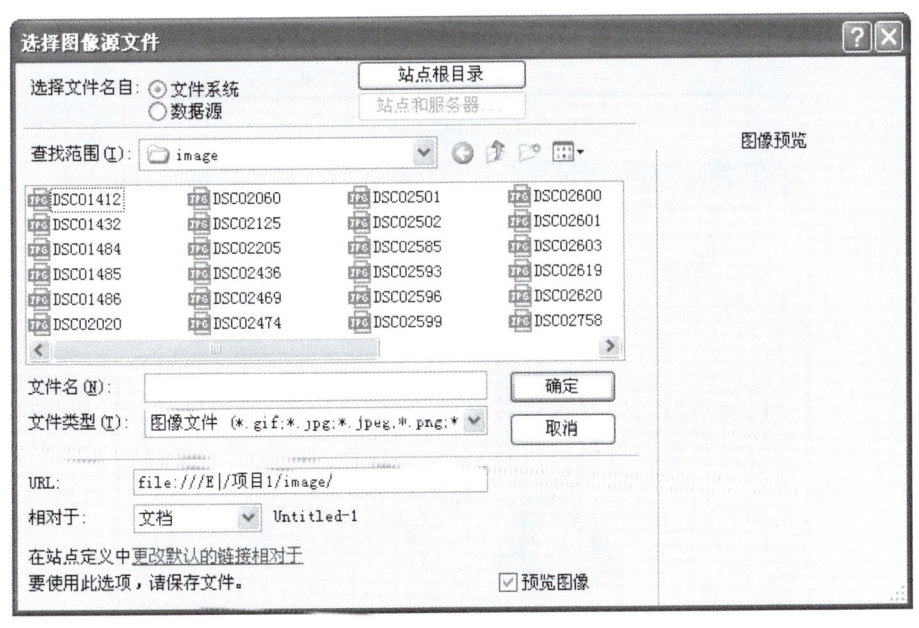

图 1-50 "选择图像源文件"对话框 2

③选择所要插入的图像,可以在"选择图像源文件"对话框的右边"图像预览"中看到所选图像的效果,如图 1-51 所示。

④单击【确定】按钮,弹出"图像标签辅助功能属性"对话框,可以设置当图像不能正常显示时的替换文本。在这里,我们输入"己所不欲,勿施于人",如图 1-52 所示。

⑤最后保存网页,按下快捷键【F12】,查看网页效果,如图 1-53 所示。

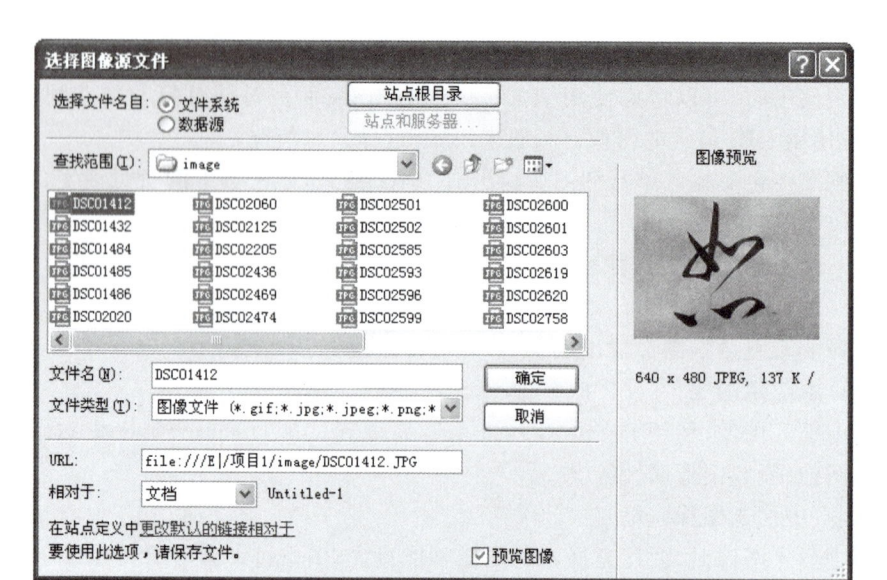

图 1-51 选择需要插入的图像

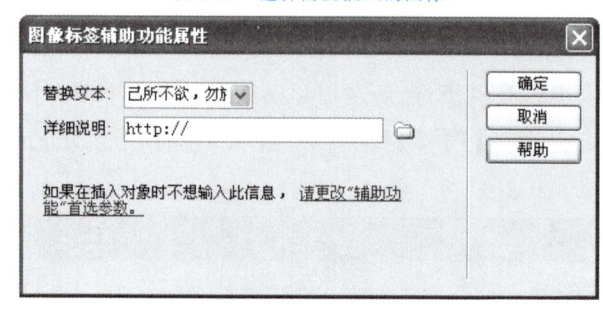

图 1-52 "图像标签辅助功能属性"对话框

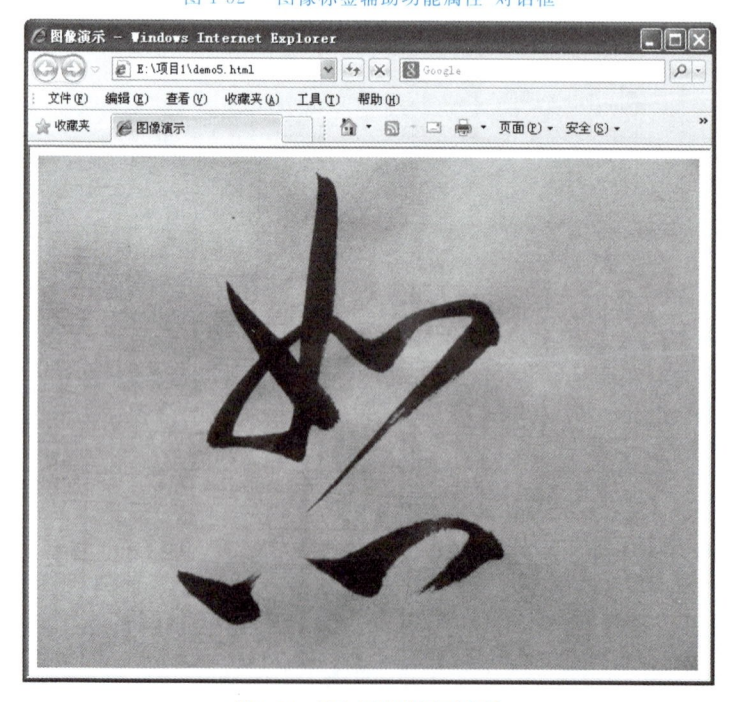

图 1-53 插入图像的网页效果

（2）设置图像属性

有时候，插入的图像并不能很好地在网页中显示，这时需要对插入的图像进行相应的属性设置。图像的属性一般有大小、边框、替换文本等。下面我们看看如何对插入的图像进行大小的调整、边框的设置及替换文本的更改。

要调整图像的大小，有两种方法：一是选中图像，在图像四周会出现调整大小的控制点，拖动控制点即可调整图像的大小；二是选中图像，在"属性"面板中的宽、高中设置图像的大小。

【实例 1-8】 设置图像属性。

操作步骤如下：

① 选中图像，在图像四周出现调整大小的控制点，如图 1-54 所示。

② 此时若要调整图像的宽度，可拖动右侧的控制点；若要调整图像的高度，可拖动底部的控制点；若要同时调整图像的宽度和高度，可拖动右下角的控制点。若要在调整图像尺寸时保持比例（即宽高比），可在按住【Shift】键的同时拖动右下角的控制点。

图 1-54　图像四周调整大小的控制点

③ 用调整大小的控制点最小可以将图像大小调整到 8×8 像素。若要将图像的宽度和高度调整到更小的大小（如 1×1 像素），那么只有在"属性"面板中输入相应的宽、高值，如图 1-55 所示。

图 1-55　使用"属性"面板调整图像的大小

我们可以注意到，当调整了图像的大小后，"属性"面板的"宽""高"文本框后会出现【恢复原样】按钮，当我们想把调整后的图像恢复到原图大小时，可以单击此按钮。

（3）设置网页背景图像

网页背景图像的插入与一般图像的插入有所区别，网页背景是对整个网页而言的，需要操作网页，而一般图像的插入仅仅对插入的某个区域做设置。

【实例 1-9】 设置网页背景。

操作步骤如下：

① 在网页空白位置单击鼠标右键，在弹出的快捷菜单中选择"页面属性"命令，或在"属性"面板中单击【页面属性】按钮，弹出"页面属性"对话框。

② 在"页面属性"对话框中设置"背景图像"。单击【浏览】按钮选择背景图像，如图 1-56 所示。

③ 在"页面属性"对话框中设置"重复"选项，选择"repeat"。

④ 单击【确定】按钮，这样网页背景就设置好了。

图 1-56 设置背景图像

知识点 1-6　Dreamweaver 中超链接的概念与基本应用

1. 熟悉超链接的概念

超链接可以实现从一个网页跳转到另一个网页,也可以从一个网页跳转到同网页的其他位置。它包含一个链接对象(文本、图像或其他对象)和一个目标地址(即目标网页或对象)。根据链接对象的不同,可以将超链接划分为两种:超文本(Hypertext)和超链接(Hyperlink)。超文本是指链接对象是文本的链接。超链接是以文本以外的对象作为链接对象所创建的链接。对于超链接来说,重要的是要弄清楚链接的路径。链接路径分为绝对路径和相对路径。

Dreamweaver中超链接的概念与基本应用

(1) 绝对路径

绝对路径从保存网页的磁盘根目录开始,一级一级地列出文件所在的路径。如图 1-57 所示,文件 index.html 的绝对路径是 E:\class\index.html,那么在浏览器中如输入这个路径,浏览器将会搜索本地磁盘驱动器,查找 index.html 的位置,找到文件后,以物理地址的形式显示在浏览器中,如图 1-58 所示。

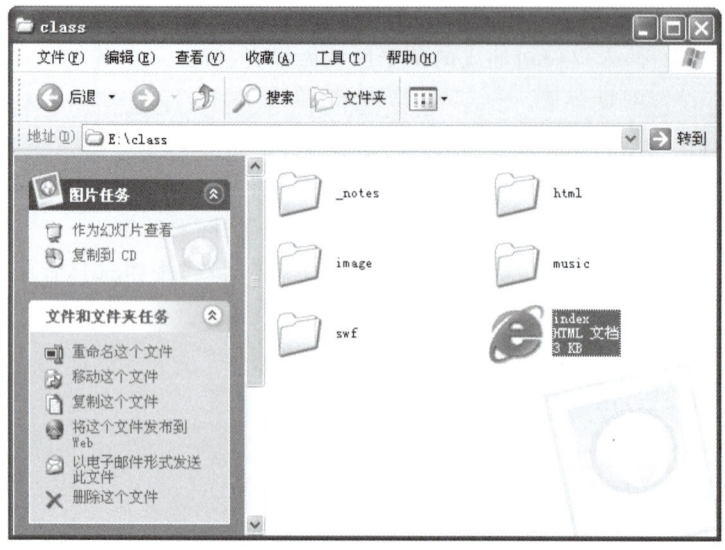

图 1-57　文件 index.html

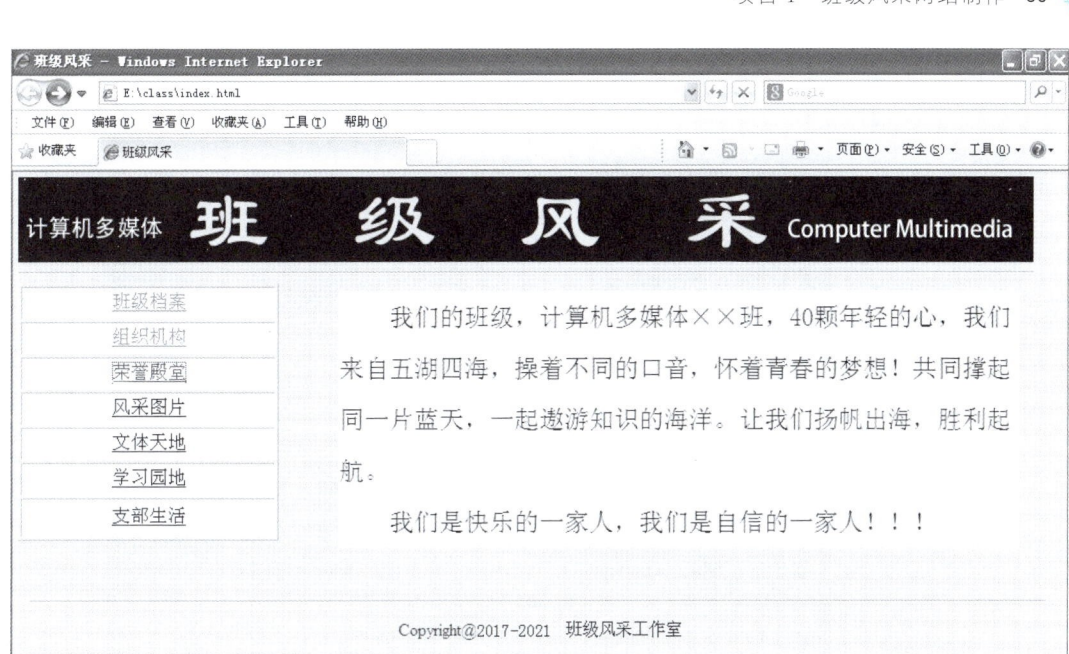

图 1-58 文件 index.html 以物理地址的形式显示在浏览器中

但绝对路径存在两个缺点：

①这种绝对路径的链接不利于测试。因为在站点中使用了绝对地址后，要想测试链接是否有效，必须在 Internet 服务器上对链接进行测试。

②当站点移动位置时，有些链接就失效了，不利于站点的移植。

（2）相对路径

相对路径是指相对于当前目录的路径，而不是使用本地磁盘的路径。使用相对路径可以为我们带来非常多的便利。相对路径根据当前目录的不同，对同一个文件有几种表示方法，以文件 dangan.html 为例（图 1-59），dangan.html 在文件夹 E:\class\html 下，当前目录在不同位置表示 dangan.html 方法如下：

①当前目录在 dangan.html 同级目录下表示为：dangan.html。

②当前目录在 image 文件夹下表示为：..\html\dangan.html。

③当前目录在站点根目录 E:\class 下表示为：html\dangan.html。

④当前目录为 E 盘根目录，则表示为：\class\html\dangan.html。

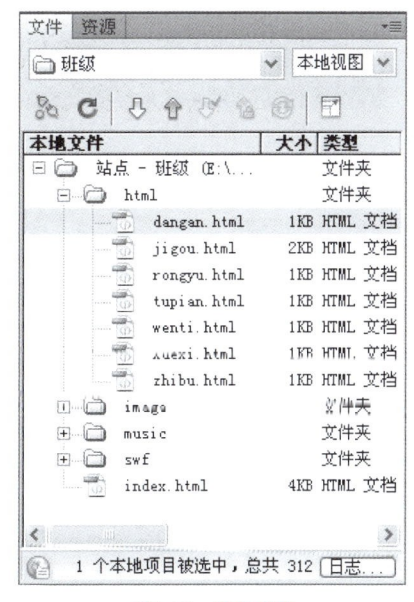

图 1-59 站点文件

2. 在网页中使用超链接

超链接的使用很简单，在 Dreamweaver 中只需要选择链接到的网页或位置即可。

【实例 1-10】 为班级风采网站设置文字超链接。

操作步骤如下：

①选择文字"荣誉殿堂",在"属性"面板中单击"链接"后的【浏览文件】按钮，在弹出的"选择文件"对话框中选择文件 rongyu.html,如图 1-60 所示。

图 1-60 "选择文件"对话框 2

②单击【确定】按钮后即实现了文本"荣誉殿堂"与文件 rongyu.html 之间的超链接,如图 1-61 所示。

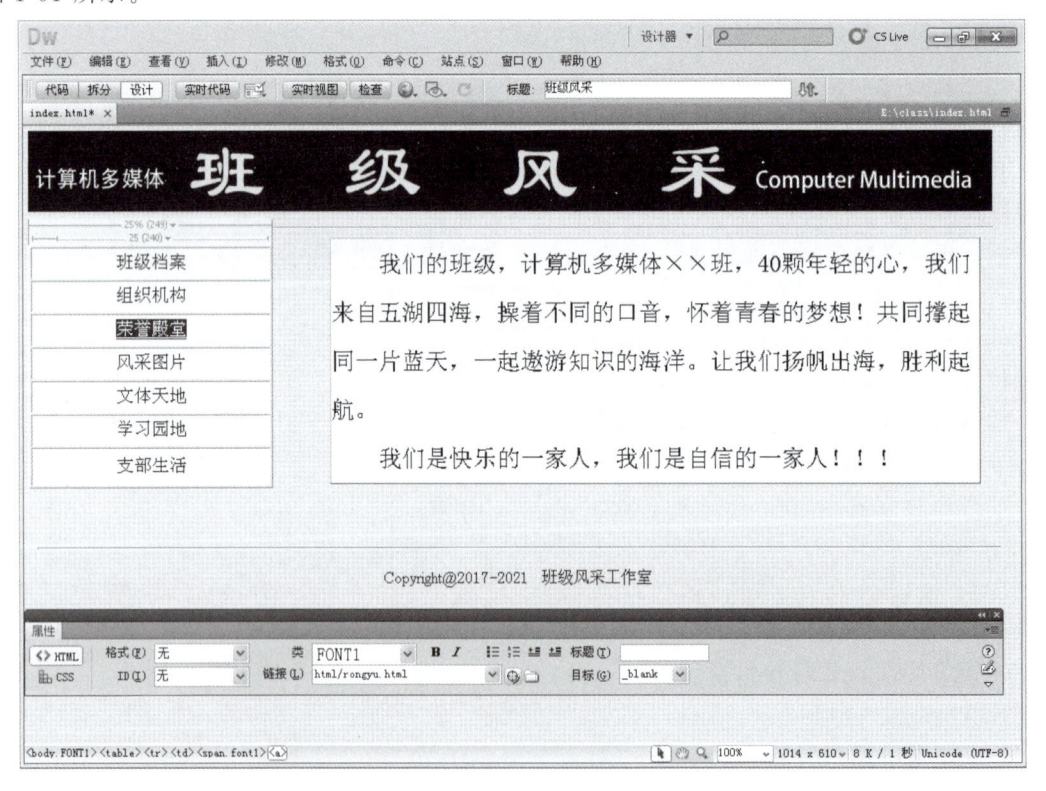

图 1-61 设置超链接

③单击"属性"面板中"目标"后的下拉按钮,选择"_blank"。"目标"选项主要表示单击了

超链接后在什么地方打开目标网页。
- _blank:表示在一个新网页中打开目标页。
- _self:表示在本网页中打开目标页。
- _parent:表示在父窗口中打开目标页。
- _top:表示在上一级框架或网页中打开目标页。

知识点 1-7　Dreamweaver 中表格的建立与基本操作

1.创建表格

表格由表格标题、行、列、列标题、单元格组成,行与列的交叉称为单元格,单元格用来输入内容。表格的组成如图 1-62 所示。

在 Dreamweaver 中创建表格很简单,它会根据输入的行和列的要求自动创建一个简单的表格。

【实例 1-11】　创建一个表格,用于统计中国主要城市人口、经济数据。
操作步骤如下:

①创建新网页,保存网页名称为 demo7.html,并将光标移到要插入表格的位置。

②单击"插入"面板中"常用"工具栏中的【表格】按钮,弹出"表格"对话框,如图 1-63 所示。

③"表格"对话框用来输入创建表格的信息,图 1-63 中各部分的含义如下:
- 行数:表格的行数。
- 列:表格的列数。
- 表格宽度:表格在网页中的宽度,可以使用像素,也可以使用百分比表示。
- 边框粗细:表格的边框占多少像素,一般在网页中使用 0 像素,表示没有边框。
- 单元格边距:单元格内容与边框的距离。
- 单元格间距:单元格与单元格之间的距离。

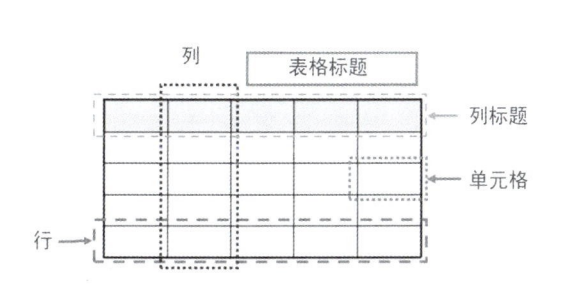

图 1-62　表格的组成

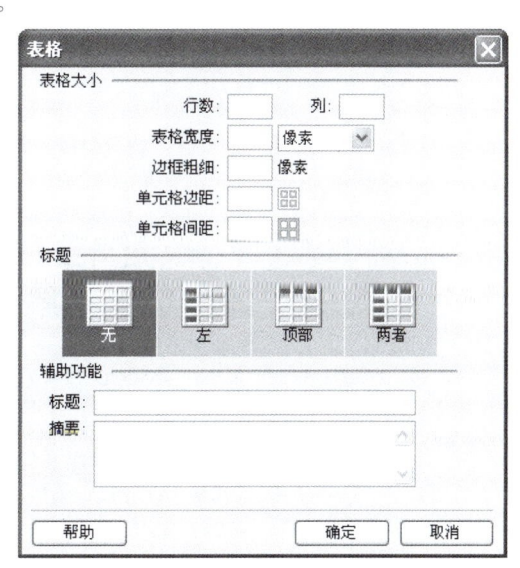

图 1-63　"表格"对话框

- "标题"区域:设置表格标题位置。
- "标题"文本框:表格的标题内容。
- 摘要:备注信息。

④创建表格。在"表格"对话框中"行数"输入"3","列"输入"10","表格宽度"输入"600","边框粗细"输入"1","标题"区域选择"顶部","标题"文本框输入"中国主要城市人口、经济数据统计",如图 1-64 所示。

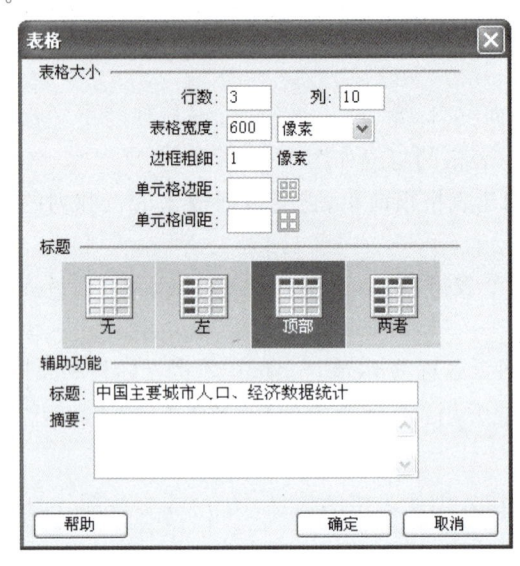

图 1-64　创建表格

⑤单击【确定】按钮,生成表格,如图 1-65 所示。

图 1-65　生成表格

⑥在表格中输入数据,然后按【F12】键浏览表格网页,如图 1-66 所示。

	上海	北京	广州	深圳	苏州	天津	重庆	杭州	大连
人口	2300	2100	1100	1000	550	1500	2200	750	600
经济	20000	16000	12000	15000	11000	10500	9500	7000	6500

图 1-66　浏览表格网页

2. 编辑表格

对于创建的表格，如果它不再满足现有的需求，可以对表格进行相关的编辑，让表格重新适应需求的改变。表格的编辑主要涉及行的增加、列的增加、行的删除、列的删除及单元格的合并与拆分。

（1）增加新行

【实例 1-12】 在图 1-66 的表格中插入新行。

操作步骤如下：

①将光标定位在"经济"这一行，单击鼠标右键，在弹出的快捷菜单中执行"表格"→"插入行"命令。

②在"经济"行之上插入一个新行，如图 1-67 所示。

图 1-67 执行"插入行"命令插入新行

③要在"经济"行之下增加新行，则将光标定位在"经济"这一行，执行"修改"→"表格"→"插入行或列"命令，弹出"插入行或列"对话框。

④在"插入行或列"对话框中选择插入"行"，在"行数"文本框中输入"1"，位置选择"所选之下"，如图 1-68 所示。单击【确定】按钮，效果如图 1-69 所示。

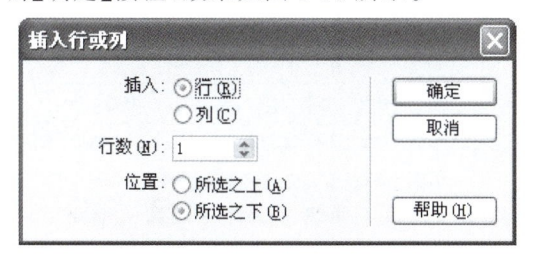

图 1-68 "插入行或列"对话框（插入行）

图 1-69 执行"插入行或列"命令插入新行

（2）增加新列

【实例 1-13】 在图 1-69 的表格最右边插入新列，对每一行的数据进行汇总。

操作步骤如下：

①将光标定位在"大连"单元格，单击鼠标右键，执行"表格"→"插入列"命令，这一命令会在"大连"单元格所在列左边插入一个新列，这不符合案例的要求，如图1-70所示。

图1-70 执行"插入列"命令插入新列

②要在"大连"单元格所在列的右边增加新列，需要单击鼠标右键，执行"修改"→"表格"→"插入行或列"命令，弹出"插入行或列"对话框。

③在"插入行或列"对话框中选择插入"列"，在"列数"中输入"1"，位置选择"当前列之后"，如图1-71所示。单击【确定】按钮，效果如图1-72所示。

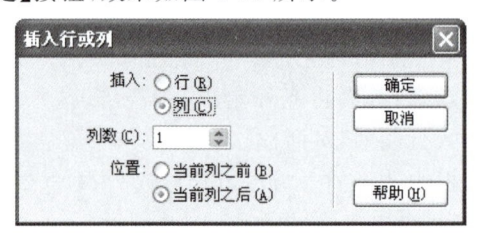

图1-71 "插入行或列"对话框（插入列）

图1-72 执行"插入行或列"命令插入新列

（3）删除行或列

【实例1-14】 如图1-72所示，表格中多了两行和一列，要求删除多余的行和列。

可以使用右键快捷菜单进行相应的删除操作，操作步骤如下：

将光标定位在要删除行或列的单元格中，然后单击鼠标右键，执行"表格"→"删除行"或"删除列"命令，将会删除光标所在的当前行或列。效果如图1-73所示。

（4）单元格的合并

有时根据需要可能会把两个或几个在同一行或同一列的连续单元格合并成一个大的单元

图 1-73　删除行和列

格。这在 Dreamweaver 中很容易实现。

【实例 1-15】　图 1-73 中，在最后一列标题中输入"汇总"，然后合并"汇总"列的下面两个单元格。

操作步骤如下：

①选中需要合并的两个单元格，如图 1-74 所示。

图 1-74　选中合并的单元格

②单击鼠标右键，执行"修改"→"表格"→"合并单元格"命令。这样就合并了两个单元格，效果如图 1-75 所示。

图 1-75　合并单元格

(5) 单元格的拆分

在有些情况下，需要将一个单元格拆分成两个或多个单元格。

【实例 1-16】　将图 1-75 中刚合并的单元格拆分成两个单元格。

操作步骤如下：

①将光标定位在需要拆分的单元格中。

②单击鼠标右键，执行"修改"→"表格"→"拆分单元格"命令，弹出"拆分单元格"对话框。

③在"拆分单元格"对话框中选择将单元格拆分成行或者列,这里选择"行"。

④在"行数"中输入"2",表示拆分成两行,如图 1-76 所示。(如果拆分成列,那么在列数中输入相应的数字。)

⑤单击【确定】按钮,完成拆分单元格。

(6) 表格长、宽及行高、列宽的调整

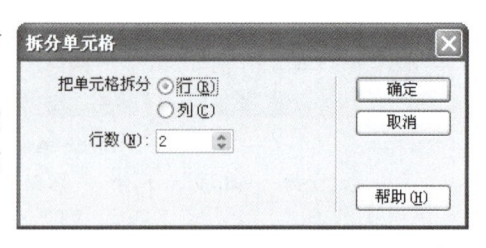

图 1-76 "拆分单元格"对话框

可以使用鼠标调整表格的长、宽。而有时需要将表格的列宽或行高调整到合适的宽度或高度,在 Dreamweaver 中调整行高或列宽使用鼠标进行拖动即可,也可以在"属性"面板输入行高和列宽的值。

【实例 1-17】 使用鼠标调整行高或列宽的方法调整"中国主要城市人口、经济数据统计"表。

操作步骤如下:

①选中表格,表格四周将出现拖动点,如图 1-77 所示。

图 1-77 表格四周出现拖动点

②要调整表格的宽度,只需使用鼠标按住水平拖动点,并移动鼠标即可。

③要调整表格的高度,只需使用鼠标按住垂直拖动点,并移动鼠标即可。

④要同时调整表格的高度和宽度,只需使用鼠标按住表格顶点的拖动点,并移动鼠标即可。

⑤要调整行高,只需使用鼠标拖动行的水平边框线并移动到合适的高度即可。

⑥要调整列宽,只需使用鼠标拖动列的垂直边框线并移动到合适的宽度即可。

3. 格式化表格

对前面插入的表格,我们没有进行任何的修饰,对于一个网页来说,这显得太呆板且没有视觉上的冲击。对表格我们可以设置它的背景颜色或背景图像,对单元格也可以进行文字或颜色的设置,并且对单元格可以进行显示格式上的设置。这些都是通过表格的属性和单元格的属性设置的。

(1) 表格属性与行属性的设置

对表格进行格式设置,要通过表格属性面板、行属性面板等分别进行设置。

【实例 1-18】 对"中国主要城市人口、经济数据统计"表进行表格属性与行属性设置,要求:行为 3,列为 11,宽为 730 像素,边框为 1,对齐方式为居中对齐;行属性中水平为居中对齐,宽为 60,高为 30,背景颜色为♯99FFFF。

操作步骤如下:

①在状态行中选中表格标签,"属性"面板中将显示表格的属性。表格属性面板如图 1-78 所示。

图 1-78 表格属性面板

②在表格的属性中,可以设置表格的行数、列数、宽度、对齐方式、填充效果、间距、边框等。这里设置:行为 3,列为 11,宽为 730 像素,对齐方式为居中对齐,边框为 1。

③用拖动的方式选择整个表格行与列,"属性"面板将变成表格的行属性面板,可以设置水平对齐、垂直对齐、列宽、行高、背景颜色等。这里设置:水平为居中对齐,宽为 60,高为 30,背景颜色为#99FFFF,如图 1-79 所示。

图 1-79 行属性面板

浏览网页,效果如图 1-80 所示。

图 1-80 设置表格属性后的网页

(2)单元格属性的设置

表格中单元格的属性也可以很方便地通过"属性"面板进行设置,通常设置单元格的文本对齐方式。

【实例 1-19】 设置图 1-80 中文字单元格(如"上海""北京""人口""经济"等)的属性,宽为 60,高为 50,背景颜色为#CCFF99。将表格的标题设置为:字体为黑体,大小为 24。

操作步骤如下:

①选中单元格,"属性"面板中将出现单元格的属性。如果要将多个单元格设置为相同的属性,可以同时选中多个单元格进行设置,只需要在选中单元格时按下【Ctrl】键即可。如图 1-81 所示。

②"属性"面板中将显示单元格的属性,设置宽为 60,高为 50,背景颜色为#CCFF99,如图 1-82 所示。

③将表格标题选中,在"属性"面板中设置其字体为黑体,大小为 24(注意,要用 CSS 属性面板设置),按回车键插入一空行。

设置后效果如图 1-83 所示。

图 1-81　选中多个单元格

图 1-82　单元格属性面板

图 1-83　设置单元格属性后的网页

知识点 1-8　Dreamweaver 中层的建立与基本操作

在 Dreamweaver 中不仅可以通过表格来对网页进行布局，还可以使用层对网页进行布局。利用层可以更灵活地将网页内容呈现出来，因为对于层来说，既可以将它们层叠放置，也可以显示某些层，还可以隐藏层。

但是对于层来说，有一个缺点，那就是低版本的 Web 浏览器支持得不是很好，为了让所有的人都可以顺利地浏览包含层的网页，可以先使用层设计网页布局，再将层转换为表格。

1. 创建新层

在 Dreamweaver 中创建层很简单，只需选择层按钮在网页上拖动即可。

【实例 1-20】　在网页中创建新层。

操作步骤如下：

① 新建网页，命名为 demo8.html。

② 单击"插入"面板"布局"工具栏中的【绘制 AP Div】按钮 。

③ 拖动鼠标绘制一个层，如图 1-84 所示。

Dreamweaver 中层的建立与基本操作

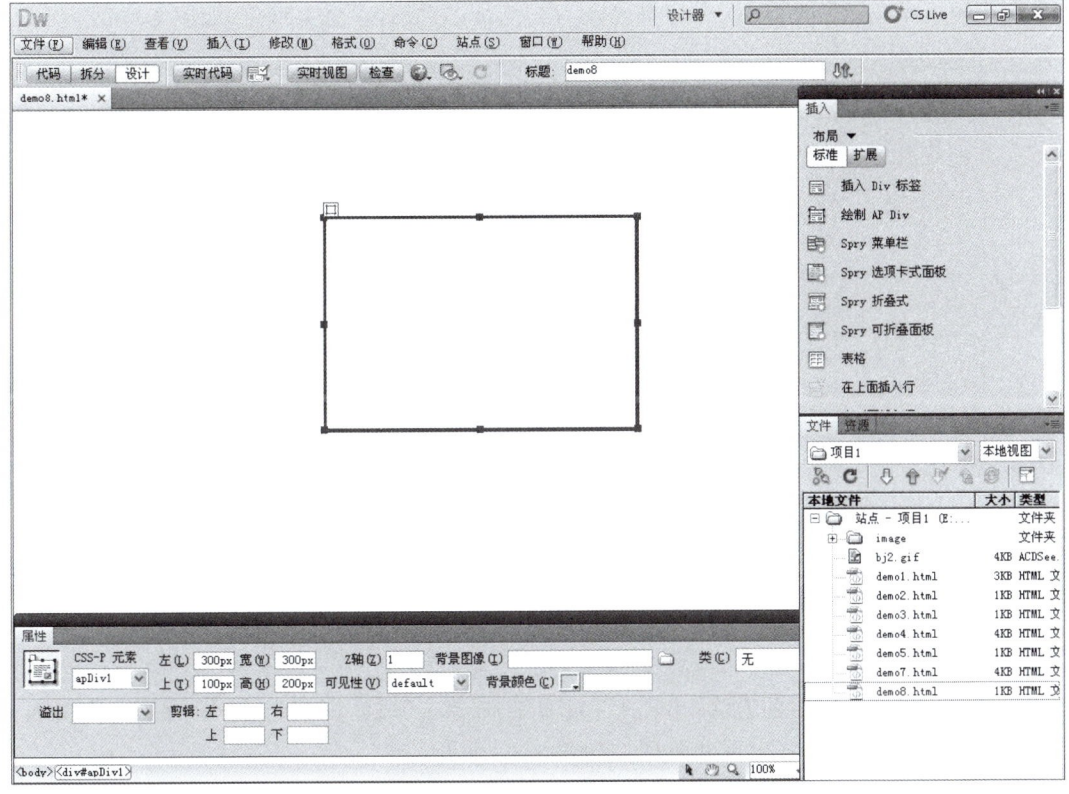

图 1-84 拖动鼠标绘制层

2. 设置层的属性

选中层可以在"属性"面板中设置层的属性。通常可以设置层的位置、层的层叠顺序、背景图像、背景颜色等。选中层后,在"属性"面板中可以显示出层的属性,如图 1-84 所示。

层的常用属性说明如下:

①左:层的左上角与网页左上角的像素值。

②上:层的顶部与网页顶部的像素值。

③宽:层的宽度。

④高:层的高度。

⑤Z 轴:层的层叠顺序。如果数值较大,可将该层在层叠顺序中上移;如果数值较小,可将该层在层叠顺序中下移。

⑥可见性:用来设置层是否可见,通常设置 visible 表示层可见,设置 hidden 表示层不可见,设置 default 为默认值。

⑦背景图像:层使用的背景图像。

⑧背景颜色:层使用的背景颜色。

⑨剪辑:表示将层的某部分隐藏不显示。

3. 调整层

对于放置在网页中的层,可以通过拖动鼠标的方式调整层的大小,也可以将多个层进行相应的对齐和大小的调整。

【实例 1-21】 建立两个大小、颜色都不同的层,再将它们调整成一样的大小。

操作步骤如下:

① 在网页中绘制两个层,一个背景颜色为红色,一个背景颜色为绿色,如图 1-85 所示。

图 1-85　网页上的两个层

② 将光标移至左边层的边缘,出现十字形指针时单击鼠标,层被选中,层的左上角出现选择层的图标,在层的四周将出现调整柄。如图 1-86 所示。

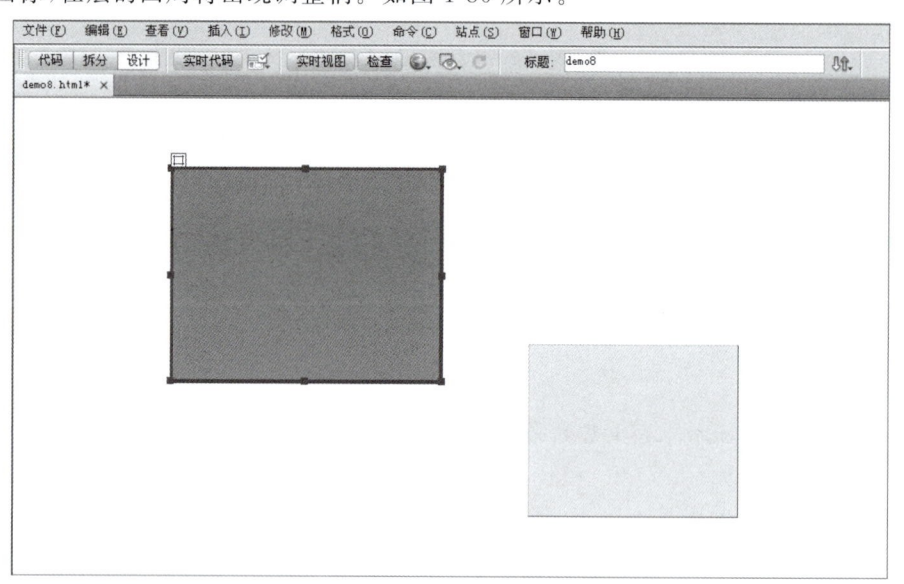

图 1-86　选中层

③ 拖动调整柄将层调整到合适的大小。

④ 如果要同时调整两个或多个层,可以在选择一个层的同时按下【Shift】键,再选择其他层。

⑤ 执行"修改"→"排列顺序"→"设成宽度/高度相同"命令,这样先选定的层将与最后选定的层的大小一致。如图 1-87 所示。

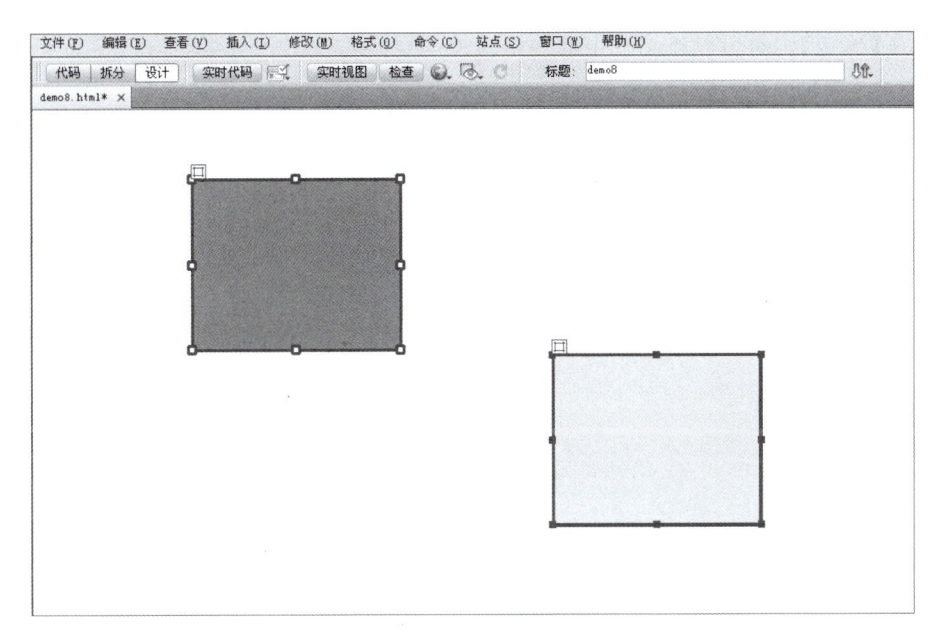

图 1-87　两个层大小一致

4. 层与表格的转换

在进行网页布局时,可以使用表格和层进行布局,但层会受到浏览器的限制。因此可以将使用层设计的网页转换为表格,也可以将表格设计的网页转换为层。在有些情况下不能进行这种转换:

- 在模板网页中不能转换。
- 在应用模板的网页中不能转换。

通常应该先在非模板网页中创建布局,然后进行转换,最后将网页保存为模板。在进行转换的过程中,要注意以下事项:

- 防止层重叠。
- 从层转换为表格时可能会生成包含大量空单元格的表格。

(1)将层转换为表格

①执行"修改"→"转换"→"将 AP Div 转换为表格"命令,打开"将 AP Div 转换为表格"对话框,如图 1-88 所示。

②单击【确定】按钮可以将网页中的层转换为表格。

(2)将表格转换为层

①执行"修改"→"转换"→"将表格转换为 AP Div"命令,打开"将表格转换为 AP Div"对话框,如图 1-89 所示。

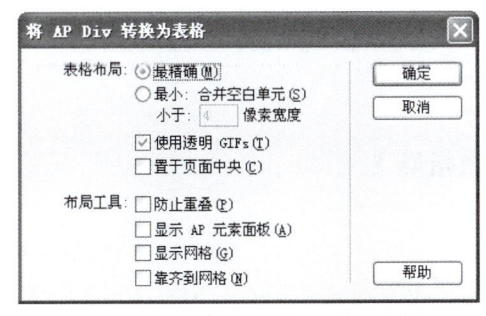

图 1-88　"将 AP Div 转换为表格"对话框 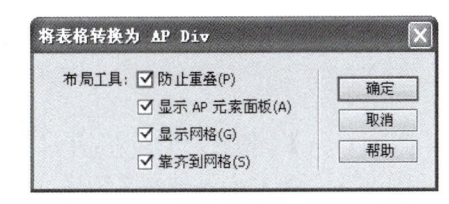　　　　图 1-89　"将表格转换为 AP Div"对话框

②单击【确定】按钮可以将网页中的表格转换为层。

知识点 1-9　初步认识 Fireworks

启动 Fireworks 后,执行"文件"→"新建"命令,或者在 Fireworks 起始页中单击"新建 Fireworks 文件",弹出"新建文档"对话框,如图 1-90 所示。

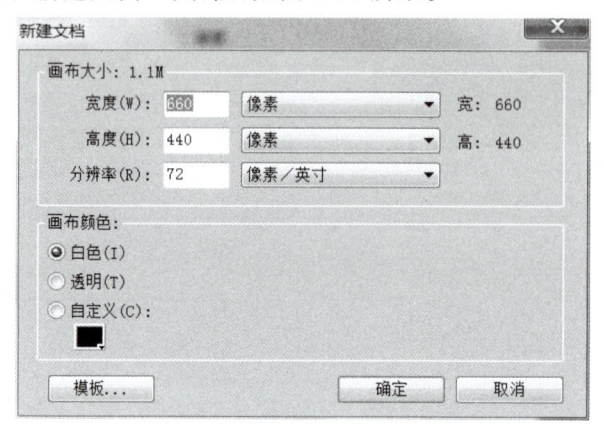

图 1-90　"新建文档"对话框

设置好各参数后,单击【确定】按钮,即可新建一个空白文档,进入如图 1-91 所示的 Fireworks 工作界面,其中包括主菜单、工具面板、"属性"面板、文档窗口及其他一些组合面板。

工具面板位于窗口的左侧,该面板分成了多个类别并用标签标明。"属性"面板位于窗口的底部,它显示文档属性,当选择新工具或文档中的对象时,属性也随之更改。其他组合面板位于窗口的右侧。

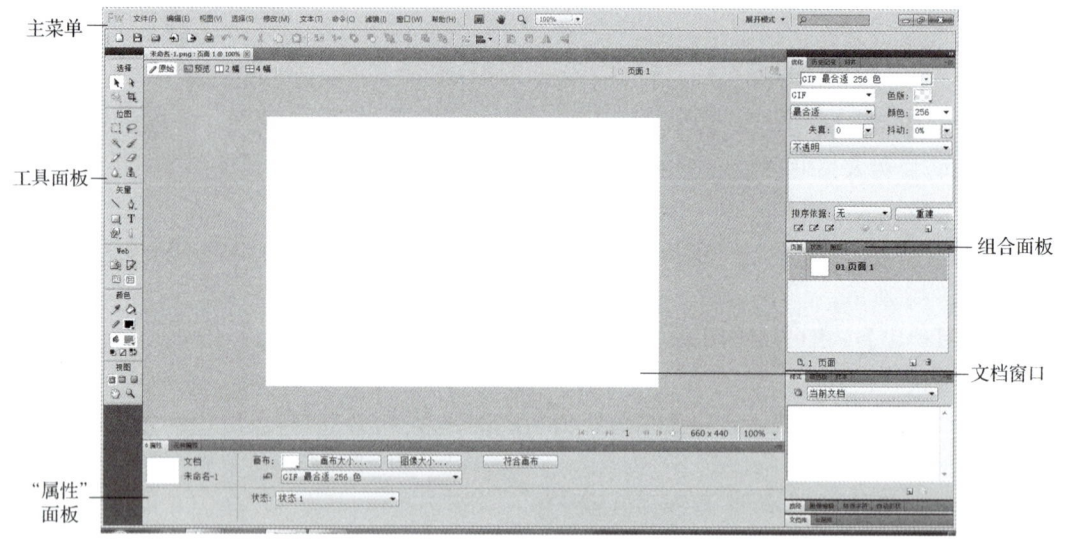

图 1-91　Fireworks 工作界面

实训指导 1

【实训项目 1-1】　创建一个站点,并且制作主页。要求主页有标题区、水平线、导航栏、文本区和图片区,并且导航栏与其他网页链接(例如,制作我的心灵家园网页,网页如图 1-92 所示)。

图 1-92 网页显示效果

操作步骤参考如下：

Step1：在硬盘上设立本地站点目录。

(1) 在桌面上双击"我的电脑"图标。

(2) 在"我的电脑"窗口中双击打开用于存储站点目录的硬盘驱动器，如 E 盘。

(3) 执行"文件"→"新建"→"文件夹"命令(或在空白区单击鼠标右键，执行"新建"→"文件夹"命令)，在 E 盘建立一个新文件夹"xljy"。

(4) 关闭"我的电脑"窗口。

Step2：建立 Dreamweaver 站点。

(1) 启动 Dreamweaver。

(2) 执行"站点"→"新建站点"命令，弹出"站点设置对象"对话框。

(3) 选择"站点"选项。

(4) 在"站点名称"文本框中输入"心灵家园"，在"本地站点文件夹"中输入 E:\xljy 作为本地根文件夹，其他可采用默认设置。

(5) 单击【保存】按钮，完成站点创建。

Step3：建立站点文件夹和网页文件。

(1) 在"文件"面板中选择"心灵家园"站点，在 E:\xljy 文件夹上单击鼠标右键，在弹出的快捷菜单中选择"新建文件夹"命令，建立文件夹 picture，此文件夹用于存放图像文件。

(2) 参照(1)，依次建立文件夹 web(用于存放非主页的其他网页)、music(用于存放音乐文件)、flash(用于存放 Flash 动画)。

(3) 选中 E:\xljy 文件夹，单击鼠标右键，在弹出的快捷菜单中选择"新建文件"命令，建立主页 index.html。

(4) 选中 web 文件夹，单击鼠标右键，在弹出的快捷菜单中选择"新建文件"命令，建立网页 wdjl.html(我的简历)。

(5) 参照(4)，分别建立网页 yyxs.html(音乐欣赏)、dstd.html(读书大地)、fctp.html(风采图片)、shjs.html(书画鉴赏)、rsgw.html(人生感悟)。

Step4：打开主页文件。

在"心灵家园"站点中，双击主页文件 index.html，此时主页是空白页面，进入主页编辑状态。

Step5：制作主页标题部分。

(1) 执行"插入"→"图像"命令，弹出"选择图像源文件"对话框。

(2) 在驱动器中搜寻到标题图像文件 xljy.gif，单击【确定】按钮，系统弹出提示信息，提示这个图像不在站点根文件夹下，询问是否将该文件复制到根文件夹下。

(3) 单击【是】按钮，弹出"复制文件为"对话框，"保存在"处会自动切换到打开的站点文件夹 xljy。

(4)把这个图像文件放在 picture 文件夹下。双击 picture 文件夹,单击【保存】按钮确认。此时弹出"图像标签辅助功能属性"对话框,可在"替换文本"中输入替换文本,也可不输入任何信息,单击【确定】按钮,此时一个标题图像就插入完毕了。

(5)执行"文件"→"保存"命令,或按快捷键【Ctrl】+【S】保存网页。

Step6:设置导航栏。

(1)在标题图像下单击鼠标,出现光标插入点。

(2)在"插入"面板的"布局"工具栏中单击【表格】按钮,弹出"表格"对话框,设置行数为6,列数为1,宽度为25,单位为百分比,边框为1。

(3)单击【确定】按钮,将表格插入到网页中。

(4)此时表格处于选中状态,拖动控制点(黑点)适当调整表格的大小。

(5)在"属性"面板中设置表格的背景颜色,如#99CCFF。(若"属性"面板看不见,可按快捷键【Ctrl】+【F3】或执行"窗口"→"属性"命令打开"属性"面板。)

(6)在表格的第一个单元格里单击鼠标,出现光标插入点,通过键盘输入文字"我的简历"。

(7)选中文字"我的简历",然后在"属性"面板中设置其字体为隶书、大小为24,对齐方式为居中对齐。

(8)参照(6)和(7),输入和设置其他导航栏内容:"音乐欣赏""读书天地""风采图片""书画鉴赏""人生感悟"。

(9)执行"文件"→"保存"命令,或按快捷键【Ctrl】+【S】保存网页。

Step7:设置网页文字区域的内容。

(1)在"插入"面板"布局"工具栏中单击【绘制 AP Div】按钮。

(2)在表格右侧的文字区域按住鼠标左键拖出一个矩形区域。

(3)此时层处于选中状态,通过控制点适当调整层的大小,并且调整层的位置,层的高度与表格高度一致,宽度约占网页总宽度的50%。

(4)在层内单击鼠标,出现光标插入点。在层内输入文字标题内容"我的档案",并在"属性"面板中设置文字的字体为隶书、大小为30(字号大小列表中没有的字号可自行输入)、对齐方式为居中对齐。

(5)为了把标题和正文内容分隔开,可以插入水平线。将光标放在标题文字后,执行"插入"→"HTML"→"水平线"命令,则在标题文字下插入了一条水平线。

(6)在水平线下单击鼠标,再在层内绘制两个大小相同的子层,子层的底部接近表格底部。

(7)单击层标记选择不同的子层,在两个子层内分别输入正文内容(图1-92)。

(8)执行"文件"→"保存"命令,或按快捷键【Ctrl】+【S】保存网页。

Step8:设置网页图像区域的内容。

(1)在"插入"面板"布局"工具栏中单击【绘制 AP Div】按钮,在文字区域的右方拖出一个矩形区域。

(2)适当调整层的大小和位置。

(3)在层内单击鼠标,出现光标插入点。

(4)执行"插入"→"图像"命令,插入所需图像。

(5)执行"文件"→"保存"命令,或按快捷键【Ctrl】+【S】保存网页。

Step9:设置导航栏文字的超链接和图像的超链接。

(1)先选中用来做链接的文字"我的简历"。

(2)单击"属性"面板中"链接"后的【浏览文件】按钮,在弹出的"选择文件"对话框中双击打开 web 文件夹,选择与"我的简历"相关的网页文件 wdjl.html。

(3)参照(1)和(2),设置其他导航栏的文字链接:"音乐欣赏"链接 web/yyxs.html、"读书天地"链接 web/dstd.html、"风采图片"链接 web/fctp.html、"书画鉴赏"链接 web/shjs.html、"人生感悟"链接 web/rsgw.html。

(4)执行"文件"→"保存"命令,或按快捷键【Ctrl】+【S】保存网页。

Step10:设置页面属性。

(1)执行"修改"→"页面属性"命令。

(2)在弹出的"页面属性"对话框中设置网页标题为"心灵家园"、网页的背景图像为"picture/1.gif"、背景颜色为♯CCFFFF、文本颜色为♯000000、页面边距为0、文档编码为"简体中文(GB2312)"等。

(3)单击【确定】按钮。

(4)执行"文件"→"保存"命令,或按快捷键【Ctrl】+【S】保存网页。

Step11:浏览网页。

(1)执行"文件"→"在浏览器中预览"→"IExplore"命令,或按【F12】键出现 IE 浏览器窗口。

(2)将鼠标放到设置链接的文字或图像上时,鼠标指针变成手形,单击就可以切换到链接的网页。

(3)根据预览效果再回到文档窗口对网页进行调整。

【实训项目 1-2】 设计一个个人主页,创建站点,并且制作主页。要求主页有标题区、水平线、导航栏、文本区和图片区,导航栏与其他网页链接,设置网页标题等页面属性。

【实训项目 1-3】 按照本项目讲授的班级风采网站制作过程制作自己的班级网站。

综合练习 1

1. 选择题

(1)浏览网页属于 Internet 提供的(　　)服务。
A. FTP　　　　B. E-mail　　　　C. Telnet　　　　D. WWW

(2)Internet 上的 WWW 服务器使用的主要协议是(　　)。
A. FTP　　　　B. HTTP　　　　C. SMTP　　　　D. Telnet

(3)将制作好的网页上传到 Web 服务器的过程中,使用了 Internet 所提供的(　　)服务。
A. FTP　　　　B. E-mail　　　　C. Telnet　　　　D. WWW

(4)优秀的网页设计必然服务于网站的(　　),就是说,什么样的网站,就应该有什么样的设计。
A. 主题　　　　B. 版式　　　　C. Logo　　　　D. 内容

(5)下列软件中,(　　)主要用于网页制作。
A. Dreamweaver　　B. Fireworks　　C. Flash　　D. Photoshop

(6)在网页的设计中,对文字进行格式化设置时,下列哪项不是对文字格式化的设置?(　　)
A. 粗体　　　　B. 倾斜　　　　C. 大小　　　　D. 左对齐

(7)在网页的设计中,设置段落格式时,可以将段落设置为(　　)。
A. 左对齐　　　　B. 居中对齐　　　　C. 两端对齐　　　　D. 倾斜

(8)新建网页时,在"新建文档"对话框中选择"基本页"中的(　　)来创建一个 HTML

网页。

  A. HTML 模板　　　B. HTML　　　　　C. CSS　　　　　　D. XSLT 片段

(9)在网页的设计中,可以插入图像,一般在网页中可以插入三种类型的图像,下列选项中哪项不属于插入到网页中的图像?(　　)

  A. JPEG　　　　　B. PNG　　　　　　C. GIF　　　　　　D. BMP

(10)下面哪项不是表格的组成部分?(　　)

  A. 行　　　　　　B. 列　　　　　　C. 单元格　　　　　D. 输入的文字

(11)对表格进行编辑时,可进行如下几个操作,下面哪项不属于表格的编辑?(　　)

  A. 增加行或列　　B. 合并行或列　　C. 拆分行或列　　D. 删除表格

(12)对表格进行格式化时,可以设置表格的哪项属性?(　　)

  A. 设置表格背景　　　　　　　　　B. 设置单元格的水平对齐方式
  C. 设置单元格的垂直对齐方式　　　D. 删除行或列

2. 填空题

(1)中文 Dreamweaver 提供可视化的网页开发环境,具有_____的功能。

(2)_____面板是使用频率最高的一个浮动面板,被放置在窗口的下边。

(3)网页页面属性主要包括_____、_____、文本颜色与超链接颜色、页边距等。_____可以标识和命名文档;_____可以设置文档的外观。

(4)导航栏的作用是_____,从而轻松地进入下一个页面,导航栏既可以使用文字,也可以使用图像。

(5)在开始制作网页之前,一般需要先定义一个_____,然后再进行后续操作。

(6)为网页设置可编辑区域时,在"页面属性"对话框中设置_____、_____、_____。

(7)对字符格式化时,可以设置字符的字体、颜色、大小、_____、_____。

(8)超链接的路径分为_____和_____两种。

(9)将超链接的目标属性设置为_____时,链接页面将在一个新的窗口中打开。

(10)表格由_____、_____、_____等组成。

(11)将表格中的单元格变成两行或多行的操作是_____。

(12)将表格中两个或多个相邻单元格变成一个大的单元格的操作是_____。

3. 简答题

(1)什么是网页?什么是主页?

(2)常用的网页编辑工具有哪些?常用的网页图像与动画制作工具有哪些?

(3)用图形说明网站设计制作的工作流程。

(4)确定网站主题时一般应遵循哪些原则?

(5)制作网站主要包括哪些步骤?

(6)创建本地站点的作用是什么?

(7)为站点中文件夹或文件命名时需要注意什么?

(8)网站的主页文件名一般是什么?

(9)如何插入层?

(10)如何选定多个层?

4. 操作题

根据自己的兴趣选择某一主题,设计个人网站。要求首先要创建一个站点,并且制作主页,主页内有标题区、水平线、导航栏、文本区和图片区,制作子网页并测试链接。

项目 2　我的校园生活网站制作

内容提要

　　本项目结合我的校园生活网站的规划设计与制作过程，讲述了HTML语言的基本组成与特点、文本格式标记、版面控制标记、图像标记、超链接标记、表格标记、表单标记、多媒体及其他常用标记等知识与应用。

能力目标

1. 能够运用表格和网站规划设计相关知识进行小型网站规划设计。
2. 能够运用HTML语言文本格式、版面控制、图像、超链接、表格、表单、多媒体等常用标记制作简单网页。

知识目标

1. 掌握HTML语言组成与特点等基本知识。
2. 掌握HTML语言文本格式标记、版面控制标记、图像标记、超链接标记、表格标记、表单标记、多媒体及其他常用标记等相关知识。

2.1 我的校园生活网站制作过程

任务 2-1　设计规划我的校园生活网站

【子任务 2-1-1】　设计规划我的校园生活网站的布局结构

本网站主要采用表格进行布局,这是大多数网站的布局方式。

网站的主题栏目包括:校园新闻、文体活动、读书园地、校园掠影、情感天地、就业交流。

网站主页规划的结构如图 2-1 所示。

标题区
导航区
主体区
版权区

图 2-1　我的校园生活网站规划布局图

网页尺寸一般选择 1024×768 规格,实际尺寸为:1000×＊＊＊。

【子任务 2-1-2】　收集我的校园生活网站所需要的素材

收集的素材包括:

(1)图片:校园标志图片、校园生活精品图片、文本站标等。

(2)音乐:代表校园文化的音乐。

(3)文章:体现校园生活的新闻、情感、就业、摄影、读书、文体活动等。

【子任务 2-1-3】　确定我的校园生活网站的色彩风格

网站色彩风格选择清新淡雅色,如蓝色、绿色等。

※特别提示　**本任务相关知识请参阅:**

知识点 1-2　网站设计与制作流程

任务 2-2　创建我的校园生活网站站点

【子任务 2-2-1】　设置本地站点文件夹

操作步骤如下:

(1)在桌面双击"我的电脑"图标。

(2)在"我的电脑"窗口中双击打开用于存储站点的硬盘驱动器(如 E 盘)。

(3)执行"文件"→"新建"→"文件夹"命令,在硬盘中建立一个新文件夹。

(4)在新文件夹上单击鼠标右键,选择"重命名"命令,在英文输入法状态下输入站点名称,如 School，然后在空白处单击确定，如图 2-2 所示。

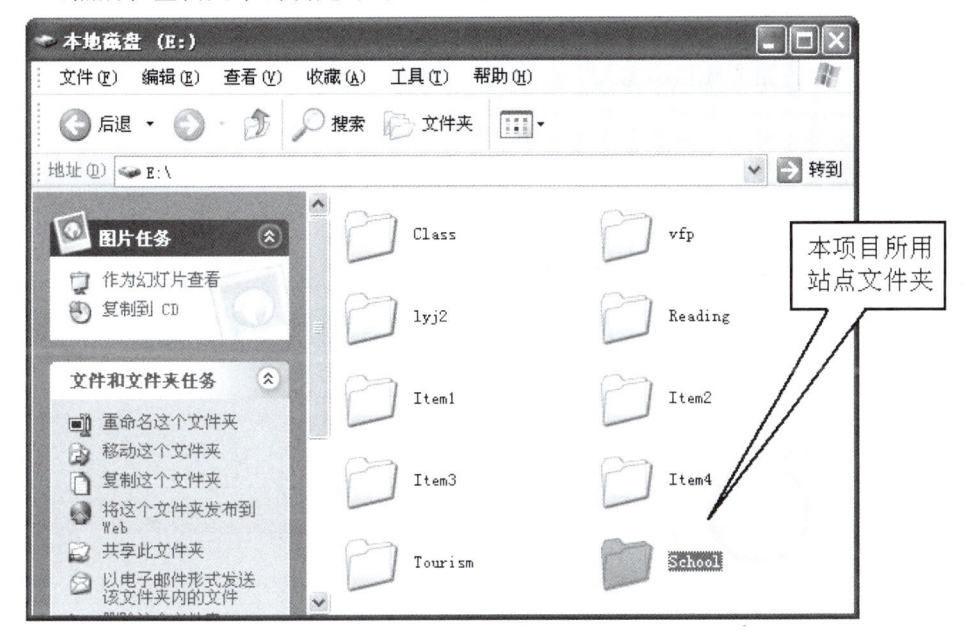

图 2-2 建立并重命名站点文件夹

【子任务 2-2-2】 建立站点子文件夹

这里我们需要建立两个子文件夹：图像文件夹 images、子网页文件夹 web。

操作步骤如下：

(1) 在桌面双击"我的电脑"图标。
(2) 在"我的电脑"窗口中双击打开用于存储站点的硬盘驱动器（如 E 盘）。
(3) 双击打开站点文件夹 School。
(4) 执行"文件"→"新建"→"文件夹"命令，在站点文件夹 School 下建立一个新文件夹。
(5) 在新文件夹上单击鼠标右键，选择"重命名"命令，在英文输入法状态下输入子文件夹名称，如 images，然后在空白处单击确定。
(6) 用同样方法建立子文件夹 web。

任务 2-3　建立包含网页主体标记的主页文件

网页主体标记为＜body＞＜/body＞。

建立主页文件 index.html 的操作步骤如下：

(1) 启动记事本或其他文本编辑器。
(2) 输入如下代码：

```
<html>
<head>
<meta http-equiv="Content- Type" content="text/html; charset= gb2312">
<title>我的校园生活</title>
</head>
<body text="# 000000">
</body>
</html>
```

(3) 保存文件 index.html 到站点文件夹 E:\School 下。

> ※特别提示　**本任务相关知识请参阅：**
> 知识点 2-1　HTML 网页的基本组成与特点
> 知识点 2-3　版面控制标记

任务 2-4　应用表格标记进行网站布局

【子任务 2-4-1】　根据网站主页布局规划图，设计网站主页表格结构

设计网站主页表格结构，如图 2-3 所示。

图 2-3　主页表格结构

【子任务 2-4-2】　应用表格标记实现主页布局

表格标记主要有：\<table\>\<tr\>\<td\>\</td\>\</tr\>\</table\>。

完成布局的操作步骤如下：

(1) 应用记事本打开 index.html 主页文件。

(2) 在主体标记\<body\>和\</body\>之间输入如下代码：

```
<table align="center" width="1000" border="1">
  <tr>   '第 1 行开始
    <td height="120" colspan="2">  </td>
  </tr>   '第 1 行结束
  <tr>   '第 2 行开始
    <td height="45" colspan="2">
    <table width="1000" border="2">
       <tr>
         <td width="138" height="45">  </td>
         <td width="850">  </td>   '第 2 行内嵌表格的第 2 列
       </tr>
    </table>
    </td>
  </tr>   '第 2 行结束
  <tr>   '第 3 行开始
    <td width="700" height="160" valign="middle">  </td>
    <td width="298">  </td>
  </tr>   '第 3 行结束
  <tr>   '第 4 行开始
    <td height="160" valign="middle">  </td>
    <td>  </td>
  </tr>   '第 4 行结束
  <tr>   '第 5 行开始
```

```
        <td height="40" colspan="2">  </td>
    </tr>    '第 5 行结束
</table>
```

(3)保存文件 index.html。

(4)运行 index.html,效果如图 2-4 所示。

图 2-4 index.html 文件运行效果

※特别提示 本任务相关知识请参阅：
知识点 2-6 表格标记

任务 2-5 应用文本格式标记编辑文本

文本格式标记为<font></font>。

【子任务 2-5-1】 编辑导航区文本

在第 2 行内嵌表格的第 2 列单元格标记<td>与</td>之间,编辑输入导航文字内容：首页、校园新闻、文体活动、读书园地、校园掠影、情感天地、就业交流。

设置文字格式：字体为宋体,大小为 5,颜色为红色(#FF0000),并设该单元格 width 属性为 850,align 属性为 center,实现代码如下：

```
<font face="宋体" size="5" color="#FF0000">
首页   校园新闻   文体活动   读书园地   校园掠影   情感天地   就业交流
</font>
```

运行修改后的 index.html 文件,导航区运行效果如图 2-5 所示。

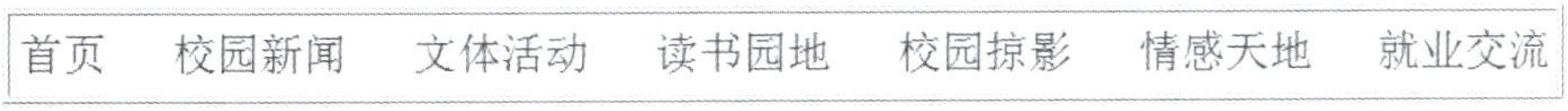

| 首页 | 校园新闻 | 文体活动 | 读书园地 | 校园掠影 | 情感天地 | 就业交流 |

图 2-5 导航区运行效果

【子任务 2-5-2】 编辑主体区文本

操作步骤如下：

(1)在主表格的第 3 行第 1 列单元格标记<td>与</td>之间内嵌一个 3 行 2 列表格，并对第 1 行、第 3 行的单元格进行合并，代码如下：

```
<table width="100%">
    <tr>    '内嵌表格第 1 行开始
        <td height="40" colspan="2">  </td>
    </tr>
    <tr>    '内嵌表格第 2 行开始
        <td width="70" height="60">  </td>
        <td width="30%">  </td>
    </tr>
    <tr>    '内嵌表格第 3 行开始
        <td height="60" colspan="2">  </td>
    </tr>
</table>
```

(2)在内嵌表格的第 1 行的<td>与</td>之间输入"欢迎光临我的校园生活网"，并设居中对齐、黑体、4 号字、蓝色，代码如下：

```
<font face="黑体" size="4" color="#0000FF">欢迎光临我的校园生活网</font>
```

(3)在内嵌表格的第 2 行第 1 列的<td>与</td>之间输入网站栏目"校园新闻""文体活动"介绍文本，并加项目编号，设为宋体、2 号字，栏目名称加粗。代码如下：

```
<ul>
    <li> <font color="#0000FF" size="2"> <strong>校园新闻</strong>:在第一时间向您报道,校园里所发生的有趣事、感人事、奇异事。</font> <br> <br> </li>
    <li> <font color="#0000FF" size="2"> <strong>文体活动</strong>:记录校园体育赛事活动、文化交流活动、文娱赛事活动。</font> </li>
</ul>
```

(4)在内嵌表格的第 3 行的<td>与</td>之间输入网站栏目"读书园地""校园掠影""情感天地"介绍文本，并加项目编号，设为宋体、2 号字，栏目名称加粗。代码如下：

```
<ul>
    <li> <font color="#0000FF" size="2"> <strong>读书园地</strong>：这里有古典文学作品品评,这里有现代文学作品欣赏,这里有校园文学精品介绍,这里有网络文学作品推荐,请驻足读书园地。</font> <br> <br> </li>
    <li> <font color="#0000FF" size="2"> <strong>校园掠影</strong>：教室、长廊、花园、宿舍、食堂、图书馆、运动场,都留下了我们青春的足迹,校园掠影将为您保留大学校园的美好回忆。</font> <br> <br> </li>
    <li> <font color="#0000FF" size="2"> <strong>情感天地</strong>:同学间的情感互助,师生间的真挚友谊,名人爱情故事。情感天地与您分享。</font> <br> <br> </li>
    <li> <font size="2" color="#0000FF"> <strong>就业交流</strong>：介绍相关就业政策,帮您提高面试技巧,提高您的自主创业能力。请关注就业交流。</font> </li>
</ul>
```

主体区文本编辑结束后,局部运行效果如图 2-6 所示。

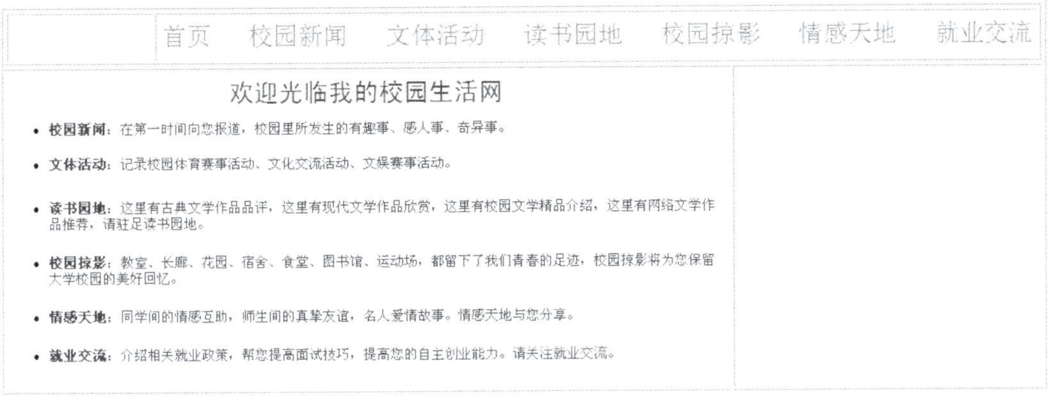

图 2-6　主体区运行效果

【子任务 2-5-3】　编辑版权区文本

操作步骤如下:

在主表格的第 5 行单元格标记＜td＞与 ＜/td＞之间输入版权信息文本"Copyright@ 2017～2021 版权所有:我的校园生活创意工作室 地址:辽宁省 辽阳市八一街 11 号 邮编:111000",并设置文本居中对齐,文本颜色为蓝色,其他参数默认。代码如下:

```
Copyright@ 2017～2021 版权所有:我的校园生活创意工作室 <br>
地址:辽宁省 辽阳市八一街 11 号 邮编:111000
```

版权区文本编辑结束后,局部运行效果如图 2-7 所示。

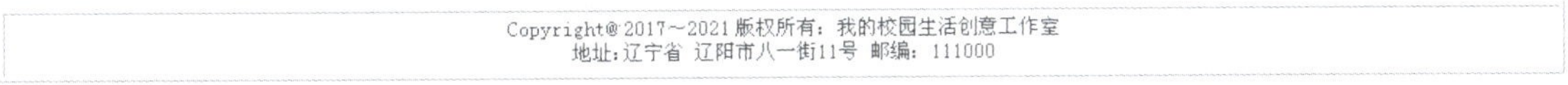

图 2-7　版权区运行效果

※特别提示　**本任务相关知识请参阅**:
知识点 2-2　文本格式标记

任务 2-6　应用图像标记插入图像

【子任务 2-6-1】　在标题区插入站标图像

站标图像文件为 zb1.gif,在站点文件夹的 images 文件夹下。

在主表格的第 1 行单元格标记＜td＞与＜/td＞之间插入图像标记,宽度为 1000,高度为 120。代码如下:

```
<img src="images/zb1.gif" alt="美丽校园" width="1000" height="120">
```

在标题区插入站标图像后的运行效果如图 2-8 所示。

图 2-8　在标题区插入站标图像后的运行效果

【子任务 2-6-2】 在导航区插入站标文字图像

在第 2 行内嵌表格的第 1 列的＜td＞与＜/td＞之间插入图像标记,宽度为 138,高度为 45。代码如下:

```
<img src="images/xysh1.gif" alt="校园生活" width="138" height="45">
```

在导航区插入站标文字图像后的运行效果如图 2-9 所示。

图 2-9　在导航区插入站标文字图像后的运行效果

【子任务 2-6-3】 在主体文本区插入文字图像

在主体文本区内嵌表格的第 2 行第 2 列的＜td＞与＜/td＞之间插入图像标记,宽度为 180,高度为 55。代码如下:

```
<img src="images/mx.png" alt="梦想从这里远航" width="180" height="60">
```

在主体文本区插入文字图像后的运行效果如图 2-10 所示。

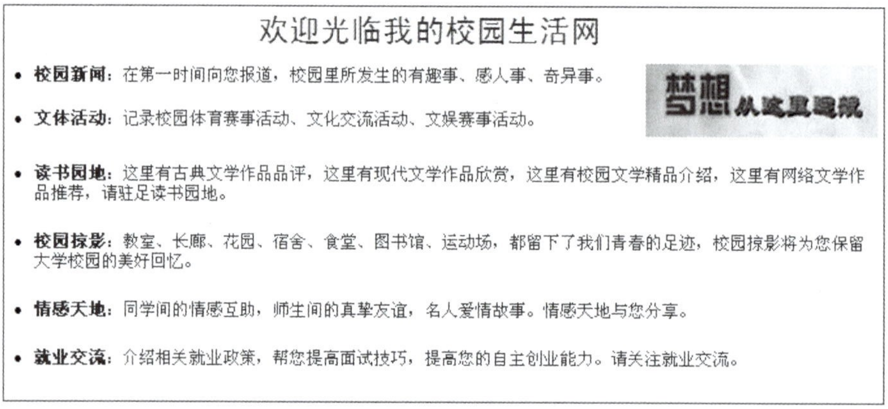

图 2-10　在主体文本区插入文字图像后的运行效果

【子任务 2-6-4】 在主体图像区插入校园生活精品图片

操作步骤如下:

(1) 在主表格的第 4 行第 1 列单元格标记＜td＞与＜/td＞之间插入表格标记,表格为 2 行 4 列,并将第 1 行的 4 个单元格合并。代码如下:

```
< table width="100">
  <tr>      '内嵌表格第 1 行
    <td height="30" colspan="4">  </td>
  </tr>
  <tr>      '内嵌表格第 2 行
    <td height="100">  </td>
    <td>  </td>
    <td>  </td>
    <td>  </td>
  </tr>
</table>
```

(2) 在内嵌表格的第 1 行的＜td＞与＜/td＞之间输入文本"校园生活精品图片",并设置居中对齐、黑体、5 号字、蓝色。代码如下:

<font face="黑体" size="5" color="#0000FF">校园生活精品图片</font>

(3)在内嵌表格的第2行各单元格的<td>与</td>之间插入图像标记,并设置各图像大小,宽度为168,高度为100。代码如下:

```
<tr>
  <td width="25%" height="110"><img src="images/xy01.jpg" width="168" height="100"></td>
  <td width="25%"><img src="images/xy02.jpg" width="168" height="100"></td>
  <td width="25%"><img src="images/xy03.jpg" width="168" height="100"></td>
  <td width="25%"><img src="images/xy04.jpg" width="168" height="100"></td>
</tr>
```

在主体图像区插入校园生活精品图片后的运行效果如图 2-11 所示。

图 2-11 在主体图像区插入校园生活精品图片后的运行效果

【子任务 2-6-5】 设置单元格背景图像

分别设置导航区、主体区标题等背景。

(1)设置导航区所在单元格的背景 images/bj2.gif,代码如下:

```
(1)<td width="850" align="center" background="images/bj2.gif">
  <font face="宋体" size="5" color="#FF0000">
  首页    校园新闻    文体活动    读书园地    校园掠影    情感天地    就业交流</font>
</td>
```

(2)设置主体区标题单元格的背景 images/bj.gif,代码如下:

```
(2)<td height="40" colspan="2" align="center" background="images/bg.gif">
  <font face="黑体" size="5" color="#0000FF">欢迎光临我的校园生活网</font>
</td>
……
<td height="30" colspan="4" align="center" background="images/bg.gif">
  <font face="黑体" size="4" color="#0000FF">校园生活精品图片</font>
</td>
```

背景图像设置后的运行效果如图 2-12 所示。

注意:这里我们适当调整了主体区文本的行间距,使文本更紧凑。

※特别提示 **本任务相关知识请参阅**:

知识点 2-4   图像标记

图 2-12　背景图像设置后的运行效果

任务 2-7　应用表单标记制作表单

【子任务 2-7-1】　设计一名为 userinfo 的表单,放在主表格的第 3 行第 2 列中,用以收集注册用户的用户名、密码、性别、教育水平、电子信箱等信息,并将其提交给 userlogin.asp 网页处理。

操作步骤如下:

(1)在主表格的第 3 行第 2 列的单元格标记<td>与</td>之间嵌入一个 2 行 1 列表格,代码如下:

```
<table width="100%" height="180" border="1" bordercolor="#339999">
  <tr>    '内嵌表格第 1 行
    <td height="40"> </td>
  </tr>
  <tr valign="top">    '内嵌表格第 2 行
    <td height="140"> </td>
  </tr>
</table>
```

(2)在内嵌表格的第 1 行的<td>与</td>之间输入文本"用户注册",黑体、黄色、4 号字、居中对齐。并设单元格背景颜色为#339999 代码如下:

```
<font color="#FFFF00" size="4" face="黑体">用户注册</font>
```

(3)在内嵌表格的第 2 行的<td>与</td>之间输入以下表单代码:

```html
<form name="userinfo" method="post" action="userlogin.asp">
<table algin="center" width="292">
  <tr>
    <td width="100" height="24">用 户 名:</td>
    <td width="192" height="24">
      <input type="text" name="username" size=10> </td>
  </tr>
  <tr>
    <td width="100" height="24">密 码:</td>
    <td width="192" height="24">
    <input type="password" name="userkey1" size="15" maxlength="15"> </td>
  </tr>
  <tr>
    <td width="100" height="24">性 别:</td>
    <td width="192" height="24">
      <input type="radio" name="sex" value="男" checked>男
      <input type="radio" name="sex" value="女">女</td>
  </tr>
  <tr>
    <td width="100" height="24">教育水平:</td>
    <td width="192" height="24">
      <select name="edu">
        <option value="硕士以上">硕士以上</option>
        <option value="大学本科">大学本科</option>
        <option value="大专">大专</option>
        <option value="中专以下">中专以下</option>
      </select> </td>
  </tr>
  <tr>
    <td height="24">电子信箱:</td>
    <td height="24"> <input type="text" size="20" name="email"> </td>
  </tr>
  <tr align="center"> <td colspan="2" height="26">
    <input type="submit" value="确定"> <input type="reset" value="重写"> </td>
  </tr>
</table>
</form>
```

表单运行效果如图 2-13 所示。

图 2-13　表单运行效果

> ※特别提示　**本任务相关知识请参阅：**
> 知识点 2-7　表单标记

任务 2-8　应用多媒体标记插入多媒体对象

【**子任务 2-8-1**】　制作滚动字幕，用于滚动显示友情链接网站名称，要求垂直向上滚动。该滚动栏为一个 2 行 1 列表格，第 1 行用于显示"友情链接"，文本颜色为白色，背景颜色为♯339999，表格边框宽度为 1，边框颜色为♯339999。第 2 行用于文本滚动区域，背景颜色为♯EEFFEE，滚动文本为：中央电视台、辽宁教育信息网、百度搜索、腾讯网、人人网。

分析：本子任务是设计一个带链接的滚动文本，可通过＜marquee＞ 标记来实现。

操作步骤如下：

(1)在主表格的第 4 行第 2 列的单元格标记＜td＞与＜/td＞之间嵌入一个 2 行 1 列表格，表格宽度为 292，表格边框宽度为 1，内嵌表格第 2 行行距为 18 pt。代码如下：

```
<table width="292" border="1" cellspacing="0" cellpadding="0" bgcolor="# 339999" bordercolor="# 339999" align="center">
<tr>    '内嵌表格第 1 行
  <td height="30"> </td>
</tr>
<tr style="line-height:18pt" bgcolor="# EEFFEE">    '内嵌表格第 2 行
  <td height="150"> </td>
</tr>
</table>
```

(2)在内嵌表格的第 1 行的＜td ＞与＜/td＞之间输入"友情链接"，并设字号为 4，颜色为白色，居中对齐。代码如下：

```
<td height="30" align="center"> <font size="4" color="# FFFFFF"> 友情链接</font>
</td>
```

(3)在内嵌表格的第 2 行的＜td＞与＜/td＞之间输入滚动文本，向上滚动，行程为 150，其他参数按任务要求执行。代码如下：

```
<marquee direction= up width= "292" height= "150" scrollamount= "1" scrolldelay=
"50">
<div align= "center">
<font face= "宋体" size= "4" color= "# 0000FF"> 中央电视台</font> </div>
<div align= "center">
<font face= "宋体" size= "4" color= "# 0000FF"> 辽宁省教育网</font> </div>
<div align= "center">
<font face= "宋体" size= "4" color= "# 0000FF"> 百 度 搜 索</font> </div>
<div align= "center">
<font face= "宋体" size= "4" color= "# 0000FF"> 腾 讯 网</font> </div>
<div align= "center">
<font face= "宋体" size= "4" color= "# 0000FF"> 人 人 网</font> </div>
</marquee>
```

滚动字幕运行效果如图 2-14 所示。

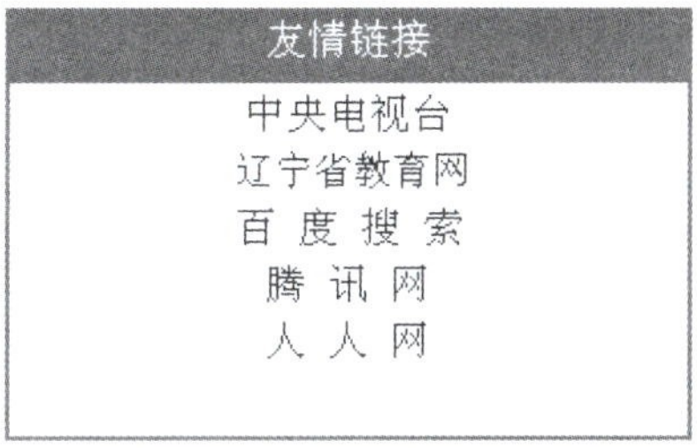

图 2-14　滚动字幕运行效果

※特别提示　本任务相关知识请参阅：

知识点 2-8　多媒体及其他常用标记

任务 2-9　制作子网页并应用链接标记建立导航链接

【子任务 2-9-1】　制作子网页

操作步骤如下：

(1)在子文件夹 web 中建立扩展子网页文件，分别为 xyxw. html、wthd. html、dsyd. html、xyly. html、qgtd. html 和 jyjl. html。

(2)在文件编辑软件中打开子网页文件，如 dsyd. html。

(3)应用所学标记，编辑相关代码。

```
<html>
<head>
<meta http-equiv= "Content-Type" content= "text/html; charset= gb2312">
<title> 读书园地</title>
<body bgcolor= "# CCFFFF" text= "# 000000">
```

```
<p> 1.这里有古典文学作品品评</p>
……
<p> 2.这里有现代文学作品欣赏</p>
……
<p> 3.这里有校园文学精品介绍</p>
……
<p> 4.这里有网络文学作品推荐</p>
……
</body>
</html>
```

具体制作过程这里不再赘述。

【子任务 2-9-2】 应用超链接标记建立导航文本与各子网页的链接

超链接标记为<a href=url >文本或图像</a>。

建立超链接的操作步骤如下：

(1)将"首页"作为超链接的文本放在<a>与</a>之间，并设 URL 为 index.html。代码如下：

```
<a href="index.html"> 首页</a>
```

(2)将"校园新闻"作为超链接的文本放在<a>与</a>之间，并设 URL 为 web/xyxw.html。代码如下：

```
<a href="web/xyxw.html"> 校园新闻</a>
```

(3)采用同样方法，设置"文体活动""读书园地""校园掠影""情感天地""就业交流"的超链接。代码如下：

```
<a href="web/wthd.html"> 文体活动</a>
<a href="web/dsyd.html"> 读书园地</a>
<a href="web/xyly.html"> 校园掠影</a>
<a href="web/qgtd.html"> 情感天地</a>
<a href="web/jyjl.html"> 就业交流</a>
```

设置好超链接后，运行主页，设有超链接的文本将变蓝，并加上下划线。

【子任务 2-9-3】 应用超链接标记建立友情链接

在【子任务 2-8-1】基础上实现对"中央电视台"等网站的访问。

要求：当鼠标移入滚动区域时，字幕停止滚动；当鼠标移出滚动区域时，字幕继续滚动；当单击滚动文本时，链接到相应的网站。

分析：<marquee> 标记支持 stop()和 start()方法，分别用于控制滚动的停止和开始。当鼠标移入滚动区域时，触发 OnMouseOver 事件；当鼠标移出滚动区域时，触发 OnMouseOut 事件。因此，可通过两个事件来分别调用 stop()和 start()方法，从而实现滚动与停止的自动控制。

这里修改<marquee>代码如下：

```
<marquee direction= up width="292" height="150" scrollamount="1" scrolldelay="50" OnMouseOver= this.stop() OnMouseOut= this.start()>
<div align="center"> <font face="宋体" size="4" color="#0000FF">
```

```
      <a href="http://www.cctv.cn" target="blank">中央电视台</a>
</font> </div>
<div align="center"> <font face="宋体" size="4" color="#0000FF">
      <a href="http://www.lnen.cn" target="blank">辽宁省教育网</a>
</font> </div>
<div align="center"> <font face="宋体" size="4" color="#0000FF">
      <a href="http://www.baidu.com" target="blank">百 度 搜 索</a>
</font> </div>
<div align="center"> <font face="宋体" size="4" color="#0000FF">
      <a href="http://www.qq.com" target="blank">腾 讯 网</a>
</font> </div>
<div align="center"> <font face="宋体" size="4" color="#0000FF">
      <a href="http://www.renren.com" target="blank">人 人 网</a>
</font> </div>
</marquee>
```

添加链接后相应滚动文本下将添加下划线。添加链接的滚动文本效果如图 2-15 所示。

图 2-15 添加链接的滚动文本效果

至此,我的校园生活网站创建完成。对代码进行适当优化,去除不必要的表格边线,完整代码如下:

```
<html>
<head>
<meta http-equiv="Content-Type" content="text/html; charset=gb2312">
<title>我的校园生活</title>
</head>
<body leftmargin="0" topmargin="0">
<table align="center" width="1000" border="0">        '主表格开始
    <tr>                                              '主表格第1行开始
        <td height="120" colspan="2"> <img src="images/zb1.gif" alt="美丽校园" width="1000" height="120"> </td>
    </tr>                                             '主表格第1行结束
    <tr>                                              '主表格第2行开始
        <td height="45" colspan="2">                  '定义主表格第2行第1列,合并两列
        <table width="1000" border="0">               '主表格第2行中的内嵌表格开始
            <tr>                                      '内嵌表格第1行开始
```

```
      <td width="138" height="45"> <img src="images/xysh1.gif" alt="校园生活" width
      ="138" height="45"> </td>                    '内嵌表格第1列
      <td width="850" align="center" background="images/bj2.gif"> <font face="宋体"
      size="5" color="#FF0000">                    '内嵌表格第2列
      <a href="index.html">首页</a>
      <a href="web/xyxw.html">校园新闻</a>
      <a href="web/wthd.html">文体活动</a>
      <a href="web/dsyd.html">读书园地</a>
      <a href="web/xyly.html">校园掠影</a>
      <a href="web/qgtd.html">情感天地</a>
      <a href="web/jyjl.html">就业交流</a> </font> </td>
    </tr>                                          '内嵌表格第1行结束
  </table>                                         '内嵌表格结束
  </td>                                            '主表格第2行第1列结束
</tr>                                              '主表格第2行结束
<tr>                                               '主表格第3行开始
<td width="700" height="180" valign="middle">      '定义主表格第3行第1列
<table width="100%" cellpadding="0" border="0">    '主表格第3行第1列中的内嵌表格开始
  <tr>                                             '内嵌表格第1行开始
    <td height="40" colspan="2" align="center" background="images/bg.gif"> <font face="黑
    体" size="5" color="#0000FF">欢迎光临我的校园生活网</font> </td>
  </tr>                                            '内嵌表格第1行结束
  <tr>                                             '内嵌表格第2行开始
    <td width="74%" height="28" valign="top">      '定义内嵌表格第2行第1列
    <ul>
    <li> <font color="#0000FF" size="2"> <strong>校园新闻</strong>:在第一时间向您
    报道,校园里所发生的有趣事、感人事、奇异事。</font> </li>
    <li> <font color="#0000FF" size="2"> <strong>文体活动</strong>:记录校园体育赛
    事活动、文化交流活动、文娱赛事活动。<br> </font> </li>
    </ul>
    </td>
    <td width="26%" valign="middle"> <img src="images/mx.png" alt="梦想从这里远航"
    width="180" height="36">                       '定义内嵌表格第2行第2列
    </td>
  </tr>                                            '内嵌表格第2行结束
  <tr>                                             '内嵌表格第3行开始
    <td height="78" colspan="2" valign="top">      '定义内嵌表格第3行第1列
    <ul>
```

```
           <li> <font color="#0000FF" size="2"> <strong>读书园地</strong>:这里有古典文学
           作品品评,这里有现代文学作品欣赏,这里有校园文学精品介绍,这里有网络文学作品推荐,请驻
           足读书园地。</font> </li>
           <li> <font color="#0000FF" size="2"> <strong>校园掠影</strong>:教室、长廊、花
           园、宿舍、食堂、图书馆、运动场,都留下了我们青春的足迹,校园掠影将为您保留大学校园的美好
           回忆。<br> <br> </font> </li>
           <li> <font color="#0000FF" size="2"> <strong>情感天地</strong>:同学间的情感互
           助,师生间的真挚友谊,名人爱情故事。情感天地与您分享。</font> </li>
           <li> <font color="#0000FF" size="2"> <strong>就业交流</strong>:介绍相关就业政
           策,帮您提高面试技巧,提高您的自主创业能力。请关注就业交流。</font> </li>
         </ul>
        </td>
   </tr>                                        '内嵌表格第 3 行结束
  </table>                                     '内嵌表格结束
</td>                                          '主表格第 3 行第 1 列结束
<td width="294">                               '定义主表格第 3 行第 2 列
<table width="100%" height="208" border="1" bordercolor="#339999">
                                               '定义主表格第 3 行第 2 列中的内嵌表格
    <tr>                                       '内嵌表格第 1 行开始
        <td height="34" align="center" bgcolor="#339999"> <font color="#FFFF00" size="
        4" face="黑体">用户注册</font> </td>
    </tr>                                      '内嵌表格第 1 行结束
    <tr valign="top">                          '内嵌表格第 2 行开始
        <td height="166">                      '定义内嵌表格第 2 行第 1 列
        <form name="userinfo" method="post" action="userlogin.asp">
        <table algin="center" width="292">     '表单内表格开始
            <tr>                               '表单内表格第 1 行开始
                <td width="100" height="24">用 户 名:</td>
                <td width="192" height="24">
                <input type="text" name="username" size=10> </td>
        </tr>
            <tr>                               '表单内表格第 2 行开始
                <td width="100" height="24">密码:</td>
                <td width="192" height="24"> <input type="password" name="userkey1" size="15"
                maxlength="15"> </td>
        </tr>
            <tr>                               '表单内表格第 3 行开始
                <td width="100" height="24">性别:</td>
```

```html
        <td width="192" height="24">
           <input type="radio" name="sex" value="男" checked>男
           <input type="radio" name="sex" value="女">女</td>
      </tr>
      <tr>                                    '表单内表格第4行开始
        <td width="100" height="24">教育水平:</td>
        <td width="192" height="24">
          <select name="edu">
          <option value="硕士以上">硕士以上</option>
          <option value="大学本科">大学本科</option>
          <option value="大专">大专</option>
          <option value="中专以下">中专以下</option>
          </select> </td>
      </tr>
      <tr>                                    '表单内表格第5行开始
        <td height="24">电子信箱:</td>
        <td height="24"><input type="text" size="20" name="email"> </td>
      </tr>
      <tr align="center"> <td colspan="2" height="26">    '表单内表格第6行开始
        <input type="submit" value="确定"> <input type="reset" value="重写"> </td>
      </tr>
      </table>                                '表单内表格结束
      </form>                                 '表单结束
      </td>                                   '内嵌表格第2行第1列结束
    </tr>                                     '内嵌表格第2行结束
  </table>                                    '内嵌表格结束
  </td>                                       '主表格第3行第2列结束
 </tr>                                        '主表格第3行结束
 <tr>                                         '主表格第4行开始
  <td height="161">                           '定义主表格第4行第1列
   <table width="100%">                       '主表格第4行第1列中的内嵌表格开始
    <tr>                                      '内嵌表格第1行开始
     <td height="37" colspan="4" align="center" background="images/bg.gif"> <font
      face="黑体" size="4" color="#0000FF">校园生活精品图片</font> </td>
    </tr>
    <tr>                                      '内嵌表格第2行开始
     <td width="25%" height="103"> <img src="images/xy01.jpg" width="168" height="
      100"> </td>
```

```html
        <td width="25%"> <img src="images/xy02.jpg" width="168" height="100"> </td>
        <td width="25%"> <img src="images/xy03.jpg" width="168" height="100"> </td>
        <td width="25%"> <img src="images/xy04.jpg" width="168" height="100"> </td>
      </tr>
    </table>                              '主表格第 4 行第 1 列中的内嵌表格结束
  </td>                                   '主表格第 4 行第 1 列结束
  <td>                                    '主表格第 4 行第 2 列开始
    <table width="294" border="1" cellspacing="0" cellpadding="0" bgcolor="#339999" bordercolor="#339999" align="center">
                                          '定义主表格第 4 行第 2 列中的内嵌表格
      <tr>                                '内嵌表格第 1 行开始
        <td height="30" align="center"> <font size="4" color="#FFFFFF"> 友情链接</font> </td>
      </tr>
      <tr style="line-height:18pt" bgcolor="#EEFFEE">      '内嵌表格第 2 行开始
        <td height="125">
          <marquee direction=up width="294" height="120" scrollamount="1" scrolldelay="50" OnMouseOver=this.stop() OnMouseOut=this.start()>
            <div align="center"> <font face="宋体" size="4" color="#0000FF">
              <a href=http://www.cctv.cn target="blank"> 中央电视台</a> </font> </div>
            <div align="center"> <font face="宋体" size="4" color="#0000FF">
              <a href=http://www.lnen.cn target="blank">辽宁省教育网</a> </font> </div>
            <div align="center"> <font face="宋体" size="4" color="#0000FF">
              <a href=http://www.baidu.com target="blank">百 度 搜 索</a> </font> </div>
            <div align="center"> <font face="宋体" size="4" color="#0000FF">
              <a href=http://www.qq.com target="blank">腾 讯 网</a> </font> </div>
            <div align="center"> <font face="宋体" size="4" color="#0000FF">
              <a href=http://www.renren.com target="blank"> 人 人 网</a> </font> </div>
          </marquee>
        </td>
      </tr>                               '内嵌表格第 2 行结束
    </table>                              '内嵌表格结束
  </td>                                   '主表格第 4 行第 2 列结束
</tr>                                     '主表格第 4 行结束
<tr>                                      '主表格第 5 行开始
  <td height="40" colspan="2" align="center"> <font color="#0000FF" size="2"> Copyright@ 2017~2021 版权所有:我的校园生活创意工作室 <br>
    地址:辽宁省 辽阳市八一街 11 号 邮编:111000</font> </td>
</tr>                                     '主表格第 5 行结束
</table>                                  '主表格结束
</body>
</html>
```

网站运行效果如图 2-16 所示。

图 2-16 网站运行效果

※**特别提示** **本任务相关知识请参阅：**
　　知识点 2-5　超链接标记

2.2 我的校园生活网站制作相关知识

知识点 2-1　HTML 网页的基本组成与特点

　　HTML 是超文本标记语言（HyperText Mark-up Language）的缩写，主要用来创建与系统平台无关的网页文档，它不是编程语言，而是一种描述性的标记语言。

　　所有网页软件都是以 HTML 为基础，学会了它可以更方便灵活地控制网页。特别是在动态网页的设计中，常常需要利用 ASP、JSP、PHP 等代码来输出网页的部分 HTML 代码，此时就必须对 HTML 标记相当熟悉才行。

　　HTML 文件是纯文本文件，能用任意的文本编辑器编辑，如记事本、写字板、Word、Dreamweaver、Frontpage 等。

　　1. 用 HTML 制作网页的简单实例

　　【实例 2-1】　制作李白诗《望庐山瀑布》。

　　操作步骤如下：

　　（1）用任何文本编辑器（如记事本、写字板、Word 等）输入下列代码：

HTML网页的
基本组成及特点

```
<! 2-1.html>
<html>
<head>
<meta http-equiv="Content-Type" content="text/html; harset=gb2312">
<title>李白诗~望庐山瀑布</title>
</head>
<body bgcolor="#FFFFFF" text="#000000">
<p align="center"><font size="7" color="#0000FF">望庐山瀑布</font></p>
<p align="center"><font size="5" color="#0000FF">李白</font></p>
<p align="center"><font size="6" color="#0000FF">日照香炉生紫烟</font></p>
<p align="center"><font size="6" color="#0000FF">遥看瀑布挂前川</font></p>
<p align="center"><font size="6" color="#0000FF">飞流直下三千尺</font></p>
<p align="center"><font size="6" color="#0000FF">疑是银河落九天</font></p>
</body>
</html>
```

(2) 以纯文本格式存为2-1.html文件(假设位置为E:\Item2\2-1)。

(3) 打开浏览器,在地址栏中输入E:\Item2\2-1.html,就会看到所制作的网页。如图2-17所示。

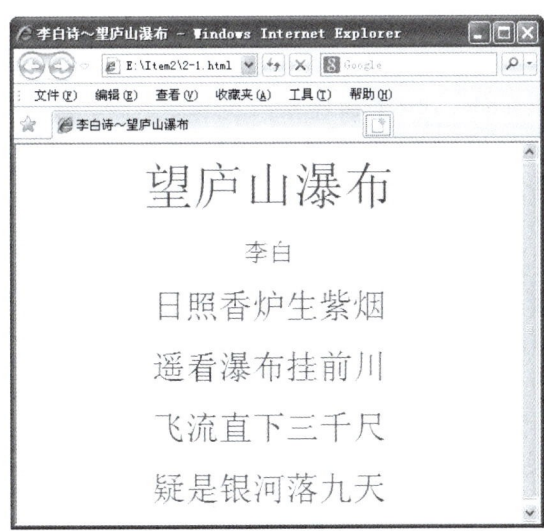

图2-17 李白诗《望庐山瀑布》网页效果

2. HTML网页的基本组成

启动Dreamweaver后,切换到代码浏览窗口,此时看到的HTML代码即是网页的基本组成部分,其代码为:

```
<html>
<head>
<meta http-equiv="Content-Type" content="text/html; harset=gb2312">
<title>李白诗~望庐山瀑布</title>
</head>
<body bgcolor="#FFFFFF" text="#000000">
</body>
</html>
```

从中可见，一个最基本的网页一般由三个部分组成，分别是：

(1)<html></html>

<html>标记用于定义网页的开始，</html>标记则用于定义网页的结束。

(2)<head></head>

该组标记用于定义网页的头，用来说明文件的一些基本信息，如文档标题、文档所用的字符集、搜索引擎可用的关键词、JavaScript 块以及不属于网页内容的其他信息等。

在这里，<title>和</title>标记用于定义网页的标题，该标题将显示在浏览器的标题栏中。<meta>标记有很多用法，这里用于指定网页所使用的字符集，是可选项。

(3)<body></body>

<body>标记用于定义网页正文的开始，</body>标记用于定义网页正文的结束。网页的正文内容必须放在这两个标记之间。bgcolor 为<body>标记的属性，用于指定网页正文的背景颜色；text 也为<body>标记的属性，用于指定网页正文的前景色。

3. HTML 的特点

HTML 文件是标准的文本文件，以纯文本形式存放，扩展名为"＊.htm"或"＊.html"。若系统为 UNIX 系统，则扩展名为"＊.html"。HTML 是由若干标记和文本构成，标记适用于组织网页的内容和控制输出格式，HTML 具有以下几个特点：

(1)HTML 标记的一般格式

HTML 标记均是用<>括起来的，大多数标记成对出现，有开始标记和对应的结束标记，结束标记多一条左斜杠。许多标记还有属性，用于对标记进行详细设置。HTML 标记的一般格式为：

<标记(名称) 属性 1="属性值 1" 属性 2="属性值 2" 属性 3="属性值 3"……>

</标记(名称)>

例如：

<body bgcolor="# FFFFFF" text="# 000000">

</body>

但有的标记没有结束标记，称为单标记，如
。

(2)各属性项间用空格分隔，属性值可用双引号或单引号引起来，也可不引直接表达。例如控制文本字体的标记为<font>，该标记有 face、size、color 属性，分别用于控制字体、字体大小和字体颜色，用法为：

<font face="宋体" size="4" color="# FF0000">字体属性测试</font>

(3)HTML 标记不区分大小写，<HTML>与<html>和<Html>是相同的。

(4)HTML 中一行可以写多个标记，一个标记也可以分多行书写，不用任何续行符号，如：

<p> <font color="# 000000" face="方正粗圆简体,方正黑体">

二〇三五年到本世纪中叶,把我国建成富强民主文明和谐美丽的社会主义现代化强国。

</font> </p>

和

<p> <font color="# 000000"

face="方正粗圆简体,方正黑体"> 二〇三五年到本世纪中叶，

把我国建成富强民主文明和谐美丽的社会主义现代化强国。

</font> </p>

都是正确的,且显示效果相同,但HTML标记中的一个单词不能分两行书写,如:

```
<p> <font color="# 000000" face="方正粗圆简体,方正黑体">
二〇三五年到本世纪中叶,把我国建成富强民主文明和谐美丽的社会主义现代化强国。
</font> </p>
```

是不正确的。

(5) HTML源文件中的换行、换段和多个连续空格在显示效果中是无效的。显示内容的换行用
标记;换段用<p></p>标记,<p>表示段落开始,</p>表示段落结束(可省略)。如果源文件中有多个连续空格,显示时也只显示一个,若要显示多个空格,可以使用多个 。如:

```
<font face="楷体_GB2312"> <center>
二〇三五年到本世纪中叶,把我国建成富强民主文明和谐美丽的社会主义现代化强国。
</center> </font>
```

与

```
<font face="楷体_GB2312"> <center>
二〇三五年到本世纪中叶,
把我国建成富强民主文明和谐美丽的社会主义现代化强国。
</center> </font>
```

的浏览器显示效果均为

　　　　二〇三五年到本世纪中叶,把我国建成富强民主文明和谐美丽的社会主义现代化强国。

```
<font face="楷体_GB2312"> <center>
二〇三五年到本世纪中叶,<p> 把我国建成富强民主文明和谐美丽的社会主义现代化强国。
</center> </font>
```

与

```
<font face="楷体_GB2312"> <center>
二〇三五年到本世纪中叶,<p>
把我国建成富强民主文明和谐美丽的社会主义现代化强国。
</center> </font>
```

的浏览器显示效果均为

　　　　二〇三五年到本世纪中叶,
　　把我国建成富强民主文明和谐美丽的社会主义现代化强国。

(6) 网页中所有显示的内容都应受限于一个或多个标记,不应有游离于标记之外的文字或图像等,以免产生错误。

(7) HTML标记可以嵌套使用,实现从不同角度对文本进行格式控制。嵌套使用时注意不要发生交叉嵌套。

比如若要以加粗、居中对齐、红色显示"现代化强国"文本,则实现的代码为:

`<b> <div align="center"> <font color="# FF0000">现代化强国</font> </div> </b>`

判断是否发生交叉嵌套的方法是:分别将标记符的开始标记和对应的结束标记用线连接起来,只要这些连接彼此不相交,则嵌套正确,否则嵌套错误。如以下用法就发生了嵌套错误。

```
<b> <div align="center"> <font color="#FF0000"> 现代化强国</div> </font> </b>
```

各种标记符书写的先后顺序没有特别要求，只要不发生交叉嵌套就行。因此，以下三种用法等效。

```
<b> <div align="center"> <font color="#FF0000"> 现代化强国</font> </div> </b>
<div align="center"> <b> <font color="#FF0000"> 现代化强国</font> </b> </div>
<font color="#FF0000"> <div align="center"> <b> 现代化强国</b> </div> </font>
```

（8）可以为网页加上注释，如例 2.1 中＜！2-1.html＞即为网页的注释部分。注释可以放在网页开头部分用于说明网页的功能等，也可以放在某个标记之后对标记加以说明。注释用"！"标记，"＜！"表示注释开始，"＞"表示注释结束，中间的所有内容表示注释，且可以换行。注释不是必需的，注释的内容不在浏览器中显示出来，仅为设计人员阅读方便。

知识点 2-2　文本格式标记

1. 一般文本格式标记

文本控制主要是控制文本的字体、大小和颜色，可通过＜font＞＜/font＞标记来实现。

格式：

```
<font face="fontname" size="fontsize" color="#RRGGBB"> 文本</font>
```

功能：设置网页中普通文字的显示效果。

属性：

（1）face 属性用于设置文字的字体，如"宋体""黑体""楷体_GB2312"等。但要注意，浏览器显示的字体与客户端安装的字体有关，如果网页文件中设置了客户端没安装的字体，则以默认的宋体字显示。因此，在使用字体时，应尽量使用一般操作系统都会安装的宋体、黑体、楷体等。

（2）color 属性用于设置字体的颜色。在 HTML 中颜色通常用♯RRGGBB 来表达，RR、GG、BB 分别代表红色、绿色和蓝色的分量值，用十六进制数表示，取值范围为 00～FF。通过改变三基色的混合量，即可形成各种各样的颜色。另外，颜色也可以用英文单词来表示。表 2-1 是常用颜色的取值及英文单词对照表。

表 2-1　　　　　　　　　　常用颜色的取值及英文单词对照表

颜色	红色	绿色	蓝色	黄色	黑色	白色	紫色	浅蓝色
取值	♯FF0000	♯00FF00	♯0000FF	♯FFFF00	♯000000	♯FFFFFF	♯FF00FF	♯00FFFF
单词	red	green	blue	yellow	black	white	purple	aqua

（3）size 属性用于设置字体的大小。

字体大小的表达方法有两种，一种是设置为绝对字号大小，此时的设置值可以是 1～7，1 号最小，7 号最大，默认字号为 3，可利用＜basefont size="字号"＞设置或更改默认字号。

例如，若要以蓝色、宋体、2 号字输出"网页设计与制作"，则实现的代码为：

```
<font face="宋体" size="2" color="#0000FF"> 网页设计与制作</font>
```

另一种是设置为相对字号大小，此时的用法为＜font size="±n"＞，其中 n 代表字号改变的量，＋表示字体在默认字号的基础上增大几号，－表示在默认字号的基础上递减几号。

例如：
<basefont size="4">
<font size="+2">网页设计与制作</font>

2. 标题格式标记

标题格式使用<Hn></Hn>标记控制。

格式：

<Hn align="对齐方式">标题文本</Hn>

功能：用于定义文章内章节标题的显示格式，同时包括了标题的字体、大小和段落间距。

说明：n 表示标题字号，共六级，分别是 1,2,3,4,5,6，数字越大，字号越小。

align 表示水平对齐方式，取值为 left、right 或 center。

【实例 2-2】 在网页中分别用六级标题标记符输出一个测试效果文本。

实现的代码如下：

```
<html>
<head>
<title>演示标题字体</title>
</head>
<body bgcolor="#FFFFFF" text="#000000">
<H1>这是第一级标题</H1>
<H2>这是第二级标题</H2>
<H3>这是第三级标题</H3>
<H4>这是第四级标题</H4>
<H5>这是第五级标题</H5>
<H6>这是第六级标题</H6>
</body>
</html>
```

标题字体运行效果如图 2-18 所示。

图 2-18 标题字体运行效果

注意:用该标记实现的文章标题效果有限,通常还是用<font></font>标记实现文章丰富多彩的标题效果。

3. 字体效果(字形设置)标记

HTML 中还定义了一些用于改变字体效果的标记符,常用的有加粗、斜体、加下划线等。各种标记的格式和具体功能见表 2-2。

表 2-2　　　　　　　　　　　字体效果标记表

标记	格式	功能
<b>	<b>受影响的文字</b>	加粗
<i>	<i>受影响的文字</i>	斜体
<u>	<u>受影响的文字</u>	加下划线
<tt>	<tt>受影响的文字</tt>	标准打印机字体
<strike>	<strike>受影响的文字</strike>	加删除线
<sub>	_{受影响的文字}	产生下标
<sup>	^{受影响的文字}	产生上标
<big>	<big>受影响的文字</big>	大字体文本
<small>	<small>受影响的文字</small>	小字体文本
<blink>	<blink>受影响的文字</blink>	闪烁字

注意:

(1)不要频繁使用各种效果,太花哨的网页反而会引起读者的反感。

(2)一些浏览器不能正常显示某些效果,如加粗和斜体时却加了下划线或反向显示。

(3)可以将几种效果混用,如:

<b> <i> 霜叶红于二月花</i> </b>

知识点 2-3　版面控制标记

1. 网页整体风格控制(文件主体)标记

对网页整体风格的控制主要通过文件主体标记<body>及其相关属性来实现。

格式:

<body background="image-url" bgcolor="color" text="color" link="color" alink="color" vlink="color" leftmargin="value" topmargin="value" bgproperties ="FIXED">

功能:设置文件主体。

属性:

(1)background 设置网页背景图像,图像以平铺方式作为网页背景。image-url 是图像文件的路径。例如,若要用 images/bg.gif 作为网页的背景图像,则实现的代码为:

<body background="images/bg.gif">

(2)bgcolor 设置网页的背景颜色,默认为白色。

(3)text 设置网页非超链接文字的颜色,默认为黑色。

(4)link 设置网页超链接文字的颜色,默认为蓝色。alink 设置网页活动链接文字的颜色,默认为蓝色。vlink 设置网页已访问过链接的文字颜色,默认为蓝色。

(5)leftmargin 设置页面左边空白。topmargin 设置页面上边空白。value 是空白量,可以是数值,也可以是相对页面窗口宽度和高度的百分比。

(6)bgproperties 属性只有一个取值,即为 FIXED,用于锁定网页的背景图像。锁定后,当前页面滚动时,背景图像就不会跟着滚动。如:

`<body background="images/bg.gif" bgproperties="FIXED">`

说明:

(1)<body>标记说明文件的主体,可以省略,中间可以插入其他标记和文字。

(2)其属性可以省略,也可以有一个或多个。

2. 段落标记

格式:

`<p align="水平对齐方式">……</p>`

功能:设置文章段落开始和结束。

属性:align 是水平对齐方式,取值为 left、right 或 center。

说明:段落结束标记</p>可以省略,因为一个段落的开始表示上一个段落的结束。

例如:

`<p>白日依山尽</p> <p>黄河入海流</p>`

和

`<p>白日依山尽<p>黄河入海流</p>`

都是合法的,显示效果一样。

注意:HTML 中显示文字的分段不能通过源文件中的回车来实现。

3. 换行标记

格式:

`<br>`

功能:另起一行显示文字。

说明:

(1)该标记是单标记。

(2)
标记与<p>标记在显示效果上都是另起一行书写。它们的不同之处是<p>标记的行距较大,
标记的行距较小。另外,
换行后的文本与前面的文本仍属同一段落,因此换行后字符和段落格式不会改变,这也与<p>标记不同。

(3)为保证某一单词的完整性,有时需要禁止在某处换行,此时可使用<nobr>标记来实现。其用法为:

`<nobr>文本</nobr>`

该标记符作用的文本将在同一行显示,若一行显示不下,则超出部分将被裁剪掉。

4. 文本对齐方式标记

格式:

`<div align="水平对齐方式">文本</div>`

功能:设置多个段落的文本居左、居右或居中。

属性:align 是水平对齐方式,取值为 left、right 或 center。

说明:

(1)水平对齐方式可以在多个标记中实现,如<p><Hn>等。如果多个段落有相同的水平对齐方式,则可以将这些段落嵌套进<div></div>之间。

(2)如果多个段落居中,还可以使用<center></center>标记,格式为:

`<center>多个段落文本</center>`

5. 画线标记

格式：

`<hr width="宽度" size="高度" align="对齐方式" color="颜色" noshade>`

功能：在网页上画横线。

属性：

（1）width 用于指定横线的宽度，其指定方式有两种，一种方式是用像素点来指定，如 50、100、200、500 等，这种方式当窗口大小改变时，横线宽度不变。

如：

`<hr width=500>`

另一种方式是用相对窗口的百分比来表示，如 50%、75%、100%，默认是 100%。

如：

`<hr width=75%>`

（2）size 用于指定横线的高度，其值可以是绝对点数或相对百分比，默认高度是 1。

（3）align 用于指定横线水平位置，取值为 left、right 或 center，默认是 center。

（4）color 用于指定横线的颜色。

（5）noshade 用于指定横线是否有阴影。若带有此参数，则横线无阴影。

说明：

（1）`<hr>`标记一般用于产生水平线，若要产生竖线，可将 width 设置为 1，size 设置为竖线的高度。例如：

`<hr width="1" size="500" noshade>`

（2）当 width 与 size 的值都较大时，可以产生长方形或正方形图形。

如：

`<hr width="500" size="300" color="red" noshade>`

（3）产生的横线在预览输出后才能完全看到效果。

知识点 2-4　图像标记

在网页中插入图像使用`<img>`标记来实现，没有对应的结束标记。

格式：

`<img src="图像文件" alt="提示文本" longdesc="详细说明" width="x" height="y" border="边框宽度" hspace="x" vspace="y" align="对齐方式">`

功能：在当前位置插入图像。

属性：

（1）src 为要插入的图像文件的 URL 地址，通常图像的格式为 JPEG 或 GIF。

（2）alt 为当图像无法显示时所给出的提示文本。

（3）longdesc 为关于图像的详细说明。

（4）width 为图像的宽度，可以为点数或相对窗口宽度的百分比。

（5）height 为图像的高度，可以为点数或相对窗口高度的百分比。

（6）border 为图像的边框宽度，其值为非负整数。

（7）hspace 为水平方向空白（图像左右留多少空白）。

（8）vspace 为垂直方向空白（图像上下留多少空白）。

（9）align 用于设置图像的对齐与布局。可设置为 left、right 或 center，使图像在窗口的左边、右边或中间对齐，图像附近的文本在图像右侧或左侧环绕。align 还可以是其他取值，则指

定图像与文本在垂直方向上的相对对齐方式,取值与对应的含义为:

①top,将文本行中的最高字符的顶端与图像的顶端对齐。

②texttop,该项的功能与 top 相同。

③middle,使当前行的基准线与图像的中线对齐。

④absmiddle,使当前行的中线与图像的中线对齐。

⑤baseline,使图像的基准线与当前的基准线对齐。

⑥bottom,使图像的底部与当前的基准线对齐。

⑦absbottom,使图像的底部与当前的底部对齐。

说明:图像的宽度与高度指图像显示时的大小,与图像的真实大小无关。

例如,在网页的当前位置插入 images/flower.jpg 图形,宽度为 300,高度为 200,边框宽度为 1,图像放在网页的右边,则实现的代码为:

```
<img src="images/flower.jpg" width="300" height="200" border="1" align="right">
```

知识点 2-5　超链接标记

具备超链接能力是 HTML 的最大优势,利用超链接可实现由一个网页切换到另一个网页,或跳转到同一网页的某一个指定地方,也可由一个网页跳到另一个网站。可以说,利用超链接能链接到世界的任何一个地方。

1. 超链接的定义

格式:

```
<a href="url" target="window_name">文本或图像</a>
```

属性:

(1)href 为要链接到目标的 URL 地址。

(2)url 为要链接到的网站、网页(包括同一网站内的网页文件、图像文件等)或电子邮件,可以是绝对地址(用于外部链接),也可以是相对地址(用于内部链接),如 http://www.baidu.com,introself.html,images/chinamap.jpg,mailto:zhangyang@163.com 等。

(3)target 指出要显示超链接内容的窗口名,默认时在当前窗口中显示。

window_name 为超链接内容的窗口名,如果该窗口不存在,则打开一个新窗口。

说明:

(1)建立超链接时,标记中间可以嵌套其他标记,如图像标记、文本格式标记等。

(2)超链接标志一般呈蓝色显示,当鼠标停在上面时,会显示为手形鼠标指针,表示它是一个链接,当用户单击时,就会跳转到 URL 指定的目标。

例如:

```
<a href="http://www.baidu.com" target="baidu">百度搜索</a>
```

单击"百度搜索"时,打开一个名为 baidu 的新窗口,在其中显示百度主页。

```
<a href="introself.html">关于本站</a>
```

单击"关于本站"时,将在当前窗口显示当前目录下的 introself.html 文件。

```
<a href="images/chinamap.jpg">中国地图</a>
```

单击"中国地图"时,将在当前窗口显示 images 目录下的 chinamap.jpg 图像。

```
<a href="mailto:zhangyang@163.com">联系我们</a>
```

单击"联系我们"时,将打开电子邮件软件,收件人地址为 zhangyang@163.com,可以给他写信。

```
<a href="http://www.tsinghua.edu.cn"><img src="images/logo.gif"></a>
```

用 images 目录下的 logo.gif 图像链接到清华大学网站。

2. 定义锚点

若要跳转到网页的某一指定位置,则必须事先在该位置定义一个锚点(anchor),锚点主要起位置标识的作用。定义锚点用＜a＞标记的 name 属性来实现。

定义格式:

`＜a name＝"锚名"＞＜/a＞`

定义好后,若要链接到网页的某一锚点,则要用＜a＞标记链接。

链接格式:

`＜a href＝"网页文件名# 锚名"＞文本＜/a＞`

例如要链接到 vbscript.html 网页的 vbkey1 锚点,则链接的方法为:

`＜a href＝"vbscript.html# vbkey1"＞文本＜/a＞`

若要链接到当前网页的某一个锚点,则网页名可以缺省,直接用锚名来链接,其格式为:

`＜a href＝"# 锚名"＞文本＜/a＞`

注意:在需要定义锚点的地方,加上＜a name＝"锚名"＞＜/a＞代码即可。锚名要唯一,不要重复。

知识点 2-6　表格标记

表格是 HTML 网页的一个非常重要的元素,除了规范数据的输出外,在网页设计中,常常用来进行版面布局的设计和定位。

1. 定义表格

表格是由多个部分组成的,因此定义表格时,将用到多种标记符,这些标记符是:

(1)＜table＞＜/table＞,定义表格的开始与结束。

(2)＜caption＞＜/caption＞,定义表格标题的开始和结束。

(3)＜tr＞＜/tr＞,定义表格行的开始与结束,一组＜tr＞＜/tr＞产生一个表格行。

(4)＜td＞＜/td＞,定义单元格的开始与结束,一组＜td＞＜/td＞产生一个单元格。＜td＞和＜/td＞之间的部分,即为该单元格显示的数据,若该单元格无数据,显示为空,则应表达为＜td＞ ＜/td＞。

(5)＜th＞＜/th＞,定义表头(表格第 1 行)单元格的开始与结束,一组＜th＞＜/th＞产生一个表头单元格。＜th＞和＜/th＞之间的部分,即为表头单元格所显示的数据,该数据以加粗居中方式显示。表头也可不用＜th＞标记产生,而直接用＜td＞标记来产生。

2. 表格标记的属性

对表格的更详细控制,可通过表格标记的相关属性来实现。

(1)＜table＞标记的属性

＜table＞标记的属性用于从整体上控制表格的外观和形状,常用有:

①width、height 属性:该组属性用于设置表格的宽度和高度。其宽度和高度的值可用像素表示,也可用百分数表示。

例如,若要产生一个宽度为 800,高度为 400(默认为像素)的表格,则定义的方法为:

`＜table width＝"800" height＝"400"＞`

若要产生一个宽度是网页宽度的 85% 的表格,则定义的方法为:

`＜table width＝"85%"＞`

②border 属性:定义表格边框的宽度。若设置为 0 或不设置,则为无边框的表格。

例如,若要产生一个宽度为 800,边框宽度为 1 的表格,则定义的方法为:

`＜table width＝"800" border＝"1"＞`

③bgcolor、bordercolor 属性:bgcolor 用于设置整个表格的背景颜色。bgcolor 属性对于

<tr>和<td>标记也有效,作用于<tr>标记时,用于设置该行的背景颜色;作用于<td>标记时,用于设置该单元格的背景颜色。bordercolor 用于设置表格的边框颜色,只有在 border 属性设置为非 0 时有效。

④background 属性:用于设置表格的背景图像。设置表格的背景图像后,表格的背景颜色失效。

例如,若要设置表格的背景图像为 images/bg.jpg,则定义的方法为:

`<table width="800" background="images/bg.jpg">`

⑤cellpadding、cellspacing 属性:cellpadding 用于设置单元格中的文本与表格边线的间距;cellspacing 用于设置表格的各单元格之间的间距。

例如,若要设置单元格间距为 1,单元格中的文本与表格边线的间距为 2,则定义的方法为:

`<table cellpadding="2" cellspacing="1">`

⑥align 属性:用于设置表格在网页中的对齐方式,取值为 left、right 或 center。

例如,若要设置表格在网页中居中,则定义的方法为:

`<table width="800" align="center">`

(2)<tr>标记的属性

<tr>标记常用的属性有 bgcolor 和 align,分别用于设置该行的背景颜色和文本的对齐方式。利用<tr>的 bgcolor 属性,可以实现不同行显示不同的背景颜色。

(3)<td>标记的属性

<td>标记常用的属性有 bgcolor、bordercolor、width、height、align 和 valign,分别用于设置该单元格的背景颜色、边框颜色、宽度、高度、单元格文本在水平方向和在垂直方向的对齐方式。

【实例 2-3】 试用 HTML 标记产生如图 2-19 所示的表格。表格宽度为 400,各行的行高为 24,表格在网页中居中对齐;表头背景颜色为♯0000CC,表头文本颜色为♯FFFFFF,表格边框宽度为 1,边框颜色为♯0099CC;各数据项均居中对齐,第 1 列的宽度为 53,第 2 列的宽度为 116,第 3 列的宽度为 134,第 4 列的宽度为 87。

ID	UserName	Password	State
001	zhang	Zh0985@5&	1
002	wang	86MYM0%!1	0

图 2-19 表格效果

实现的 HTML 代码为:

```
<table width="400" border="1" bordercolor="#0099CC" align="center" cellspacing="0">
<tr bgcolor="#0000CC">
  <th height="24" width="53"> <font color="#FFFFFF"> ID</font> </th>
  <th height="24" width="116"> <font color="#FFFFFF"> UserName</font> </th>
  <th height="24" width="134"> <font color="#FFFFFF"> Password</font> </th>
  <th height="24" width="87"> <font color="#FFFFFF"> State</font> </th>
</tr>
<tr align="center">
  <td height="24" width="53">001</td>
  <td height="24" width="116">zhang</td>
  <td height="24" width="134">Zh0985@5&</td>
  <td height="24" width="87">1</td>
```

```
    </tr>
    <tr align="center">
      <td height="24" width="53">002</td>
      <td height="24" width="116">wang</td>
      <td height="24" width="134">86MYM0%！1</td>
      <td height="24" width="87">0</td>
    </tr>
</table>
```

3. 单元格的合并

利用单元格的合并,可以形成不规则的表格。合并的方式有跨列合并和跨行合并两种。

(1) 跨列合并

跨列合并即是将多列单元格合并成一个单元格,可以通过<td>标记的colspan属性来实现,其用法为:

```
<td colspan="合并的列数">文本</td>
```

【实例2-4】 试产生一个2行3列、宽度为400、边框宽度为1的表格,然后将第1行的第2列和第3列两个单元格合并。

实现的HTML代码为:

```
<table width="400" border="1">
  <tr>
    <td> 第1行第1列</td>
    <td colspan=2> 这是合并后的单元格</td>
  </tr>
  <tr>
    <td> 第2行第1列</td>
    <td> 第2行第2列</td>
    <td> 第2行第3列</td>
  </tr>
</table>
```

表格的跨列合并效果如图2-20所示。

第1行第1列	这是合并后的单元格	
第2行第1列	第2行第2列	第2行第3列

图2-20　表格的跨列合并效果

(2) 跨行合并

跨行合并通过<td>标记的rowspan属性来实现,其用法为:

```
<td rowspan="合并的行数"> 文本</td>
```

【实例2-5】 试产生一个3行3列、宽度为400、边框宽度为1的表格,然后将第1列的第1行和第2行两个单元格合并。

实现的HTML代码为:

```
<table width="400" border="1">
  <tr>
    <td rowspan="2" width="201"> 第1、第2行合并后的单元格</td>
    <td width="100"> 第1行第2列</td>
    <td width="90"> 第1行第3列</td>
```

```
    </tr>
    <tr>
        <td width="100">第 2 行第 2 列</td>
        <td width="90">第 2 行第 3 列</td>
    </tr>
    <tr>
        <td> </td>
        <td> </td>
        <td> </td>
    </tr>
</table>
```

表格的跨行合并效果如图 2-21 所示。

第 1、第 2 行合并后的单元格	第 1 行第 2 列	第 1 行第 3 列
	第 2 行第 2 列	第 2 行第 3 列

图 2-21　表格的跨行合并效果

若要同时跨行和跨列合并,只需同时使用 rowspan 和 colspan 属性即可。

知识点 2-7　表单标记

为了提高网页的交互性,收集用户在网页中输入的信息,HTML 专门提供了表单,在表单中可以添加使用命令按钮、文本框、密码输入框、复选框、单选按钮、列表框、组合框等界面对象,以便接收用户输入的数据。利用表单可以集中管理这些界面对象,并提供提交和重置数据的方法。

1. 表单的定义

(1) 表单的定义方法

在 HTML 中,表单利用<form></form>标记定义。

格式:

```
<form name="表单名" action="url" method="post|get" enctype="mime 类型">
    ……
</form>
```

(2) 表单的属性

①name 属性:用于定义表单对象的名称。定义表单名后,可方便程序中引用表单中的对象,为可选项。

若将表单的对象定义为 thisform,在程序中就可通过以下方式来访问或设置表单中界面对象的值:

`document.thisform.界面对象名.value`

表单中界面对象的值由 value 属性来设置或返回。document 是浏览器提供的一个对象,代表当前网页,可直接访问。

②method 属性:用于设置表单提交数据的方法,其取值为 post 或 get。get 方法是将表单数据附加在 action 属性指定的 URL 地址之后,并在 URL 地址与表单数据间加上一个"?"分隔符,表单的各数据项间用"&"进行分隔,然后将形成的 URL 地址串发送给服务器,该地址串的格式如下:

http://localhost/test.asp? txtID= 012&txtUserName= ucau&submit= submit

此处是将表单数据提交给 test.asp 网页处理。txtID 代表表单中的一个界面对象，012 代表用户在该界面对象中所输入或选择的值，其余依次类推。可知用户在名为 txtUserName 界面对象中输入或选择的值为 ucau。最后的 submit 是提交命令按钮的对象名，等号后面的 submit 是该按钮的标题文本。这是因为表单提交数据时，提交的是表单中各界面对象的 value 属性值，文本框的 value 属性值即是文本框中的内容，而命令按钮的 value 属性值则是按钮标题。

get 方法一次最多只能提交 256 个字符的数据。post 方法是将表单数据作为一个独立的数据块直接发送给服务器，不受长度限制。因此，若提交的数据量较多，则最好采用 post 方法；若较少，可以使用 get 方法。一般使用 post 方法来提交表单数据。

③enctype 属性：用于指定表单提交数据时所采用的编码方式，默认的编码方式是"application/x-www-form-urlencoded"，即采用 URL 编码方式。通常情况下都应采用这种编码方式，所以 enctype 属性通常可以不指定。

④action 属性：用于设置一个接收和处理表单提交数据的脚本程序，即设置将表单数据提交给谁处理。在 ASP 应用中，通常设置为某一个 ASP 网页。另外，也可将表单数据提交给某个指定的电子信箱。

例如，若要将当前表单数据提交到 yourmail@163.com 的电子信箱中，则此时的用法应为：

<form method= "post" action= "mailto:yourmail@163.com" enctype= "text/plain">

注意：此时必须指定表单的 enctype 属性值为 text/plain。

（3）表单的方法

表单对象提供有 submit 和 reset 方法，分别用于实现表单数据的提交和重置操作。

①submit 方法：用于将表单数据提交给 action 属性指定的脚本程序。功能与表单中的提交命令按钮（submit）等效。

例如，若要提交 login 表单数据，则实现的代码为：

document.login.submit();

②reset 方法：用于将表单中各个界面对象的值重置为空，或重置为初始状态。在用户填写表单数据时，若需要全部重新填写，则可调用该方法来使表单数据复位。

例如，若要使名为 login 表单数据复位，则实现的代码为：

document.login.reset();

使用时注意这两个方法名必须小写，且加括号，而且必须在 JavaScript 中使用。

2. 表单的界面对象

表单相当于一个载体，必须在表单中添加界面对象，才能实现接收数据的目的。表单界面对象通常也称为表单域对象。下面分别介绍表单中可使用的界面对象，以及这些对象的用法和功能。

（1）单行文本域

单行文本域用于产生一个文本输入框，以实现单行数据的输入。定义方法为：

<input type= "text" name= "文本域名称" size= "宽度" maxlength= "最大字符数" value= "文本域的值">

其中，type 和 name 属性是必须设置的，其他属性为可选项。type 决定所产生的界面对象的类型；name 用于定义该文本域的名称；size 用于设置文本域的显示宽度是多少个字符宽；maxlength 用于设置文本域最多可以接收多少个字符；value 用于给文本域指定一个初始值。

例如,若要定义一个名为 frmuserinfo 的表单,在表单中定义一个用于接收用户名的输入框 username,输入框的宽度为 15,最多可接收 12 个字符,表单数据提交给 userconfirm.asp,定义方法为:

<form name="frmuserinfo" action="userconfirm.asp" method="post">
　用户名:<input type="text" name="username" size="15" maxlength="12">
</form>

表单中各界面对象的值均是通过 value 属性来存储的,通过访问该属性,可获得或设置界面对象的值。访问表单中各界面对象的属性的格式为:

document.表单名.界面对象名.属性名

因此,若要获得 frmuserinfo 表单中名为 username 的文本域中的值,则获取方法为:

document.frmuserinfo.username.value

若要设置表单中该文本域的值为 trainingguest,则设置方法为:

document.frmuserinfo.username.value="trainingguest"

(2) 密码输入框

密码输入框是单行文本域的一种特例,外观上与单行文本域一样,但当用户输入数据时,数据会用"*"替代显示,可防止他人看到用户所输入的真实数据,常用于密码输入。定义方法为:

<input type="password" name="对象名" size="显示宽度" maxlength="最大字符数">

(3) 隐藏表单域

隐藏表单域不会显示出来,用户当然也无法更改其数据。通过隐藏表单域,可悄悄向服务器发送一些用户不知的信息。定义方法为:

<input type="hidden" name="对象名" value="值">

(4) 多行文本域

多行文本域常用于接收大数据量的场合,可同时显示多行文本。定义方法为:

<textarea name="对象名" rows="行数" cols="列数"[readonly]>初始文本</textarea>

readonly 为可选项,若选用,则多行文本域变为只读。

例如,若要产生一个 6 行 40 列的多行文本域,则定义方法为:

<textarea name="multitxt" rows="6" cols="40">初始文本</textarea>

(5) 列表框

利用列表框可以提供一些候选项供用户选择,列表框用<select></select>标记定义,定义方法为:

<select name="对象名" size="列表框的高度"[multiple]>
　<option value="该列表项的值"[selected]>列表项文本 1</option>
　<option value="该列表项的值"[selected]>列表项文本 2</option>
　……
　<option value="该列表项的值"[selected]>列表项文本 n</option>
</select>

说明:

① size 用于定义列表框的高度,即一次能看到的列表项的数目。若设置为 1 或不设置,则为下拉式列表框;若设置为大于或等于 2 的值,则为滚动式列表框。

② multiple 为可选项,若选用,则允许多项选择。

③ <option></option>标记用于定义具体的列表项,value 用于设置该列表项代表的值,即当用户选中该列表项后,表单所提交的值。selected 为可选项,用于指定默认的候选项,只能有一个列表项可选用该参数。

【实例 2-6】 试分别用下拉式列表框和滚动式列表框显示供用户选择的籍贯。

分析:为便于各数据项的定位和对齐,在表单中采用表格进行定位。实现的代码为:

```html
<form name="frmuserinfo" action="" method="post">
<table>
<tr>
  <td width="200">下拉式列表框</td> <td width="200">滚动式列表框</td>
</tr>
<tr>
  <td width="200">籍贯:
  <select name="jg1">
    <option value="北京">北京</option>
    <option value="上海" selected>上海</option>
    <option value="天津">天津</option>
    <option value="重庆">重庆</option>
    <option value="广州">广州</option>
  </select>
  </td>
  <td width="200">籍贯:
  <select name="jg2" size="4">
    <option value="北京">北京</option>
    <option value="上海" selected>上海</option>
    <option value="天津">天津</option>
    <option value="重庆">重庆</option>
    <option value="广州">广州</option>
  </select>
  </td> </tr> </table>
</form>
```

下拉式列表框和滚动式列表框运行效果如图 2-22 所示。

图 2-22 下拉式列表框和滚动式列表框运行效果

(6)复选框和单选按钮

复选框和单选按钮也是提供候选的一种方法。复选框允许多选,常用于多项选择;单选按钮常成组使用,在同一组中只能任选其一,常用于单项选择。

①复选框

复选框用<input>标记进行定义,定义方法为:

<input type="checkbox" name="对象名" value="值" [checked]> 选项文本

一个<input type="checkbox">产生一个复选框,有多少个候选项,就用多少个<input>标记。value 用于设置当用户选中该项后,表单所提交的值。checked 为可选项,若选用,则该复选项呈选中状态。

【实例 2-7】 试用复选框提供预设的爱好,供用户选择。可供选择的爱好有:旅游、玩游戏、阅读、体育运动、唱歌、听音乐。

实现的 HTML 代码为:

```
<form name="frmuserinfo" action="" method="post">
爱好：
<input type="checkbox" name="like1" value="旅游"> 旅游
<input type="checkbox" name="like2" value="玩游戏"> 玩游戏
<input type="checkbox" name="like3" value="阅读"> 阅读
<input type="checkbox" name="like4" value="体育运动"> 体育运动
<input type="checkBox" name="like5" value="唱歌、听音乐" checked> 唱歌、听音乐
</form>
```

复选框运行效果如图 2-23 所示。

图 2-23　复选框运行效果

②单选按钮

单选按钮用<input>标记进行定义，定义方法为：

`<input type="radio" name="对象名" value="值" [checked]>` 选项文本

单选按钮常成组使用，为了将多个单选按钮定义成一组，需要将各选项的 name 属性值设置为相同。

【实例 2-8】　试用单选按钮为用户提供一组职业选项，以供用户选择。

实现的 HTML 代码为：

```
<form name="frmuserinfo" action="" method="post">
您的职业是：
<input type="radio" name="vacation" value="teacher"> 教师
<input type="radio" name="vacation" value="student"> 学生
<input type="radio" name="vacation" value="worker"> 工人
<input type="radio" name="vacation" value="engineer"> 工程师
<input type="radio" name="vacation" value="programmer" checked> 程序员
</form>
```

单选按钮运行效果如图 2-24 所示。

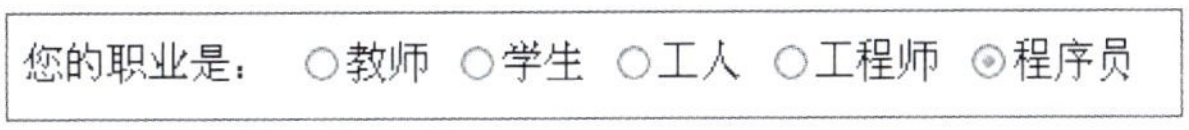

图 2-24　单选按钮运行效果

(7) 命令按钮

表单中可使用的命令按钮有提交命令按钮、复位命令按钮和普通命令按钮三种。提交命令按钮具有内建的表单提交功能；复位命令按钮具有重置表单数据的功能；普通命令按钮不具有内建的行为，需要指定事件处理函数，才能实现具体的操作。

①提交命令按钮

提交命令按钮用于表单数据的提交，与表单对象的 submit 方法相同。提交命令按钮的定义方法为：

`<input type="submit" name="对象名" value="按钮标题">`

例如，若要在表单中定义一个标题为"登录"的提交命令按钮，则定义方法为：

`<input type="submit" name="cmdlogin" value="登录">`

②复位命令按钮

复位命令按钮功能与表单对象的 reset 方法相同，其定义方法为：

`<input type="reset" name="对象名" value="按钮标题">`

例如，若要在表单中定义一个标题为"重新填写"的命令按钮，则定义方法为：

```
<input type="reset" name="cmdreset" value="重新填写">
```
③普通命令按钮

普通命令按钮不具有内建的行为,但可通过指定事件处理函数,来为命令按钮指定具体的操作,因此,通用性更强。另外,普通命令按钮可用在表单中,也可脱离表单直接使用。定义方法为:

```
<input type="button" name="对象名" value="按钮标题" onclick="事件处理函数或语句">
```

普通命令按钮常用的主要是鼠标单击事件(click),可通过 onclick 来为其指定事件处理函数或语句,当单击普通命令按钮时,系统就会自动调用所指定的事件处理函数或语句。

例如,若要在单击普通命令按钮时,在网页中输出"this is a test!"的字符串,则实现的方法为:

```
<input type="button" value="按钮响应测试" onclick="document.write('this is a test!')">
```

另外,利用普通命令按钮通过调用表单对象的 submit 方法,也可实现提交命令按钮的功能。例如,若当前表单对象名为 login,则用普通命令按钮实现表单提交的代码为:

```
<input type="button" value="提交" onclick="document.write.submit">
```

其返回值就是该界面对象的 VALUE 属性值。

知识点 2-8 多媒体及其他常用标记

1. 嵌入多媒体文件

(1)使用<embed></embed>标记

在网页中使用和嵌入多媒体文件可通过<embed></embed>标记来实现,利用该标记可以实现对声音、AVI 动画和电影文件的播放。

格式:

```
<embed src="url" width="宽度" height="高度" autostart="true|false" loop="true"> </embed>
```

属性:

①url 用于设置要嵌入或播放的媒体文件,系统根据扩展名来识别媒体的类型,并自动调用相应的播放器来播放这些媒体,通常是调用媒体播放器来播放,要播放的媒体主要有 AVI 动画、波形声音文件(.wav)和 MIDI 音乐文件。

②width 和 height 用于设置嵌入对象的宽度和高度,可以缺省,缺省后采用媒体文件自身的大小进行播放。

③autostart 用于设置是否自动开始播放。若设置为 true 或缺省该项,则启动网页后自动播放指定的媒体文件;若设置为 false,则不自动播放,只有在网页中单击播放按钮后才开始播放。

④loop 用于设置是否循环播放。若设置为 true,则循环播放;若缺省该项,则默认只播放一次。

例如,若要在打开网页时自动播放当前目录下的 demo.avi 动画,则实现播放的代码为:

```
<embed src="demo.avi"> </embed>
```

若要自动播放波形声音文件 test.wav,则实现播放的代码为:

```
<embed src="test.wav"> </embed>
```

MIDI 音乐文件的播放方法相同。播放声音时,没有视频显示,但仍会显示媒体播放控制面板。

(2)使用<img>标记

<img>标记除了用于向网页插入图像外,还可实现对动画的播放,此时的用法格式为:

```
<img dynsrc="视频文件" start="fileopen|mouseover">
```

其中,dynsrc 用于指定所要播放的动画文件(.avi)。start 用于控制播放的方式,该属性的默认值是 fileopen,即链接到含本标记的网页时开始播放;若设置为 mouseover,则当鼠标移到视频播放区时才开始播放。

例如，当访问网页时，即开始播放当前目录下的demo.avi动画，则实现播放的代码为：

`<img dynsrc="demo.avi" start="fileopen">`

若要在鼠标移动到播放区时才开始播放，则实现播放的代码为：

`<img dynsrc="demo.avi" start="mouseover">`

在未播放之前会自动显示动画的第一帧图像。

2. 播放背景音乐

用＜embed＞标记播放声音或音乐时，会在网页中显示媒体播放控制面板，若要不显示该面板，而又要为网页添加背景音乐，此时应放弃使用＜embed＞标记，改用＜bgsound＞标记来实现，该标记是专为播放背景音乐而设计的，其用法格式为：

`<bgsound src="url" loop="播放次数">`

该标记可以播放波形文件(.wav)或 MIDI 音乐文件，由于波形文件较大，网页应用中，通常播放的是 MIDI 音乐文件。src 用于指定所要播放的文件；loop 设置循环播放的次数，若要无限循环播放，则应设置该属性为 infinite 或 －1。

例如，若要循环播放当前目录下的 bg.mid 音乐 3 次，则实现播放的代码为：

`<bgsound src="bg.mid" loop="3">`

当浏览器窗口最小化时，背景音乐的播放将暂停，窗口还原后会继续播放。

3. 创建滚动文本

利用＜marquee＞＜/marquee＞标记可创建滚动文本。该标记的用法格式为：

```
<marquee direction=left|right|up|down behavior=scroll|slide|alternate loop="n" width="宽度" height="高度" scrollamount="滚动速度" scrolldelay="滚动延迟时间" bgcolor="背景颜色">
   要滚动的文本或图像(可包含其他HTML标记)
</marquee>
```

属性：

①direction 属性：用于设置滚动的方向，取值可以是 left、right、up 或 down，分别代表向左、向右、向上或向下运行。

②behavior 属性：用于设置滚动的方式。scroll 代表循环滚动，slide 代表只滚动一次，alternate 代表来回滚动。例如：

```
<marquee direction=left behavior=scroll>我是循环滚动的</marquee><br>
<marquee direction=left behavior=slide>我只滚动一次</marquee><br>
<marquee direction=left behavior=alternate>我是来回滚动的</marquee><br>
```

将以上代码加入到网页的＜body＞与＜/body＞之间，然后浏览网页，即可看到相应的效果和区别。

③loop 属性：用于设置滚动的次数。若未指定，对于 scroll 和 alternate 滚动方式而言，将一直滚动下去。

④width、height 属性：width 用于设置滚动的行程（水平方向滚动）或宽度（垂直方向行程），height 用于设置滚动区域的高度。

⑤scrollamount 属性：用于设置滚动的速度。

⑥scrolldelay 属性：用于设置滚动一次后的延迟时间，单位为毫秒。

⑦bgcolor 属性：用于设置滚动区域的背景颜色。

【实例2-9】 试在网页中设计一个水平滚动文本，滚动方向为向左，滚动速度为5，滚动延迟时间为100毫秒，滚动区域的背景颜色为 #EEFFEE，滚动文本为"本站永久国际域名：http://www.yssky.com"，并且网址采用红色显示。

实现的代码为：

```
<marquee direction=left behavior=scroll scrollamount="5" scrolldelay="100" bgcolor="#EEFFEE">本站永久国际域名:<font color="#FF0000"> http://www.yssky.com </font> </marquee>
```

实训指导 2

【实训项目 2-1】 用文本编辑器编写一个名为 shixun2-1.html 的网页。网页的主题内容为历史记忆。要求用表格进行布局,有文本、图像、超链接等。

操作步骤参考如下:

Step1:启动文本编辑器记事本并输入下列文本(代码):

源文件代码	说明
`<!-- shixun2-1.html 实训项目 2-1 -- 历史记忆 -->`	注释
`<html>`	HTML 文件开始
`<head>`	文件头开始
`<meta http-equiv="Content-Type" content="text/html; harset=gb2312">`	指明文档类型、语言字符集
`<title>历史记忆</title>`	设置标题
`</head>`	文件头结束
`<body bgcolor="#FFFFFF" text="#000000" background="images/bj01.gif">`	文件主体开始 应用背景图像
`<table align="center" width="90%">`	第 1 个表格开始
`  <tr align="center">`	定义第 1 行并居中
`    <td colspan="2"><font face="黑体" size="+7" color="#0000FF"><i>历史记忆</i></font>`	设置第 1 列,合并两列 字体、字号、内容
`      <hr align="center" size="3" color="red">`	画 1 条水平线
`    </td>`	第 1 行第 1 列结束
`  </tr>`	第 1 行结束
`  <tr>`	定义第 2 行
`    <td width="40%" bordercolor="#FFFFFF">`	定义第 2 行第 1 列
`    <div align="center"><img src="images/lsjc.jpg" width="400" height="360" align="middle" alt="历史的进程"></div>`	内容为图像
`    </td>`	第 2 行第 1 列结束
`    <td rowspan="2" width="60%" bordercolor="#FFFFFF">`	定义第 2 行第 2 列 占两行,内容为多段文本
`    <p align="center"><font face="方正姚体" size=5>中华文明的历史启示</font>`	
`    </p> `	
`    <p><font size="4">    中华文明的历史启示之一,就是选择和平、和谐。文明的发展离不开和平、和谐,唯和平才能使文明的成果得以保存,唯和谐才能使文明稳步发展。</font>`	
`    </p>`	
`    <p><font size="4">    中华文明的历史启示之二,就是选择包容。文明的发展需要包容,"山不厌高、海不厌深",唯包容才能百川汇海,唯包容才能不断壮大。</font>`	
`    </p>`	
`    <p><font size="4">    中华文明的历史启示之三,就是选择开明。文明的发展离不开开明,唯开明才能广得人心,唯开明才能云蒸霞蔚。</font>`	

源文件代码	说明

`</p>`
 `<p><font size="4">    中华文明的历史启示之四,就是选择革新。革新是文明发展的必由之路,只有不断革新才能不断前进,只有不断革新才能保持旺盛的生命力。</font>`
 `</p>`
 `<p><font size="4">    中华文明的历史启示之五,就是选择开放。开放是文明发展的重要条件,唯开放才能吸取其他文明的长处,唯开放才能自立于世界民族之林。</font>`
 `</p>`
 `<p align="right"><font size="4">摘自:袁行霈《中华文明的历史启示》</font>`
 `</p>`
 `</td>`	

`</tr>`	第2行结束

`<tr>`
 `<td width="40%" bordercolor="#FFFFFF">`
 `<div align="center"><font face="华文行楷" size="+3">历史的进程</font></div>`
 `</td>`
	定义第3行开始
	 定义第3行第1列

`</tr>`	第3行结束
`</table>`	第1个表格结束
`<table align="center" width="90%" cellpadding="1">` `<tr>` `<td rowspan="2" width="60%" bordercolor="#FFFFFF">` `<ul>` `<li>人类历史的第一次革命是农业革命,农业的产生是人类历史上的一次巨大革命。这场革命被称为农业革命或新石器革命。由于各地经济发展的差异,农业出现的时间很不一致,从公元前8000年到公元前3500年。</li>  ` `<li>人类历史的第一次工业革命,18世纪60年代从英国发起的技术革命是技术发展史上的一次巨大革命,它开创了以机器代替手工工具的时代。</li>  ` `<li>人类历史的第二次工业革命,19世纪70年代,科学技术的发展突飞猛进,各种新技术、新发明层出不穷,并被迅速应用于工业生产,大大促进了经济的发展。</li>` `</ul>` `</td>`	第2个表格开始 定义第1行 定义第1列,占2行,内容为无序列表

`<td width="40%" bordercolor="#FFFFFF">`
 `<p align="center"><font face="黑体" size="6">历史经典妙语</font></p>`
 `</td>`
	第1列结束
	 定义第2列第1行

`</tr>`	第2列第1行结束
`<tr>`	定义第2列第2行

源文件代码	说明

`<td width="40" bordercolor="#FFFFFF">`
　`<div align="center"><img src="images/lsjdmy.jpg"`
　`width="300" height="200"></div>`
　`</td>`
	内容为 1 张图像

`</tr>`	第 2 列第 2 行结束
`</table>`	第 2 个表格结束
`<p align="center"><b>友情链接</b>`	带超链接的文本
`<a href="http://www.lishi5.com">历史网</a>`	
`<a href="http://history.cctv.com">央视历史频道</a>`	
`<a href="http://www.hprc.org.cn">国史网</a>`	
`<hr size="5" color="red">`	画 1 条水平线
`<p align="center">历史记忆创作室(C)Copyright 2017 `	版权信息
`<a href="mailto:lishihuimuo999@263.net">联系我们：` 　`lishihuimuo999@263.net</a>`	文本带 E-mail 超链接
`</p>`	
`</body>`	文件主体结束
`</html>`	HTML 文件结束

Step2：以纯文本格式存为 shixun2-1.html 文件（例如保存在 E:\Item2\shixun 下）。

Step3：打开浏览器，在地址栏中输入 E:\Item2\shixun\shixun2-1.html，就会看到所制作的网页，效果如图 2-25 所示。

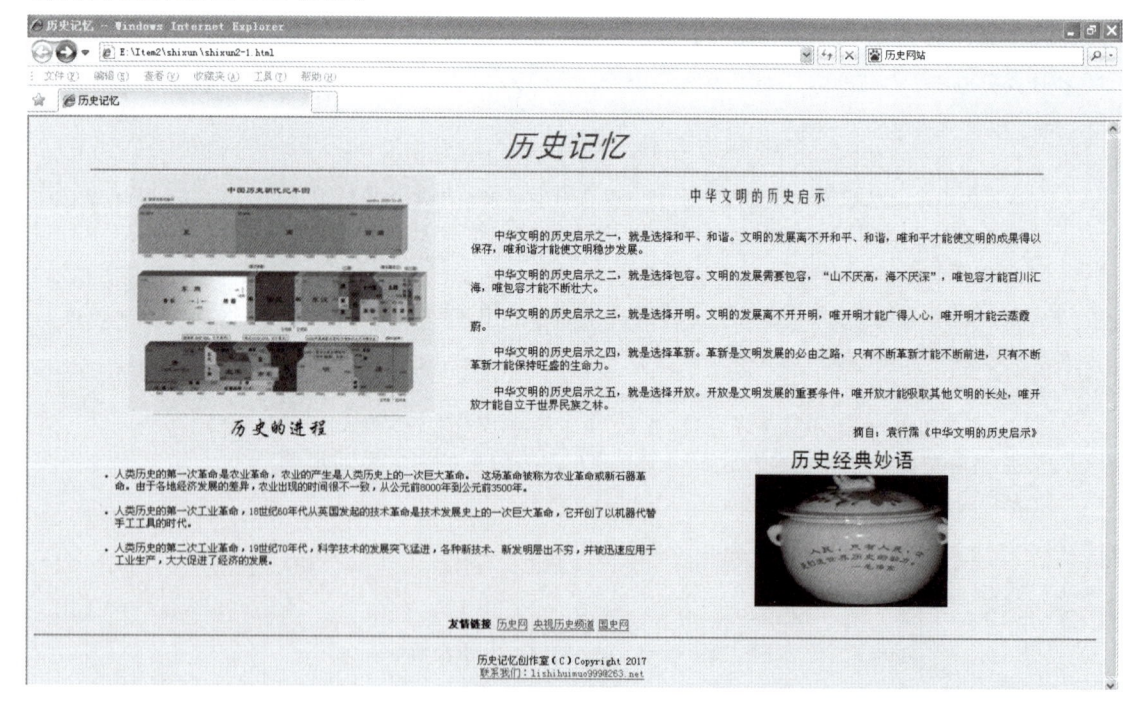

图 2-25　实训项目 2-1 效果

【实训项目 2-2】　上机编程调试本项目实例 2-1～实例 2-9。

【实训项目 2-3】　上机编程调试本项目我的校园生活网站。

综合练习 2

1. 选择题

(1) 以下标记中,没有对应结束标记的是(　　)。
　A. <body>　　　B.
　　　C. <html>　　　D. <title>

(2) 以下创建 mail 链接的方法,正确的是(　　)。
　A. <a href="master@163.com">管理员</a>
　B. <a href="callto:master@163.com">管理员</a>
　C. <a href="mailto:master@163.com">管理员</a>
　D. <a href="Email:master@163.com">管理员</a>

(3) 以下标记中,用于设置页面标题的是(　　)。
　A. <title>　　　B. <caption>　　　C. <head>　　　D. <html>

(4) 若要设置网页的背景图像为 bg.jpg,以下标记正确的是(　　)。
　A. <body background="bg.jpg">　　　B. <body bground="bg.jpg">
　C. <body image="bg.jpg">　　　D. <body bgcolor="bg.jpg">

(5) 若要以加粗、宋体、12 号字显示"VBScript",以下用法中,正确的是(　　)。
　A. <font size="12"> VBScript </font>
　B. <font face="宋体" size="12"> VBScript </font>
　C. <font face="宋体" size="12"> VBScript </font>
　D. <font face="宋体" fontsize="12"> VBScript </font>

(6) 以下标记中,用于定义一个单元格的是(　　)。
　A. <td> </td>　　　B. <tr>……</tr>
　C. <table>……</table>　　　D. <caption>……</caption>

(7) 用于设置表格背景颜色的属性是(　　)。
　A. background　　　B. bgcolor　　　C. bordercolor　　　D. backgroundcolor

(8) 表单对象的名称由(　　)属性设定;提交数据的方法由(　　)属性指定;若要提交大数据量的数据,则应采用(　　)方法;表单提交后的数据处理程序由(　　)属性指定。
　A. get　　　B. post　　　C. method　　　D. name
　E. value　　　F. action

(9) 用于设置文本框显示宽度的属性是(　　)。
　A. size　　　B. maxlength　　　C. value　　　D. length

(10) 在网页中若要播放名为 demo.avi 的动画,以下用法正确的是(　　)。
　A. <embed src="demo.avi" autostart="true">
　B. <embed src="demo.avi" autopen="true">
　C. <embed src="demo.avi" autopen="true"></embed>
　D. <embed src="demo.avi" autostart="true"></embed>

2. 判断题

(1) HTML 是一种网页编程语言。　　　　　　　　　　　　　　　　　(　　)

(2) HTML 标记符不区分大小写。　　　　　　　　　　　　　　　　　(　　)

(3) HTML 标记符都必须配对和成组使用。　　　　　　　　　　　　　(　　)

(4) 用 HTML 编写的网页,在任何浏览器中均能正常运行和显示。　　　(　　)

(5) HTML 网页的存盘文件名必须是.htm。　　　　　　　　　　　　　(　　)

(6) 在浏览器中,通过"查看"菜单下面的"源文件"菜单项,可查看网页的源代码。(　　)

(7) 在用浏览器访问某个网站的网页时,可通过查看源文件的方式修改网页的源代码。

　　　　　　　　　　　　　　　　　　　　　　　　　　　　　　　(　　)

(8) 在网页中,如果要收集用户所输入的数据,可通过表单来实现。　　(　　)

(9) 可将表单的数据提交给某个指定的电子信箱。　　　　　　　　　(　　)

(10) HTML 不具有文件存取操作的功能,是一种描述性的标记语言。　(　　)

3. 简答题

(1) 什么是 HTML？它的文件扩展名是什么？

(2) 一个基本的 HTML 网页由哪些标记组成？

(3) HTML 标记的一般格式是什么？

4. 操作题

收集相关素材,将背景图像另存为 bg.jpg,音乐文件另存为 mylove.mid,视频动画文件另存为 demo.avi。

在记事本中编写一网页,文件名为 zhlx2-1.html,设置背景图像为 bg.jpg,添加背景音乐 mylove.mid。文字内容为任意一首诗词,诗词的标题、作者及内容均居中,各部分字体、字号、颜色自己选择。创建一个超链接,单击后,在弹出的窗口中播放动画 demo.avi。网页标题为"诗词一首"。调试网页直到满意为止。

项目 3 风光旅游网站制作

内容提要

本项目结合风光旅游网站的规划设计与制作过程，讲述了中文Fireworks表格、样式、超链接，中文Fireworks文字特效、图像处理、按钮导航、动画制作等相关知识。

能力目标

1. 能够运用表格和网站规划设计相关知识进行网站规划设计。
2. 能够运用中文Dreamweaver表格技术制作网页，能够运用中文Fireworks文字、图像、按钮、动画操作技术进行图像处理和动画制作。

知识目标

1. 掌握中文Dreamweaver表格、样式、超链接等基本知识。
2. 掌握中文Fireworks文字特效、图像处理、按钮导航、动画制作等相关知识。

3.1 风光旅游网站制作过程

任务 3-1　设计规划风光旅游网站

【子任务 3-1-1】　设计规划风光旅游网站

本网站主要采用表格进行布局,一般主页内容较少时多采用此布局方式。

网站的主题栏目包括:精品景区、辽阳简史、文化名片、住在辽阳、饮食特色、风景欣赏。

网站主页规划的结构如图 3-1 所示。

标题区		
导航区		
辽阳旅游简介	主体区图像	热点景区
版权区		

图 3-1　风光旅游网站规划布局图

网页尺寸一般选择 1024×768 规格,实际尺寸为:1000×768。

【子任务 3-1-2】　收集风光旅游网站所需要的素材

收集的素材包括:辽阳风光图片、辽阳历史文化知识、辽阳饮食特色等。

【子任务 3-1-3】　确定风光旅游网站的色彩风格

以绿色与蓝色相结合的色调为主。

※特别提示　**本任务相关知识请参阅:**
知识点 1-2　网站设计与制作流程

任务 3-2　创建风光旅游网站站点

【子任务 3-2-1】　设置本地站点文件夹

操作步骤如下:

(1)在桌面双击"我的电脑"图标。

(2)在"我的电脑"窗口中双击打开用于存储站点的硬盘驱动器(如 E 盘)。

(3)执行"文件"→"新建"→"文件夹"命令,在硬盘中建立一个新文件夹。

(4)在新文件夹上单击鼠标右键,选择"重命名"命令,在英文输入法状态下输入站点名称,如 Tourism,然后在空白处单击确定。如图 3-2 所示。

【子任务 3-2-2】　建立一个名称为"旅游"的站点

操作步骤如下:

(1)启动 Dreamweaver。

(2)执行"站点"→"新建站点"命令,弹出"站点设置对象"对话框。

图 3-2 建立站点文件夹 Tourism

(3)选择"站点"选项,在"站点名称"文本框中输入"旅游",在"本地站点文件夹"中输入 E:\Tourism(或单击【浏览文件】按钮,选择 E:\Tourism)作为本地根文件夹。

(4)单击【保存】按钮,完成"旅游"站点创建。

【子任务 3-2-3】 在"旅游"站点中建立站点子文件夹

本网站将建立以下子文件夹,即子文件夹 jingqu(介绍主要景区)、lishi(用于叙述辽阳简史)、wenhua(用于介绍辽阳文化品牌)、binguan(用于介绍辽阳主要宾馆)、yinshi(用于介绍辽阳饮食文化)、fengjing(用于存放风景图片)。另外再建一个图像文件夹 images,一个音乐文件夹 music。

操作步骤如下:

(1)在"文件"面板中选择"站点－旅游(E:\Tourism)"文件夹,单击鼠标右键,在弹出的快捷菜单中选择"新建文件夹"命令,建立一个 untitled 文件夹。

(2)单击 untitled 文件夹的名称部分,输入 jingqu,将文件夹改名为 jingqu,此文件夹用于介绍主要景区。

(3)参照步骤(1)和(2),依次建立子文件夹 lishi、wenhua、binguan、yinshi、fengjing、images、music,最后结果如图 3-3 所示。

【子任务 3-2-4】 在"旅游"站点中建立主页文件

操作步骤如下:

(1)在"文件"面板中选择"站点－旅游(E:\Tourism)"文件夹,单击鼠标右键,在弹出的快捷菜单中选择"新建文件"命令。

图 3-3 建立站点子文件夹

(2)将新建的文件重命名为 index.html,如图 3-3 所示。

※特别提示 **本任务相关知识请参阅:**

知识点 1-3 初步认识 Dreamweaver

任务 3-3　应用 Dreamweaver 表格进行网站主页布局

我们在使用表格布局时,通常把不同区域单独用不同的表格来布局,而且有时还要使用表格嵌套,这样可以提高网页的访问速度。

【子任务 3-3-1】　设置首页页面属性

操作步骤如下:

(1)在"旅游"站点中双击 index.html,打开主页文件应用程序窗口,输入标题为"辽阳天逸旅游网"。

(2)执行"修改"→"页面属性"命令,弹出"页面设置"对话框,"背景颜色"设置为浅黄色(♯FFFFCC),"左边距"设置为"0","上边距"设置为"0"。

(3)单击【确定】按钮。

(4)按快捷键【Ctrl】+【S】保存网页。

【子任务 3-3-2】　用表格对风光旅游网站主页进行布局

操作步骤如下:

(1)执行"插入"→"表格"命令,在"表格"对话框中输入"行数"为 4,"列"为 1,"表格宽度"为 1000 像素,"单元格边距"为 0,"单元格间距"为 0,"边框粗细"为 0,其余值默认。单击【确定】按钮。

(2)选中表格,在"属性"面板中设置"对齐"为"居中对齐",这样可以保证在任何大于 1024×768 的分辨率下网页居中显示。

(3)设置表格各行高度:第 1 行为 180,第 2 行为 50,第 3 行为 480,第 4 行为 100。

(4)设置嵌套表格。第 3 行插入一个表格,"行数"为 1,"列"为 3,"高度"为 480,第 1 列宽度为 300,第 2 列宽度为 400,第 3 列宽度为 300。效果如图 3-4 所示。

(5)按快捷键【Ctrl】+【S】保存网页。

图 3-4　应用表格布局的主页效果

※特别提示 **本任务相关知识请参阅：**

知识点 3-3　Dreamweaver 表格与网页布局

任务 3-4　利用 Fireworks 制作站标图像

【子任务 3-4-1】　制作风光旅游网站站标图像"辽阳欢迎您！"

操作步骤如下：

（1）新建一个 Fireworks 文档，在弹出的"新建文档"对话框中输入如下参数：宽为 1000 像素、高为 600 像素、分辨率为 96 像素/英寸、画布颜色为白色，单击【确定】按钮，完成新文档创建。

（2）执行"文件"→"导入"命令，弹出"导入"对话框，如图 3-5 所示，选择欲导入的图像文件，单击【打开】按钮。

图 3-5　"导入"对话框

（3）应用"裁剪"工具，裁去图像下边、上边部分内容，保留图像主体内容。

（4）调整图像大小。例如在"属性"面板中输入：宽为 1000，高为 180，x 和 y 的值均为 0。

（5）在图像的中间位置，应用"文本"工具输入"辽阳欢迎您！"，设置字体为方正姚体，设置"辽阳"大小为 80，"欢迎您！"大小为 60，颜色均为橙色。

（6）在图像的右下角位置，应用"文本"工具，分两行输入"天逸旅游"，设置字体为黑体，大小为 36，颜色为红色。

（7）执行"修改"→"画布"→"修剪画布"命令。效果如图 3-6 所示。

（8）执行"文件"→"图像预览"命令，弹出如图 3-7 所示的"图像预览"对话框。选择文件格式为 JPEG，品质为 100，单击【导出】按钮，选择保存位置为 E:\Tourism\images，命名为 zb01，如图 3-8 所示。

图 3-6 站标图像效果

图 3-7 "图像预览"对话框

图 3-8 "导出"对话框

【子任务 3-4-2】 制作风光旅游网站站标图像"千年古都新韵　健康运动天堂"

用与【子任务 3-4-1】类似的步骤制作站标图像"千年古都新韵　健康运动天堂"。

在制作"千年古都新韵　健康运动天堂"文字时,可给文字设置红色阴影效果,并设置字体为方正舒体,大小为 60,颜色为橙色,倾斜。设置属性如图 3-9 所示。效果如图 3-10 所示。

图 3-9　"千年古都新韵　健康运动天堂"设置属性

图 3-10　站标图像"千年古都新韵　健康运动天堂"效果

【子任务 3-4-3】 制作风光旅游网站站标图像"天上人间　逸彩飞扬"

用与【子任务 3-4-1】类似的步骤制作站标图像"天上人间　逸彩飞扬"。效果如图 3-11 所示。

图 3-11　站标图像"天上人间　逸彩飞扬"效果

※特别提示　**本任务相关知识请参阅:**

知识点 3-4　Fireworks 文字特效
知识点 3-5　Fireworks 图像处理

任务 3-5　利用 Fireworks 制作站标动画

【子任务 3-5-1】 制作风光旅游网站站标动画

操作步骤如下:

(1)新建一个 Fireworks 文档,在弹出的"新建文档"对话框中输入如下参数:宽为 1000 像素、高为 180 像素、分辨率为 96 像素/英寸、画布颜色为透明,单击【确定】按钮,完成新文档创建。

(2)执行"文件"→"导入"命令,弹出"导入"对话框,选择欲导入的图像文件,如 zb01.jpg,单击【打开】按钮。在"属性"面板中输入:宽为 1000,高为 180,x 和 y 的值均为 0。

(3)执行"窗口"→"状态"命令,打开"状态"面板,如图 3-12 所示。

图 3-12　"状态"面板

(4)单击"状态"面板右下方的【新建/重制状态】按钮,增加状态。

(5)执行步骤(2),在状态 2 中导入图像 zb02.jpg。

(6)依次重复执行步骤(4)、(5)导入图像 zb03.jpg。

(7)按下【Ctrl】键的同时单击各状态,双击"状态延迟"的数值,如 500,修改为一个合适的速度。

(8)单击【播放】按钮可预览动画效果。

(9)执行"文件"→"图像预览"命令,弹出"图像预览"对话框,选择格式为 GIF 动画,如图 3-13 所示。

图 3-13　通过图像预览导出 GIF 动画

单击【导出】按钮,弹出"导出"对话框,给出文件名 zbdh.gif。再单击【保存】按钮,完成动态交换图像动画制作。

【子任务 3-5-2】　在风光旅游网站主页中添加站标动画

操作步骤如下:

(1)在风光旅游网站主页的编辑状态下,单击表格的第 1 行。

(2)执行"插入"→"图像"命令,在"选择图像源文件"对话框中选择 images 文件夹中的 zbdh.gif,单击【确定】按钮,如图 3-14 所示。

图 3-14　通过"选择图像源文件"对话框插入动画文件

将站标动画插入到表格第 1 行中,效果如图 3-15 所示。

图 3-15　将站标动画插入到表格第 1 行中

※特别提示　**本任务相关知识请参阅:**
知识点 3-7　Fireworks 基本动画制作

任务 3-6　利用 Fireworks 制作按钮导航

导航栏是一组按钮,当网页的其他部分发生变化时,导航栏的内容基本不发生变化。制作导航栏的一种简单的方法是采用复制按钮的方法,复制结束后再修改按钮上的文字内容和相应链接。

【子任务 3-6-1】　使用按钮制作导航

操作步骤如下:

(1)新建一个 Fireworks 文档。执行"文件"→"新建"命令,在"新建文档"对话框中确定画布的宽为 1000、高为 100、颜色为白色,然后单击【确定】按钮。

(2)执行"编辑"→"插入"→"新建按钮"命令,此时"状态"面板和"对齐"面板均为打开状态,用以帮助按钮准确定位。选用"圆角矩形"工具创建一个按钮符号,按钮颜色为蓝色,宽为 142.8,高为 50;文字内容为"首页"(中间空两个字),颜色为白色,字体为华文中宋;按钮链接为 index.html。如图 3-16 所示。

(3)创建按钮对鼠标动作响应的不同状态,如鼠标滑过时字体颜色有改变,或鼠标按下时按钮颜色发生变化等。可按下【Shift】键的同时单击按钮及文本,再按快捷键【Ctrl】+【C】进行复制,分别选择"滑过"选项卡和"按下"选项卡,按快捷键【Ctrl】+【V】进行粘贴,来更改按钮颜色或字体颜色。

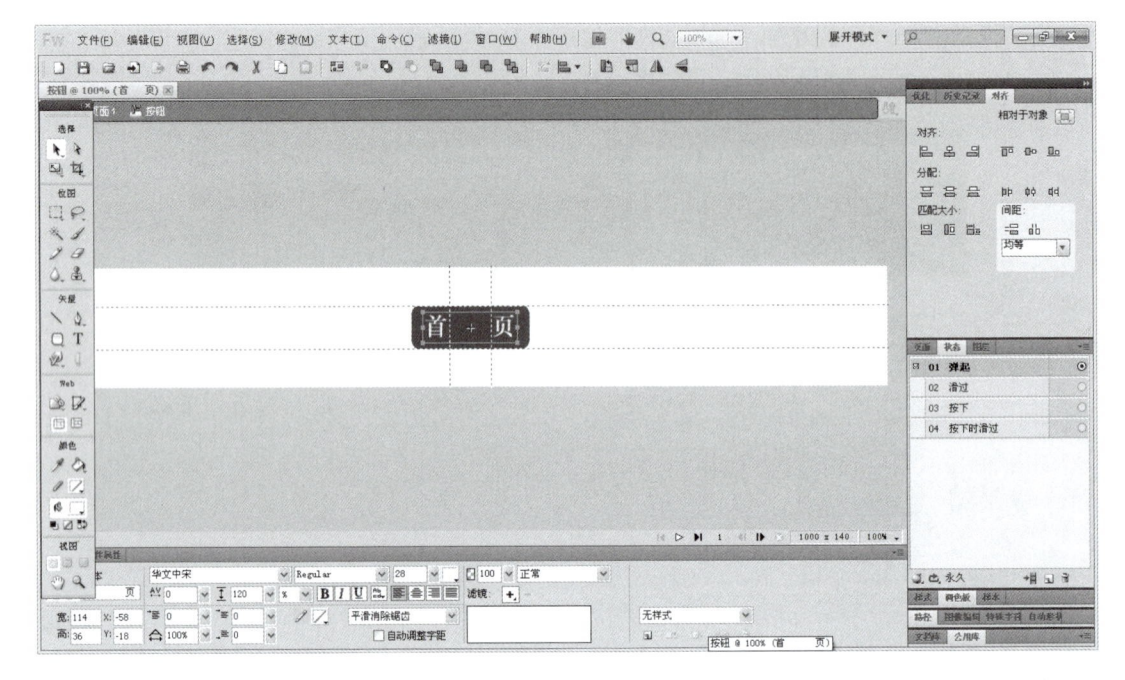

图 3-16 按钮制作

(4) 执行"窗口"→"文档库"命令,打开"文档库"面板,如图 3-17 所示。

(5) 界面切换到页面状态,将【首页】按钮从"文档库"面板拖到画布中,重复 6 次,使画布中有 7 个按钮,并将它们横向排列好。

(6) 选中第 2 个按钮,在"属性"面板中修改文本内容为"精品景区",链接地址修改为 jingqu/jpjq.html,依次修改其他按钮文本及链接地址:文本:辽阳简史,链接:lishi/lyjs.html;文本:文化名片,链接:wenhua/whmp.html;文本:住在辽阳,链接:binguan/zzly.html;文本:饮食特色,链接:yinshi/ysts.html;文本:风景欣赏,链接:fengjing/fjxs.html。

图 3-17 "文档库"面板

(7) 执行"修改"→"画布"→"修剪画布"命令,可修剪掉画布多余部分。效果如图 3-18 所示。

图 3-18 修剪后的导航栏文本与链接设置

(8)执行"文件"→"导出"命令,弹出"导出"对话框,选择导出位置为 E:\Tourism\images\dh,导出文件名为 dhcd.html,导出类型为"HTML 和图像",如图 3-19 所示。

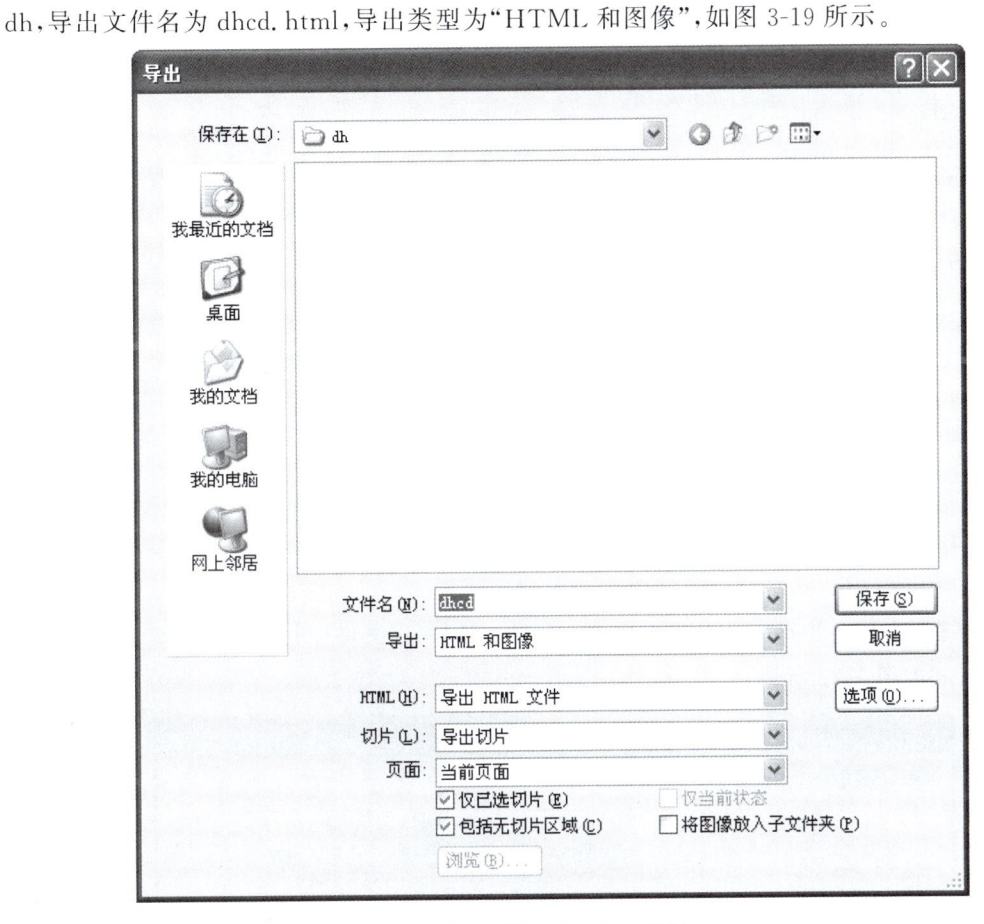

图 3-19　导出 dhcd.html 文件

(9)单击"导出"对话框右下角的【选项】按钮,弹出如图 3-20 所示的"HTML 设置"对话框。可以修改导出参数,这里将扩展名设置为 html,其余采用默认设置。

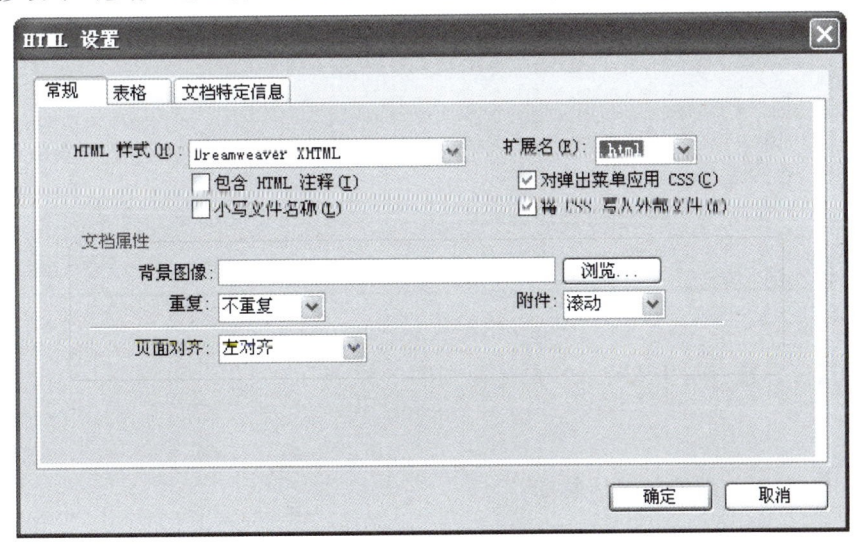

图 3-20　"HTML 设置"对话框

> **注意**：为方便以后修改，可保存文件为 dhcd.fng。

【子任务 3-6-2】 将导航栏插入到主页导航区

操作步骤如下：

(1) 在风光旅游网站主页的编辑状态下，单击表格的第 2 行。

(2) 执行"插入"→"图像对象"→"Fireworks HTML"命令，弹出"插入 Fireworks HTML"对话框，如图 3-21 所示。

图 3-21 "插入 Fireworks HTML"对话框

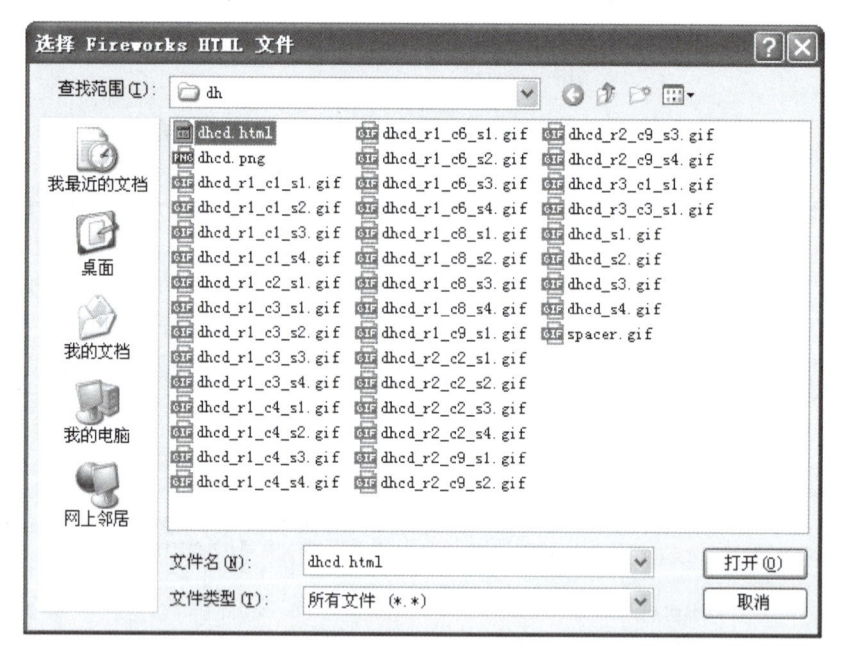

(3) 单击【浏览】按钮，在弹出的"选择 Fireworks HTML 文件"对话框中选择要插入的文件 dhcd.html，如图 3-22 所示。

图 3-22 "选择 Fireworks HTML 文件"对话框

(4) 单击【打开】按钮，插入导航栏的效果如图 3-23 所示。

※**特别提示** **本任务相关知识请参阅：**

知识点 3-6　Fireworks 按钮导航

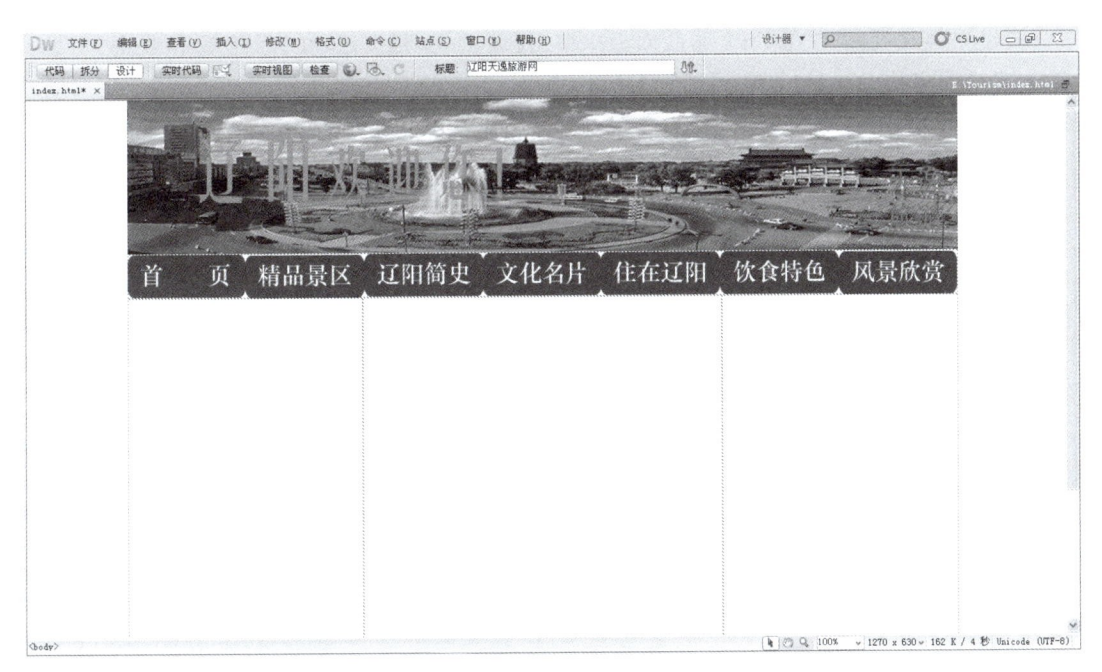

图 3-23 插入导航栏的效果

任务 3-7 编辑制作主体区

【子任务 3-7-1】 制作主体区文本——辽阳旅游简介

操作步骤如下：

(1)将光标定位到表格第 3 行第 2 列。

(2)插入一个 2 行 1 列的表格，表格宽度为 100，单位为百分比。

(3)在第 1 行中输入文本"辽阳旅游简介"。

(4)在下一行中输入简介的具体内容。

(5)建立样式规则 1：在 CSS 属性面板中单击【编辑规则】按钮，在"新建 CSS 规则"对话框中输入选择器名称为：.zw1，单击【确定】按钮，弹出".zw1 的 CSS 规则定义"对话框。定义规则如下：字体为宋体，大小为 14 px，行距为 18 px，颜色为黑色，其他默认。单击【确定】按钮，样式规则定义结束。样式规则定义如图 3-24 所示。

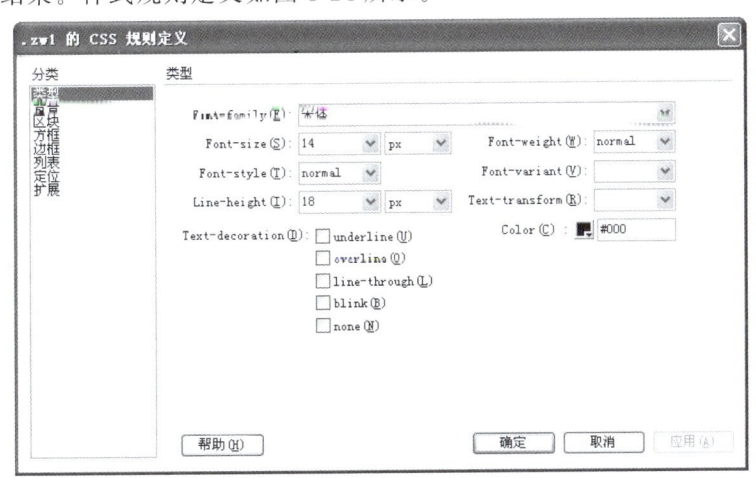

图 3-24 ".zw1 的 CSS 规则定义"对话框

(6)建立样式规则 2:在 CSS 属性面板中单击【编辑规则】按钮,在"新建 CSS 规则"对话框中输入选择器名称为:.bt1,单击【确定】按钮,弹出".bt1 的 CSS 规则定义"对话框。定义类型规则如下:字体为黑体,大小为 18 px,颜色为黑色;定义区块规则如下:文本为居中对齐,其他默认。单击【确定】按钮,样式规则定义结束。样式规则定义如图 3-25、图 3-26 所示。

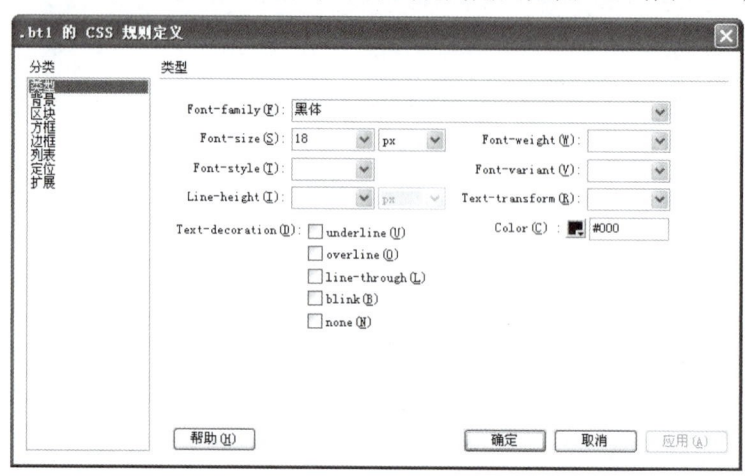

图 3-25 ".bt1 的 CSS 规则定义"对话框(类型)

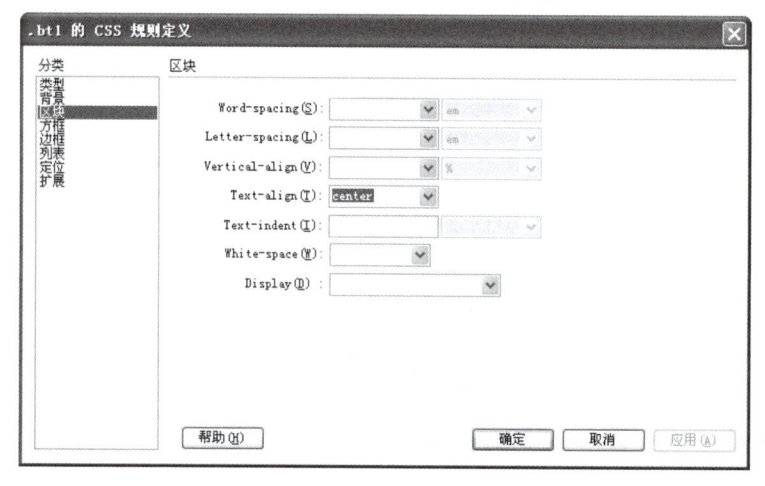

图 3-26 ".bt1 的 CSS 规则定义"对话框(区块)

(7)应用 CSS 规则设置文本标题,选择标题文本"辽阳旅游简介",在"CSS 样式"面板(图 3-27)中右键单击样式规则".bt1",在弹出的快捷菜单中选择"套用"命令。

(8)应用 CSS 规则设置文本正文,选择正文文本,在"CSS 样式"面板中右键单击样式规则".zw1",在弹出的快捷菜单中选择"套用"命令。

(9)按快捷键【Ctrl】+【S】保存网页。

【子任务 3-7-2】 制作主体区图像——辽阳白塔

操作步骤如下:

(1)将光标定位到表格第 3 行第 1 列。

(2)执行"插入"→"图像"命令,弹出"选择图像源文件"

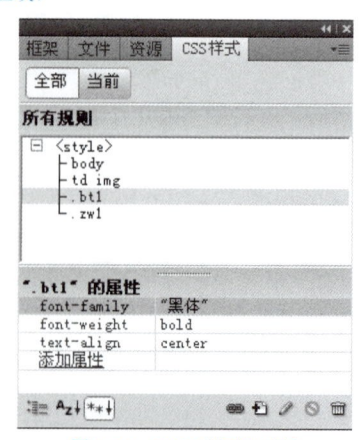

图 3-27 "CSS 样式"面板

对话框,选择 E:\Tourism\images\bt.jpg,如图 3-28 所示。

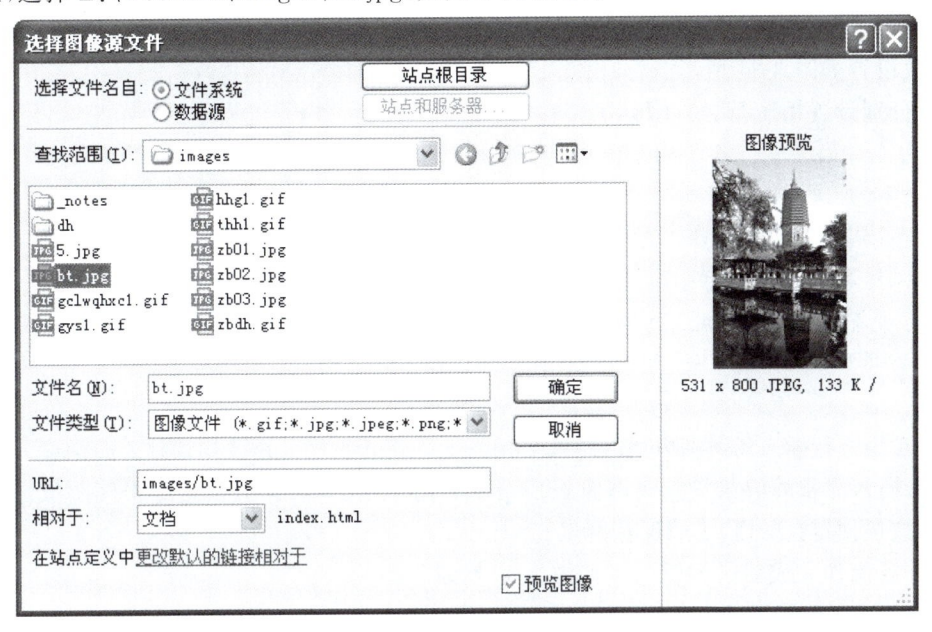

图 3-28 选择图像文件 bt.jpg

(3)单击【确定】按钮,弹出"图像标签辅助功能属性"对话框,输入"替换文本"为"辽阳白塔",如图 3-29 所示。

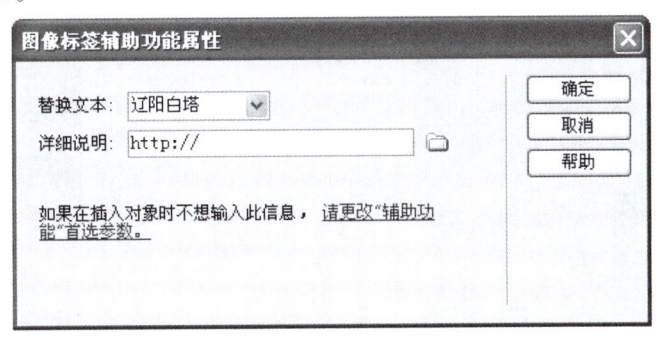

图 3-29 "图像标签辅助功能属性"对话框

(4)单击【确定】按钮,调整图像大小。
(5)按快捷键【Ctrl】+【S】保存网页。

【任务 3.7.3】 制作主体区图像——热门景点

操作步骤如下:
(1)将光标定位到表格第 3 行第 3 列。
(2)设置单元格属性"垂直"为"顶端",水平为"左对齐",如图 3-30 所示。

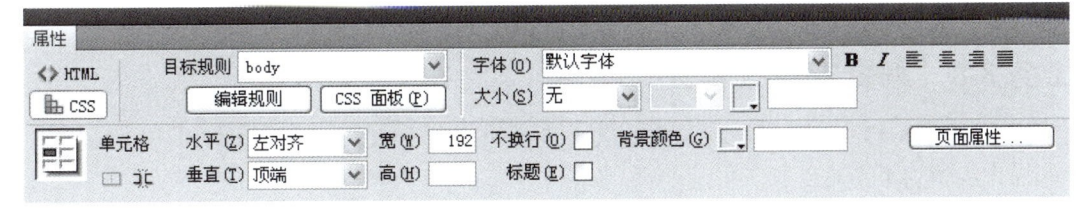

图 3-30 设置单元格属性

(3)执行"插入"→"表格"命令,插入嵌套表格。输入"行数"为 9,"列"为 1,"表格宽度"为 100 百分比。表格参数设置如图 3-31 所示。

(4)分别设置第 1 行、第 3 行、第 5 行、第 7 行、第 9 行行高为 25;第 2 行、第 4 行、第 6 行、第 8 行行高为 135。

(5)在第 1 行中输入"热门景点",在第 3 行中输入"汤河湖风景区",在第 5 行中输入"核伙沟森林公园",在第 7 行中输入"弓长岭温泉滑雪场",在第 9 行中输入"广佑寺景区"。应用 CSS 设置字体为宋体,大小为 16,加粗。

图 3-31 设置第 3 行第 3 列中的嵌套表格参数

(6)在第 2 行插入汤河湖风景区图像 thh1.gif,在第 4 行插入核伙沟森林公园图像 hhg1.gif,在第 6 行插入弓长岭温泉滑雪场图像 gclwqhxc1.gif,在第 8 行插入广佑寺景区图像 gys1.gif。

(7)按快捷键【Ctrl】+【S】保存网页。

主体区制作完成后的编辑效果如图 3-32 所示。

图 3-32 主体区制作完成后的编辑效果

> ※特别提示 **本任务相关知识请参阅:**
> 知识点 1-4 Dreamweaver 文本编辑与格式化
> 知识点 3-1 Dreamweaver 中 CSS 样式及应用

任务 3-8 编辑制作版权区

【子任务 3-8-1】 制作版权区与主体区水平线

操作步骤如下:

(1)将光标定位在表格第 4 行顶端。

(2)执行"插入"→"HTML"→"水平线"命令,水平线即插入到版权区上端。

【子任务 3-8-2】 输入版权区内容

操作步骤如下:

(1)将光标定位到水平线下一行。

(2)输入版权信息内容。

(3)设置 CSS 规则.jz,规则内容如下:字体为宋体,大小为 14 px,行距为 18 px,文本为居中对齐。

(4)选中版权信息文本,套用 CSS 规则.jz。

(5)按快捷键【Ctrl】+【S】保存网页。

制作完成后的版权区效果如图 3-33 所示。

图 3-33　版权区效果

最后可通过页面属性设置背景颜色或背景图像。到此为止,风光旅游网站主页就制作好了。如图 3-34 所示。

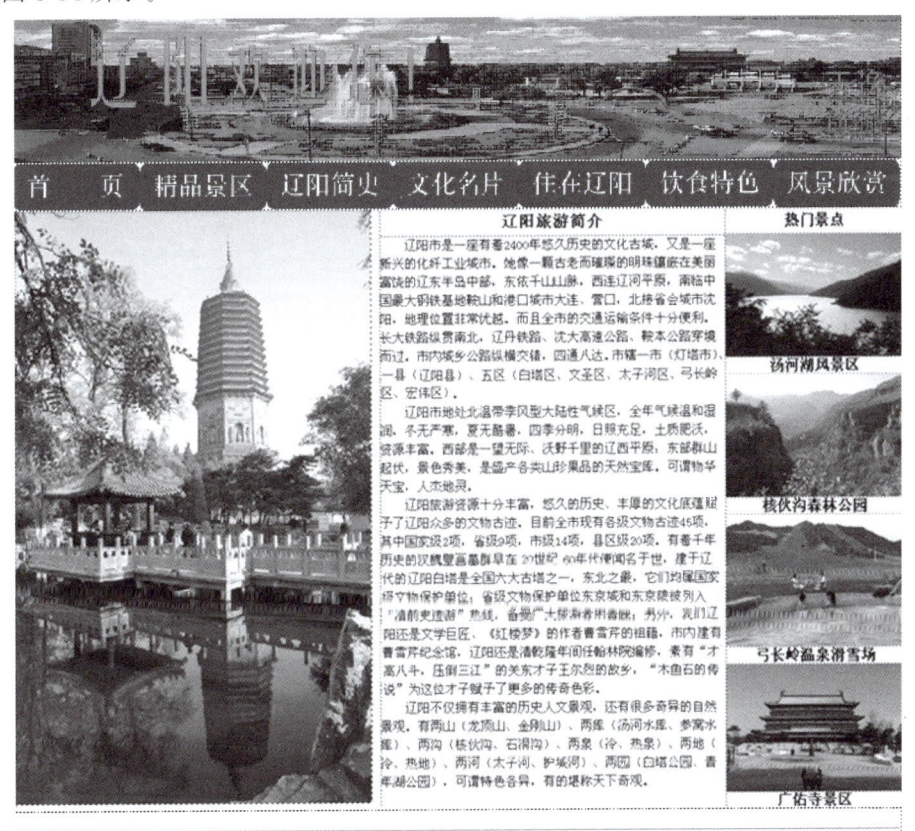

图 3-34　风光旅游网站主页

※特别提示 本任务相关知识请参阅：

知识点 3-1　Dreamweaver 中 CSS 样式及应用

任务 3-9　制作子网页并链接测试

各子网页的制作方法与主页类似，这里以"辽阳简史"子网页为例说明制作过程，重点说明表格的应用。

【子任务 3-9-1】　建立"辽阳简史"子网页文件

在"文件"面板中，右键单击 lishi 子文件夹，执行"新建文件"命令，将文件命名为 lyjs.html。

【子任务 3-9-2】　布局"辽阳简史"子网页

操作步骤如下：

(1) 在"文件"面板中双击 lyjs.html，进入文件 lyjs.html 的编辑状态。

(2) 执行"插入"→"表格"命令，在"表格"对话框中输入"行数"为 3，"列"为 1，"表格宽度"为 1000 像素，"单元格边距"为 0，"单元格间距"为 0，"边框粗细"为 0，其余值默认。单击【确定】按钮。

(3) 选中表格，在表格属性面板中设置"对齐"为"居中对齐"。

(4) 设置表格各行高度，第 1 行为 160，第 2 行为 360，第 3 行为 60。

表格效果如图 3-35 所示。

标题区
主体区
版权区

图 3-35　子网页 lyjs.html 表格布局

【子任务 3-9-3】　制作标题区

操作步骤如下：

(1) 在子网页 lyjs.html 编辑状态下，单击表格的第 1 行。

(2) 执行"插入"→"图像"命令，在"选择图像源文件"对话框中选择 images 文件夹中的 zb-dh.gif，单击【确定】按钮，与主页相同的图像插入到了标题区。

【子任务 3-9-4】　制作主体区

操作步骤如下：

(1) 在表格第 2 行中插入一个 2 行 3 列的内嵌表格，表格宽度为 100%。设置内嵌表格参数：第 1 行高为 40，第 2 行高为 320，第 1 列宽为 250，第 2 列宽为 500，第 3 列宽为 250。

(2) 将内嵌表格第 1 行各列合并，然后输入"辽阳史话"，并设背景颜色为 #66FFCC。

(3) 在内嵌表格的第 2 行第 1 列中插入图像 bt1.jpg（白塔）。

(4) 在内嵌表格的第 2 行第 2 列中输入"辽阳史话"具体内容。

(5)在内嵌表格的第 2 行第 3 列中插入图像 lysh.jpg。主体区制作完成后效果如图 3-36 所示。

图 3-36　主体区制作完成后效果

【子任务 3-9-5】　制作版权区

版权区内容与主页相同。

操作步骤如下：

(1)将光标定位在主表格第 3 行顶端。

(2)执行"插入"→"图像"命令，选择一个图像文件，插入一条水平线(图像)。

(3)将主页版权区内容复制过来。

子网页 lyjs.html 制作完成后的运行效果如图 3-37 所示。

图 3-37　lyjs.html 制作完成后的运行效果

其他子网页制作不再赘述。

【子任务 3-9-6】 链接测试各子网页

操作步骤如下：

(1)运行主页文件。

(2)分别单击各链接点，依次测试各子网页的链接情况，如发现异常，可修改后再进行测试。

> ※特别提示 本任务相关知识请参阅：
> 知识点 3-2 Dreamweaver 中超链接的进一步应用

3.2 风光旅游网站制作相关知识

知识点 3-1 Dreamweaver 中 CSS 样式及应用

1. CSS 样式简介

样式就是一组在单个文档中控制某范围内文本外观的格式属性。CSS (Cascading Style Sheets)译为"层叠样式表"或"级联样式表"，它能让网页制作者有效地定制、改善网页。

使用 CSS 样式可以控制许多文档，可以解决许多网页格式化问题。例如，可以通过 CSS 样式对所管理的整个网站全部或部分网页迅速而准确地做出格式修改；可以使用 CSS 样式自定义列表项目符号（如采用图像作为列表符号，而不是单调的圆点或圆圈）；使用 CSS 样式给一段文字加上背景颜色或背景图像；去掉超链接的下划线；指定不同的字体、大小和单位（像素、点等）。

按 CSS 样式应用形式来分，CSS 样式一般分为两类：嵌入式和外部链接式。嵌入式就是在独立的文档中应用 CSS 样式；外部链接式可应用于多个文档，生成专门的 *.css 文件。

使用 CSS 样式的方法是：首先将一些格式定义为样式，然后再为需要设置格式的内容应用样式。使用样式的基本原则是格式与内容分离，先定义后使用。

在 Dreamweaver 中样式的操作有两种，一种是为文字设置样式时，Dreamweaver 自动创建样式，并给样式取一个名字，如 STYLE1。另一种方式是在"CSS 样式"面板中设置样式。

2. CSS 样式的基本操作

(1)创建 CSS 样式

创建一种新样式的操作步骤如下：

①执行"窗口"→"CSS 样式"命令，或单击 CSS 属性面板中的【CSS 面板】按钮，如图 3-38 所示。打开"CSS 样式"面板，如图 3-39 所示。

图 3-38 CSS 属性面板

②执行"CSS 样式"面板右上角的弹出菜单中的"新建"命令,如图 3-40 所示;或单击"CSS 样式"面板右下角的【新建 CSS 规则】按钮 。

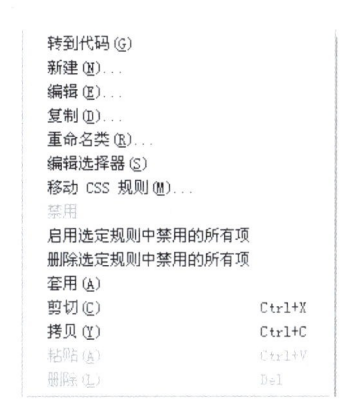

图 3-39 "CSS 样式"面板　　　　　　　　图 3-40 "CSS 样式"面板的弹出菜单

③在弹出的"新建 CSS 规则"对话框(图 3-41)中可以选择四种选择器类型:

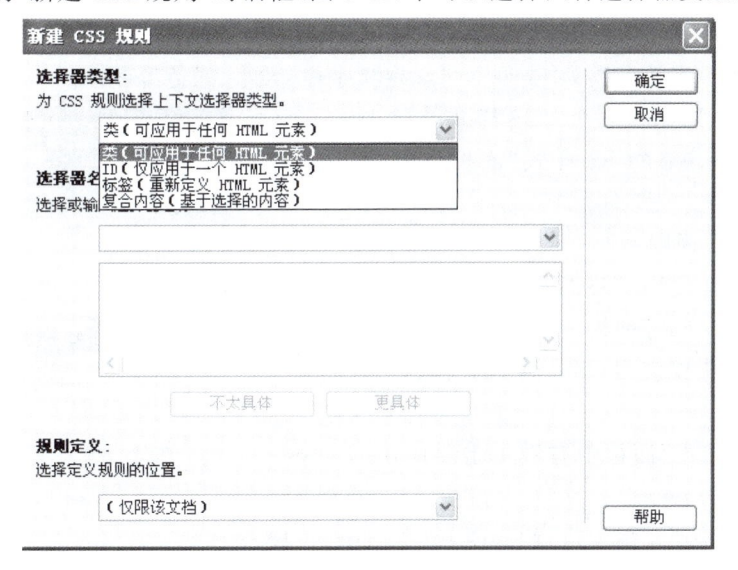

图 3-41 "新建 CSS 规则"对话框

第 1 种,类:生成一个新样式,该样式可被应用于文档中的任何文本。自定义样式以英文句点开头,如果没有输入句点,则 Dreamweaver 会自动添加。

第 2 种,ID:生成的样式只应用于指定的 HTML 元素。

第 3 种,标签:重新定义 HTML 元素,即将现有的标签赋上样式。制作完成后不需要选中对象就可以直接应用到网页中。

第 4 种,复合内容:样式的定义基于选择的内容。

另外,"规则定义"有两个选项:

第 1 种,(仅限该文档):只在当前文档中应用,即为嵌入式样式。

第 2 种,(新建样式表文件):生成专门的 *.css 文件,此样式可应用于多个文档,即为外部链接式样式。

这里选择"类""(仅限该文档)"。

④在"选择器名称"文本框中输入自定义的样式名称,如.zwysl。

⑤单击【确定】按钮,打开".zwys1 的 CSS 规则定义"对话框,如图 3-42 所示。

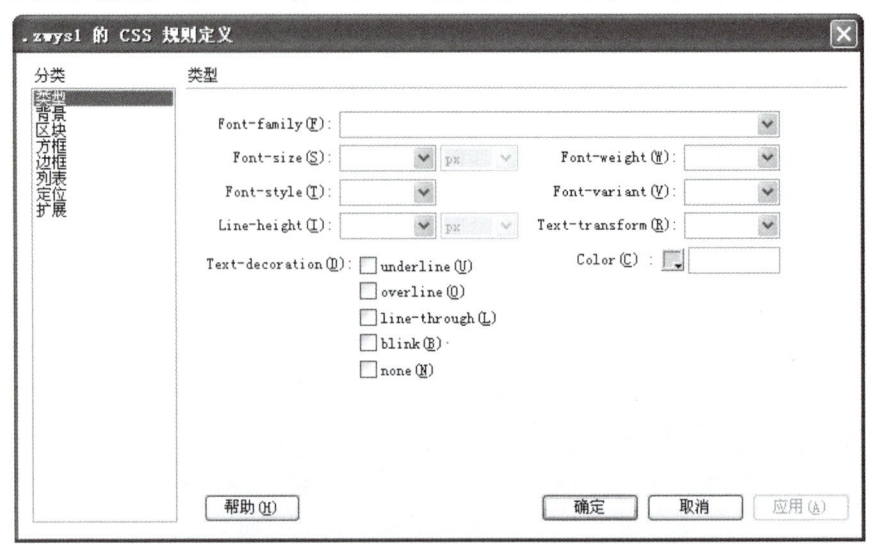

图 3-42 ".zwys1 的 CSS 规则定义"对话框

⑥在对话框中默认分类为"类型",可以定义字体、大小、颜色等属性。

⑦单击【确定】按钮,一个 CSS 样式就建立好了,新的 CSS 样式出现在"CSS 样式"面板中,如图 3-43 所示。

(2) 使用 CSS 规则

在当前网页中使用 CSS 规则的操作步骤如下:

①打开"CSS 样式"面板。

②用鼠标选中要应用 CSS 样式的对象,可以是文本、图像、表格等。

③在"CSS 样式"面板中右键单击要应用的 CSS 样式规则名称,如.zwys1。

图 3-43 已定义了样式.zwys1 的"CSS 样式"面板

④在弹出的快捷菜单中执行"套用"命令,如图 3-40 所示。

(3) 编辑 CSS 样式

操作步骤如下:

①打开"CSS 样式"面板。

②在"CSS 样式"面板中双击要编辑的样式规则的名称,或选中要编辑的样式规则名称,再单击【编辑样式】按钮 ,重新弹出 CSS 规则定义对话框。

③在对话框中对规则进行修改。

④单击【确定】按钮,此时文档中应用了此样式的对象均发生相应的变化。

(4) 删除 CSS 样式

操作步骤如下:

①打开"CSS 样式"面板。

②在"CSS 样式"面板中右键单击要删除的样式规则名称,在弹出的快捷菜单中执行"删除"命令,或单击【删除 CSS 规则】按钮 。

> **注意**：在删除了 CSS 样式之后，原来应用了该样式的对象将恢复应用样式之前的状态。

（5）设置 CSS 样式规则属性

CSS 规则定义对话框中有 8 个分类，分别是：类型、背景、区块、方框、边框、列表、定位和扩展，它们的功能分别是：

① 类型，定义样式规则的基本文字设置，包括：字体、字号、粗细、样式、变形、行高、大小写、修饰、颜色等。如图 3-42 所示。

② 背景，定义网页对象的背景，包括：背景颜色、背景图像、重复方式、附加方式、水平位置、垂直位置等。如图 3-44 所示。

③ 区块，定义文本对象的基本样式规则，包括：单词距离、字母距离、垂直对齐、文本对齐、文字缩进、空白间距等。如图 3-45 所示。

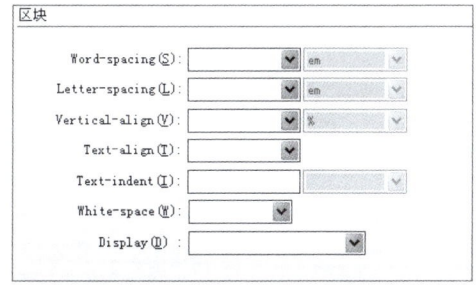

图 3-44 "背景"分类

图 3-45 "区块"分类

④ 方框，控制网页元素的对象布局，包括：宽度、高度、上边距、左边距等。如图 3-46 所示。

图 3-46 "方框"分类

⑤ 边框，定义对象边框的相关属性，包括：边框的样式、亮度、颜色等。如图 3-47 所示。

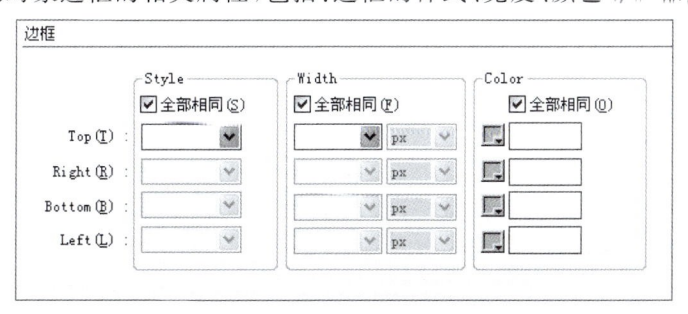

图 3-47 "边框"分类

⑥列表,定义项目符号、项目编号等列表属性,包括:类型、项目图像、位置等。如图 3-48 所示。

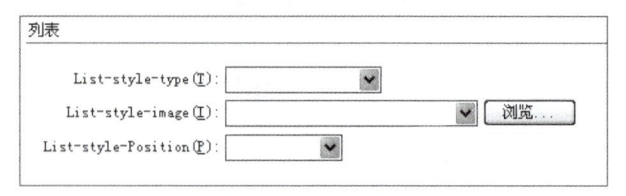

图 3-48 "列表"分类

⑦定位,定义层在网页中的位置,包括:显示、溢出、定位、剪辑等。如图 3-49 所示。
⑧扩展,定义其他对象的扩展规则,包括:分页、视觉效果等。如图 3-50 所示。

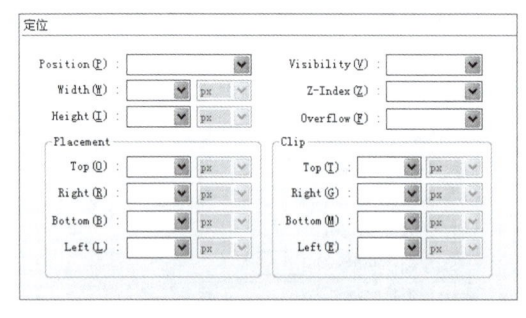

图 3-49 "定位"分类　　　　图 3-50 "扩展"分类

3. CSS 样式应用实例

【实例 3-1】 制作 9 磅字。

目前,中文大型网站上多数使用宋体 9 磅(9 points)字作为一般文本的字体。因为使用 HTML 中的 2 号字有些毛边,而使用 9 磅字可以避免此弊端。

制作 9 磅字的操作步骤如下:

(1)新建网页文件 3-1.html,并输入文本内容,如唐诗等。

(2)执行"窗口"→"CSS 样式"命令,打开"CSS 样式"面板。

(3)单击【新建 CSS 规则】按钮,在"新建 CSS 规则"对话框中设置"选择器类型"为"类","选择器名称"为.font9p(可依据自己理解取名),"规则定义"为"(仅限该文档)",也可以选择"(新建样式表文件)"。如图 3-51 所示。

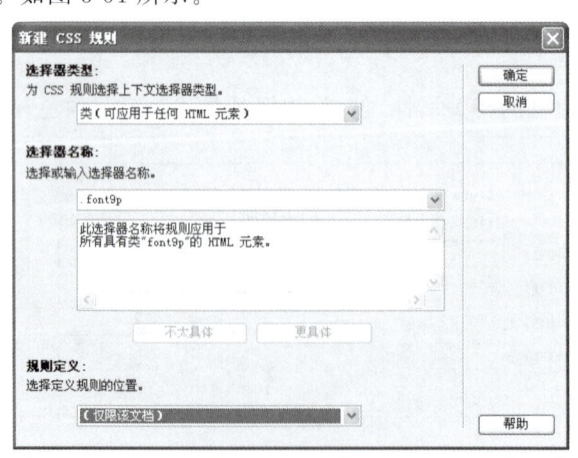

图 3-51 建立.font9p 的 CSS 规则

项目 3 风光旅游网站制作　125

(4) 单击【确定】按钮,在弹出的".font9p 的 CSS 规则定义"对话框中设置:字体为宋体,大小为 9 pt,行高为 150%。如图 3-52 所示。

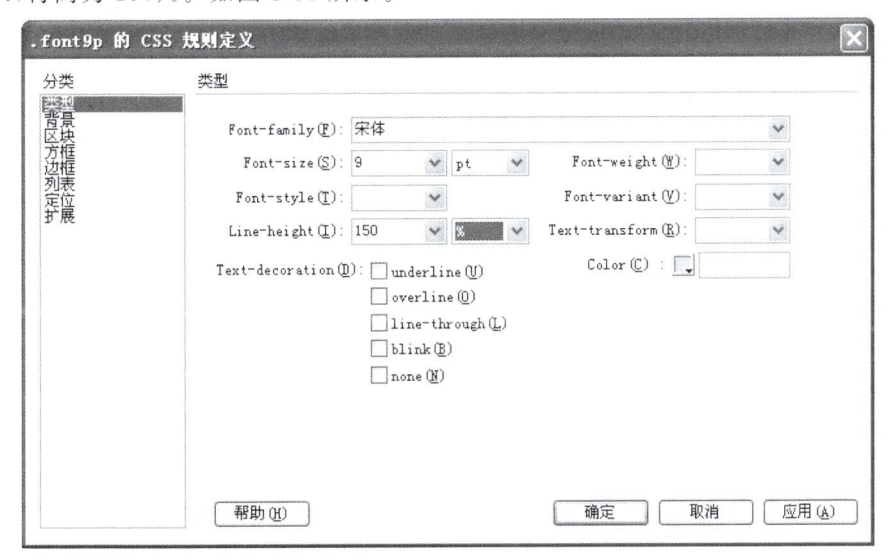

图 3-52 ".font9p 的 CSS 规则定义"对话框

(5) 单击【确定】按钮,9 磅字 CSS 样式规则就建好了。

(6) 选中要应用 9 磅字的文本,并在"CSS 样式"面板上选择刚才建立的样式规则.font9p,单击鼠标右键,在弹出的快捷菜单中选择"套用"命令,则唐诗中的正文应用 9 磅字的效果如图 3-53 所示。

(7) 按快捷键【Ctrl】+【S】保存网页。

图 3-53 应用 CSS 样式规则 9 磅字效果

知识点 3-2　Dreamweaver 中超链接的进一步应用

1. 链接到本网页的其他地方

有些时候一个网页的内容太多,可能需要从网页的一个位置跳转到另一个位置,那么需要使用锚记,锚记就是在网页中需要跳转到的地方做一个标记,再通过超链接链接到此锚记的位置。

【实例 3-2】　在较长的网页中使用锚记进行超链接。

操作步骤如下:

(1) 建立一个空白页,保存文件名为 3-2.html,输入辽阳简史内容。

(2) 在需要插入锚记的地方(如"太子丹")单击鼠标左键,然后执行"插入"→"命名锚记"命令,弹出"命名锚记"对话框。

(3) 在"锚记名称"文本框中输入 test 作为锚记名称,如图 3-54 所示。

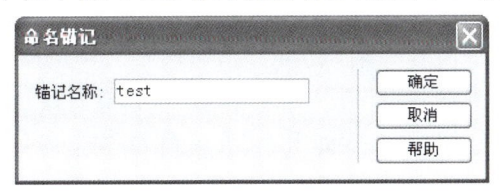

图 3-54 "命名锚记"对话框

(4)选择文本"太子河",然后在"属性"面板的"链接"中输入♯test。

(5)按【F12】键查看链接效果,如图 3-55 所示。

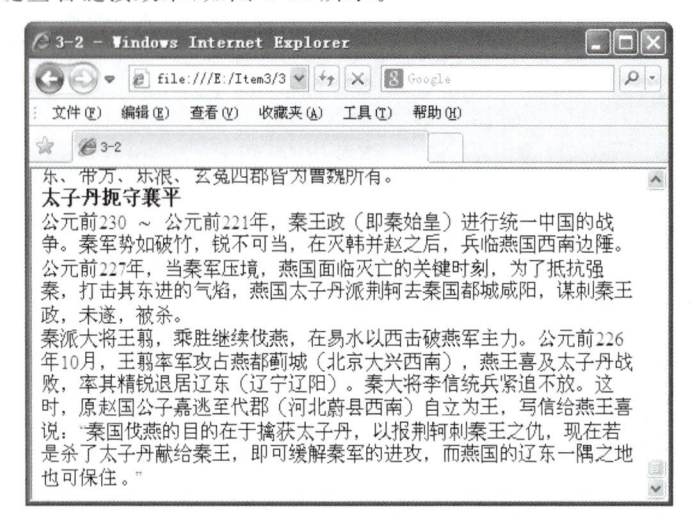

图 3-55 建立锚记效果

2. 创建电子邮件链接

在图 3-37 所示的网页中,版权区有一个电子邮件,一般要求单击这行文字就可以发送电子邮件,而电子邮件的链接制作方法与一般超链接的方法类似,区别在于要使用"mailto",创建电子邮件链接的操作步骤如下:

(1)选中电子邮件文本 liyingjun999@163.com。

(2)在"属性"面板的"链接"中输入 mailto:liyingjun999@163.com 即可。

(3)按【F12】键查看效果。

> 注意:在冒号和电子邮件地址之间不能输入任何空格。

知识点 3-3 Dreamweaver 表格与网页布局

表格除了显示数据外,在网页中通常用它来布局版面,本项目中的风光旅游网站就是使用表格来达到布局的效果。利用表格对网页进行布局主要有如下几点好处:

①让网页整体显示清晰,有层次。

②便于对网页布局进行修改。

③方便管理网页内容。

对网页布局,重要的是如何对网页内容进行分割,有效的分割网页内容是使用表格布局的基础,它可以影响到网页内容的修改及今后布局的变化。一般情况下,网页基本上分为上、中、下、左、右,可以使用 3 行 2 列的表格进行一个大致的布局,然后在每一行针对其内容再嵌入相应表格进行内容的输入。具体操作步骤如下:

(1)新建一个 HTML 网页,单击"常用"工具栏上的【表格】按钮,打开"表格"对话框,设置"行数"为 3,"列"为 2,"表格宽度"为 600 像素,"边框粗细"为 0 像素,"单元格边距"为 0,"单元格间距"为 0,如图 3-56 所示。

(2)按下鼠标左键拖动表格中间的边框,调整表格两列为合适的大小。选中最后一行,单击鼠标右键,在弹出的快捷菜单中执行"表格"→"合并单元格"命令。最后选中表格,在"属性"面板中设置对齐为"居中对齐"。设置后如图 3-57 所示。

(3)在第 1 行第 1 列使用"鼠标经过图像"插入地球仪图像。

(4)在第 1 行第 2 列输入"中国地图信息"并设置文字属性:字体为华文琥珀,大小为 24;在"属性"面板中设置单元格属性:水平属性设置为"居中对齐",垂直属性设置为"居中"。如图 3-58 所示。

图 3-56　使用"表格"对话框创建 3×2 表格

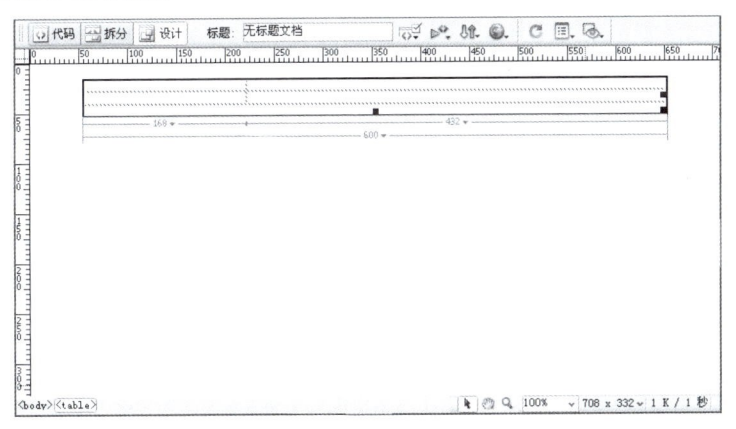

图 3-57　对表格单元格进行设置

图 3-58　使用表格进行布局设置第 1 行

(5)选中第 2 行第 1 列,设置单元格属性水平为"居中对齐",垂直为"顶端"。在第 2 行第 1 列中插入 13 行 1 列的嵌套表格,设置表格宽度为 100%,所有单元格的水平属性设置为"居中对齐",然后输入导航文字。如图 3-59 所示。

(6)在第 3 行中插入 3 行 1 列的嵌套表格,设置表格宽度为 100%,所有单元格的水平属性设置为"居中对齐",并输入文字。如图 3-59 所示。

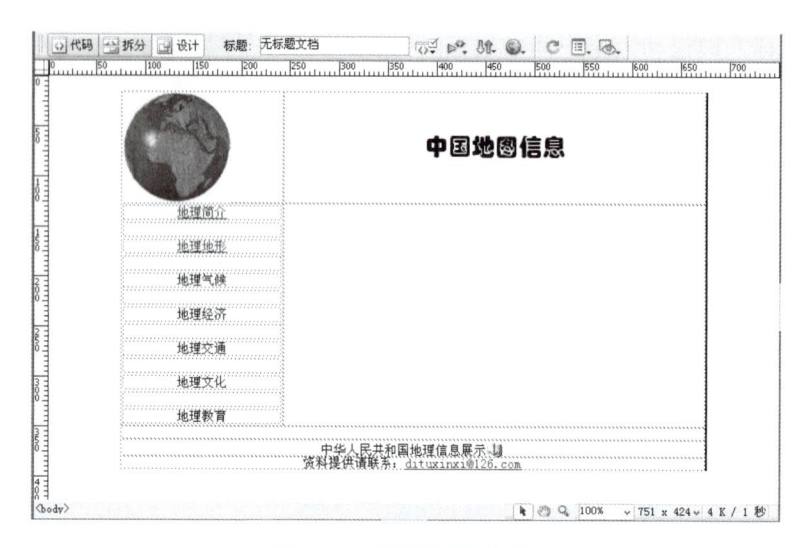

图 3-59 使用表格进行布局

（7）在主表格的第 2 行第 2 列中插入图像，即可达到布局效果。

知识点 3-4　Fireworks 文字特效

1. "样式"面板的使用

在 Fireworks 中通过创建样式，可以保存并重新应用一组预定义的填充、笔触、滤镜和文本属性。将样式应用于对象后，该对象即具备了该样式的特性。Fireworks 提供了许多预定义的样式，可以添加、更改和删除样式，还可将样式导出以便与其他 Fireworks 用户共享，或者从其他 Fireworks 文档导入样式。

Fireworks文字特效

执行"窗口"→"样式"命令，打开"样式"面板，从下拉列表中选择一种样式，如"镶边样式"，如图 3-60 所示。"样式"面板可以用于创建、保存样式以及将样式应用于对象或文本。

创建新样式的操作步骤如下：

（1）创建或选择具有所需填充、笔触、滤镜或文本属性的矢量对象或文本。

（2）单击【新建样式】按钮可基于所选对象的属性创建新的样式。

可以将属性保存在样式中，如图 3-61 所示，包括：填充类型、填充颜色、笔触类型、笔触颜色、效果、文本属性等。

图 3-60　"样式"面板　　　　　　　图 3-61　"新建样式"对话框

项目 3 风光旅游网站制作　129

(3)命名该样式,然后单击【确定】按钮,新样式将显示在"样式"面板中。

另外,单击【删除样式】按钮可以删除"样式"面板上选中的样式。

导入样式的操作步骤如下:

(1)从"样式"面板的"选项"菜单中选择"导入样式"命令。

(2)选择要导入的样式文档,该样式文档中的所有样式即被导入并直接放在"样式"面板中所选样式之后。

2. 用"样式"面板制作文字特效

在制作文字特效前一般要输入文本,输入文本的操作步骤如下:

(1)单击"工具"面板上的"文本"工具 T 。

(2)在画布上需要添加文字的位置单击一下,就会出现一个文字插入框,可输入文本,如输入"祝您平安"。若要输入分段符,可按【Enter】键。

(3)需要编辑文字时,可使用"指针"工具或"部分选定"工具单击文本块,从而将其全部选中;或者选择"文本"工具 T ,然后在文本框内拖动鼠标选中文本,然后在"属性"面板中进行设置,如图 3-62 所示。

图 3-62　文本的属性设置

"属性"面板中可以设置字体、大小、颜色、粗体、斜体、下划线等,还可以设置文字笔触和滤镜效果。

(4)要移动文本块,可使用"指针"工具将文本块拖到新位置。

3. 利用滤镜制作文字特效

除利用样式制作文字特效外,还可以利用滤镜制作文字特效。

【实例 3-3】　制作"天逸旅游网"文字特效。

操作步骤如下:

(1)新建 Fireworks 文档,宽为 400 像素,高为 300 像素,分辨率为 72 像素/英寸,画布颜色为白色。

(2)单击"工具"面板上的"文本"工具 T 。

(3)在画布上需要添加文字的位置单击一下,就会出现一个文字插入框,此时输入文字"天逸旅游网"。选中"天逸",设置字体为方正姚体,大小为 50,颜色为红色。再选中"旅游网",设置字体为方正姚体,大小为 40,颜色为红色。如图 3-63 所示。

(4)在"属性"面板中,单击【滤镜】按钮,选择"斜角和浮雕"中的"凸起浮雕"效果,如图 3-64 所示。设置相关参数,如图 3-65 所示。

图 3-63　未加滤镜前的文字效果　　　　图 3-64　选择"凸起浮雕"

(5) 执行"修改"→"画布"→"修剪画布"命令，文字特效制作完成后如图 3-70 所示。
(6) 保存文件为 3-4.png，导出文件为 3-4.jpg。

图 3-65　设置凸起浮雕参数　　　　　图 3-66　添加了凸起浮雕后的文字特效

知识点 3-5　Fireworks 图像处理

在 Fireworks 中，可以在单个应用程序中创建和编辑位图和矢量图形，并且所有元素都可以随时被编辑。

矢量图形使用称为"矢量"的线条和曲线（包含颜色和位置信息）呈现图像。编辑矢量图形时，修改的是描述其形状的线条和曲线的属性。矢量图形与分辨率无关，这意味着除了可以在分辨率不同的输出设备上显示它以外，还可以对其进行移动、调整大小、更改形状或颜色等操作，而不会改变其外观品质。

位图由排列成网格的称为"像素"的点组成。编辑位图时，修改的是像素，而不是线条和曲线的属性。位图与分辨率有关，在一个分辨率比图像自身分辨率低的输出设备上显示位图会降低图像品质。

1. 基本图像绘制

Fireworks 有许多矢量对象绘制工具。使用这些工具可以通过逐点绘制来绘制基本形状、自由变形路径和复杂形状。

绘制直线、矩形或椭圆的操作步骤如下：

(1) 从"工具"面板中选择"直线"工具、"矩形"工具或"椭圆"工具。
(2) 如果需要，在"属性"面板中设置笔触和填充属性。
(3) 在画布上拖动以绘制形状：

对于"直线"工具，按住【Shift】键并拖动鼠标可限制只能按 45°的倾角增量来绘制直线。
对于"矩形"或"椭圆"工具，按住【Shift】键并拖动鼠标可将形状限制为正方形或圆形。
若要从特定中心点绘制直线、矩形或椭圆，可将指针放在预期的中心点，然后按【Alt】键并拖动鼠标绘制图形。
若要既限制形状又要从中心点绘制，可将指针放在预期的中心点，按快捷键【Shift】+【Alt】并拖动鼠标绘制图形。
若要调整所选直线、矩形或椭圆的大小，可执行下列操作之一：

① 在"属性"面板或"信息"面板中输入新的宽度（W）或高度（H）值。
② 在"工具"面板的"选择"部分选择"缩放"工具，并拖动变形手柄，等比例调整对象的大小。
③ 拖动矩形的一个角点。

【实例 3-4】　绘制五角星。

操作步骤如下：

(1) 执行"文件"→"新建"命令，在弹出的"新建文档"对话框中，宽度和高度均设置为 200 像素，画布颜色为白色，单击【确定】按钮。
(2) 在"工具"面板上，按住"矩形"工具按钮，弹出如图 3-77 所示的一列工具按钮，选择"多边形"工具。
(3) 按图 3-68 所示设置"属性"面板中的属性，将填充颜色设为绿色，形状设为"星形"，边设为"5",角度设为"63"等。

(4)在画布上按住鼠标并拖动,即可绘制星形。

(5)执行"编辑"→"克隆"命令,克隆一个星形。

(6)执行"修改"→"变形"→"数值变形"命令,弹出"数值变形"对话框,将宽度、高度均设为50%。

(7)在"属性"面板中,将填充颜色修改为白色,效果如图 3-69 所示。

(8)执行"滤镜"→"模糊"→"高斯模糊"命令,在弹出的"高斯模糊"对话框中单击【确定】按钮,即完成如图 3-70 所示效果。

图 3-67　工具按钮

图 3-69　两个星形　　　图 3-70　星形完成效果

图 3-68　"多边形"工具的属性

2. 编辑位图图像

(1)使用"铅笔"工具和"刷子"工具

使用"铅笔"工具绘制单像素任意直线或受约束的直线,所用方法与使用真正的铅笔绘制硬边直线非常相似。

用"铅笔"工具绘制对象的操作步骤如下:

①选择"铅笔"工具。

②在"属性"面板中设置工具选项:

- 消除锯齿:对绘制直线的边缘进行平滑处理。
- 自动擦除:当"铅笔"工具在笔触颜色上单击时使用填充颜色。
- 保持透明度:将"铅笔"工具限制为只能在现有像素中绘制,而不能在图形的透明区域中绘制。

③拖动以进行绘制。按住【Shift】键并拖动鼠标可以将路径限制为水平、竖直或倾斜。

用"刷子"工具绘制对象的操作步骤如下:

①选择"刷子"工具。

②在"属性"面板中设置笔触属性。

③拖动以进行绘制。

若要将像素的颜色更改为"填充颜色"框中的颜色,则操作步骤如下:

①选择"油漆桶"工具。

②在"填充颜色"框中选择一种颜色。

③在"属性"面板中设置容差。

> 注意：容差决定了填充的像素在颜色上必须达到的相似程度。低容差用与所单击的像素相似的颜色填充像素。高容差用范围更广的颜色填充像素。

④单击图像，容差范围内的所有像素都变成填充颜色。

若要在像素选区中应用渐变填充，则操作步骤如下：

①选择应用渐变的区域。

②选择"渐变"工具。

③在"属性"面板中设置填充属性。

④拖动或单击像素选区以应用填充。

(2) 选择位图区域

"工具"面板的"位图"部分包含位图选择和编辑工具。若要编辑文档中的位图像素，可以从"位图"部分中选择工具。

可以在整个画布上编辑像素，也可以从以下选择工具中选择一种，以将编辑范围限制在图像的特定区域内：

①"选取框"工具，在图像中选择一个矩形像素区域。

②"椭圆选取框"工具，在图像中选择一个椭圆形像素区域。

③"套索"工具，在图像中选择一个自由变形像素区域。

④"多边形套索"工具，在图像中选择一个直边的自由变形像素区域，方法是在要选择的像素区域周围重复单击。

⑤"魔术棒"工具，在图像中选择一个像素颜色相似的区域，通过在"属性"面板中调整"魔术棒"的"容差"和"边缘"选项，可以控制"魔术棒"选择像素的方式。

用像素选择工具绘制定义所选像素区域的选区选取框。绘制了选区选取框后，可以移动选区、向选区添加内容或在其上绘制另一个选区。可以编辑选区内的像素、为像素应用滤镜或者擦除像素而不影响选区外的像素。也可以创建一个可以编辑、移动、剪切或复制的浮动像素选区。

> 注意：按【Esc】键可以取消选区。

图 3-71 是"属性"面板上"选取框"工具的属性。

图 3-71 "选取框"工具的属性

当选择"选取框"工具或"椭圆选取框"工具时，"属性"面板显示以下三种"样式"选项：

- 正常，可以创建一个高度和宽度互不相关的选取框。
- 固定比例，将高度和宽度约束为已定义的比例。
- 固定大小，将高度和宽度设置为已定义的尺寸。

"属性"，面板还会显示这些工具的以下三种"边缘"选项：

- 实边，创建具有已定义边缘的选取框。

- 消除锯齿,防止选取框中出现锯齿边缘。
- 羽化,可以柔化像素选区的边缘。

(3)裁剪

使用"裁剪"工具 或执行"编辑"→"裁剪所选位图"命令都可以裁剪位图。操作步骤如下:

①选择"工具"面板上的"裁剪"工具。
②拖动鼠标将要保留的区域框住。
③裁剪手柄出现在整个所选位图的周围。调整裁剪手柄,直到定界框围在位图中要保留的区域周围。若要取消裁剪选择,可按【Esc】键。
④在定界框内双击或按【Enter】键以裁剪选区。所选位图中位于定界框以外的每个像素都被删除,而文档中的其他对象保持不变。

(4)擦除

可以用"橡皮擦"工具 删除像素。若要擦除所选位图对象或像素选区中的像素,则操作步骤如下:

①选择"橡皮擦"工具。
②在"属性"面板中选择圆形或方形的橡皮擦形状。
③拖动"属性"面板中的"边缘"滑块来设置橡皮擦边缘的柔和度。
④拖动"属性"面板中的"大小"滑块来设置橡皮擦的大小。
⑤拖动"属性"面板中的"橡皮擦不透明度"滑块来设置橡皮擦的不透明度。
⑥在要擦除的像素上拖动"橡皮擦"工具。

(5)克隆

"橡皮图章"工具 可以克隆位图的部分区域,将其压印到图像中的其他区域,克隆的操作步骤如下:

①选择"橡皮图章"工具。
②单击某一区域将其指定为源(即要克隆的区域)。
③此时,取样指针即会变成十字形指针。

> **注意**:要指定另一个要克隆的像素区域,可以按住【Alt】键并单击另一个像素区域,将其指定为源。

④将鼠标移到位图的其他部分并拖动指针。这时可以看到两个指针:第一个指针为克隆源,为十字形指针;根据已选择的刷子首选参数,第二个指针可以是十字形或蓝色圆圈形状。拖动第二个指针时,第一个指针下的像素会复制并应用于第二个指针下的区域。

选择"橡皮图章"工具后,"属性"面板中的属性有:

- 大小,确定图章的大小。
- 边缘,确定笔触的柔和度(100% 为硬,0% 为软)。
- 按源对齐,影响取样操作。当选择"按源对齐"后,取样指针垂直和水平移动以与第二个指针对齐。当取消选择"按源对齐"后,不管将第二个指针移到哪儿和在哪里单击它,取样区域都是固定的。
- 使用整个文档,从所有层上的所有对象中取样。当取消选择此项后,"橡皮图章"工具只从活动对象中取样。
- 不透明度,确定透过笔触可以看到多少背景。
- 混合模式,影响克隆图像对背景的影响。

克隆后的效果如图 3-72 所示。

【实例 3-5】 位图的编辑。

操作步骤如下：

①执行"文件"→"打开"命令，打开 car.jpg 文件。

②选择"工具"面板上的"魔术棒"工具，在图像空白处单击一下，即选中空白区域，如图 3-73 所示。

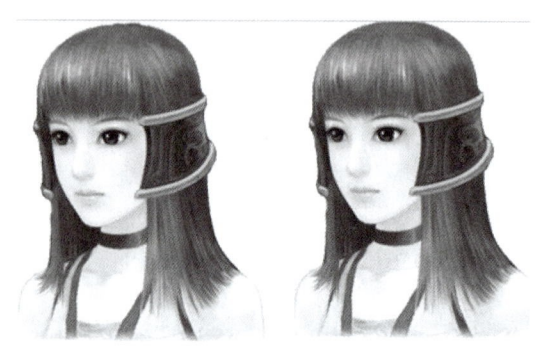

图 3-72 克隆后的效果　　　　　　　　　　图 3-73 选中空白区域

③选择"工具"面板上的"渐变"工具。

④在"属性"面板上选择"线性"渐变，按下【填充颜色】按钮向下的箭头，设置渐变色，单击左边的颜色样本设为黄色，中间的颜色样本设为绿色，右边的颜色样本设为白色。如图 3-74 所示。

⑤再将"属性"面板上的纹理设置为"钢琴键"，如图 3-75 所示。

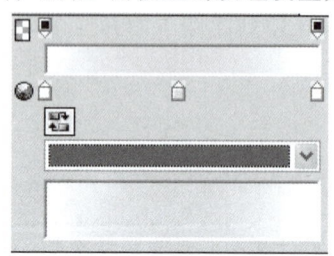

图 3-74 渐变工具的填充颜色　　　　　　　图 3-75 "渐变"工具的属性

⑥在选中的空白区域内单击，即将渐变色运用到选区中。

⑦选择"工具"面板上的"裁剪"工具。在图像中框出一块区域，宽 500，高 300。

⑧将框调整到适当位置后，双击该区域，即完成裁剪。最后效果如图 3-80 所示。

3. 图像的模糊、锐化和羽化

(1)"模糊"工具和"锐化"工具

"模糊"工具和"锐化"工具可以影响像素的焦点。"模糊"工具通过有选择地模糊元素的焦点来强化或弱化图像的局部区域，其方式与摄影师控制景深的方式相似。"锐化"工具对于修复扫描问题或聚焦不准的照片很有用。

若要模糊或锐化图像，则操作步骤如下：

①选择"模糊"工具或"锐化"工具。

②在"属性"面板中设置选项：

- 大小，设置刷子笔尖的大小。
- 边缘，设置刷子笔尖的柔和度。

图3-76 最后效果

- 形状,设置圆形或方形刷子笔尖形状。
- 强度,设置模糊或锐化量。

③在要模糊或锐化的像素上拖动该工具。

"涂抹"工具 可以像创建图像倒影时那样将颜色逐渐混合起来。若要在图像中涂抹颜色,则操作步骤如下:

①选择"涂抹"工具。

②在"属性"面板中设置选项:

- 大小,设置刷子笔尖的大小。
- 边缘,设置指定刷子笔尖的柔和度。
- 形状,设置圆形或方形刷子笔尖形状。
- 压力,设置笔触的强度。
- 涂抹色,允许在每个笔触的开始处用指定的颜色涂抹。如果取消选择此项,该工具将使用工具指针下的颜色。
- 使用整个文档,利用所有层上所有对象的颜色数据来涂抹。当取消选择此项后,涂抹工具仅使用活动对象的颜色。

③在要涂抹的像素上拖动该工具。

(2)模糊处理

模糊处理可柔化位图图像的外观。Fireworks提供了六种模糊选项:

- 模糊,柔化所选像素的焦点。
- 进一步模糊,模糊处理效果大约是"模糊"的三倍。
- 高斯模糊,对每个像素应用加权平均模糊处理以产生朦胧效果。
- 运动模糊,产生图像正在运动的视觉效果。
- 放射状模糊,产生图像正在旋转的视觉效果。
- 缩放模糊,产生图像正在朝向观察者或远离观察者移动的视觉效果。

若要对图像进行模糊处理,则操作步骤如下:

①选择图像。

②执行下列操作之一:

- 在"属性"面板中单击【滤镜】按钮,然后从弹出菜单中执行"模糊"→"运动模糊"命令或其他模糊命令。

- 执行"滤镜"→"模糊"→"运动模糊"命令或其他模糊命令。

(3) 锐化处理

可以使用"锐化"功能校正模糊的图像。Fireworks 提供了三种锐化选项：

- 锐化，通过增大邻近像素的对比度，对模糊图像的焦点进行调整。
- 进一步锐化，将邻近像素的对比度增大到"锐化"的三倍左右。
- 钝化蒙版，通过调整像素边缘的对比度来锐化图像。该选项提供了最多的控制，因此它通常是锐化图像时的最佳选择。

若要使用锐化选项对图像进行锐化处理，则操作步骤如下：

①选择图像。

②执行下列操作之一：

- 在"属性"面板中单击【滤镜】按钮，然后从弹出菜单中执行"锐化"→"锐化"命令或其他锐化命令。
- 执行"滤镜"→"锐化"→"锐化"命令或其他锐化命令。

锐化前后的效果对比如图 3-77 所示。

(4) 羽化像素选区

羽化可使像素选区的边缘模糊，并有助于所选区域与周围像素的混合。当复制选区并将其粘贴到另一个背景中时，羽化很有用。

若要在选择像素选区时羽化像素选区的边缘，则操作步骤如下：

图 3-77 锐化前后的效果对比

①从"工具"面板中选择"位图选择"工具。

②从"属性"面板的"边缘"弹出菜单中选择"羽化"。

③拖动滑块以设置希望沿像素选区边缘模糊的像素数。

④进行选择。

【实例 3-6】 羽化实例。

操作步骤如下：

①执行"文件"→"打开"命令，打开一张图像文件。

②选择"工具"面板上的"椭圆选取框"工具，如图 3-78 所示在图像上框出一个椭圆形区域。

③执行"选择"→"羽化"命令，在弹出的对话框中设置羽化值为"10"。

④执行"选择"→"反选"命令，选择图像的其他部分。

⑤按【Delete】键将所选部分删除，效果如图 3-79 所示。

图 3-78 框选　　　　　　图 3-79 羽化后效果

4. 添加动态滤镜

Fireworks 动态滤镜是可以应用于矢量对象、位图和文本的增强效果。动态滤镜包括：斜角和浮雕、阴影和光晕、调整颜色、模糊、锐化。可以直接从"属性"面板中将动态滤镜应用于所选对象。

当编辑应用了动态滤镜的对象时，Fireworks 会自动更新动态滤镜。应用动态滤镜后，可以随时更改其选项，或者重新排列滤镜的顺序以尝试应用组合滤镜。在"属性"面板中可以打开和关闭动态滤镜或者将其删除。删除滤镜后，对象或图像会恢复原来的外观。

(1) 应用斜角边缘

在对象上应用斜角边缘可获得凸起的外观；可创建内斜角或外斜角，如图 3-80 所示。

图 3-80　普通圆角矩形、内斜角效果和外斜角效果

若要将斜角边缘应用于所选对象，则操作步骤如下：

① 在"属性"面板中单击【滤镜】按钮 ➕，然后从弹出菜单中选择斜角选项："斜角和浮雕"→"内斜角"或"斜角和浮雕"→"外斜角"。

② 在弹出窗口中编辑滤镜设置。

③ 完成后，在窗口外单击或按【Enter】键关闭窗口。

如图 3-81 所示，可以设置内、外斜角的相关参数。

(2) 应用浮雕

可以使用浮雕动态滤镜使图像、对象或文本凹入画布或从画布凸起，如图 3-82 所示。

图 3-81　设置内斜角参数　　　　图 3-82　普通文字、凸起浮雕效果和凹入浮雕效果

应用浮雕滤镜操作步骤如下：

① 在"属性"面板中单击【滤镜】按钮 ➕，然后从弹出菜单中选择浮雕选项："斜角和浮雕"→"凹入浮雕"或"斜角和浮雕"→"凸起浮雕"。

② 在弹出窗口中编辑滤镜设置。

③ 完成后，在窗口外单击或按【Enter】键关闭窗口。

(3) 应用阴影和光晕

使用 Fireworks 可以很容易地将纯色阴影、投影、内侧阴影和光晕应用于对象。可以指定阴影的角度以模拟照射在对象上的光线角度。投影、内侧阴影和光晕滤镜效果如图 3-83 所示。

应用纯色阴影的操作步骤如下：

图 3-84　投影效果、内侧阴影效果和光晕效果

①在"属性"面板中单击【滤镜】按钮 ![+]，然后从弹出菜单中选择"阴影和光晕"→"纯色阴影"。

②在弹出窗口中调整滤镜设置：
- 拖动"角度"滑块设置阴影的方向。
- 拖动"距离"滑块设置阴影与对象的距离。
- 选择"纯色"复选框，将纯色应用于阴影。
- 选择颜色框以打开颜色弹出窗口并设置阴影颜色。

③完成后，单击【确定】按钮。

应用投影或内侧阴影的操作步骤如下：

①在"属性"面板中单击【滤镜】按钮 ![+]，然后从弹出菜单中选择阴影选项："阴影和光晕"→"投影"或"阴影和光晕"→"内侧阴影"。

②在弹出窗口中编辑滤镜设置：
- 拖动"距离"滑块设置阴影与对象的距离。
- 选择颜色框以打开颜色弹出窗口并设置阴影颜色。
- 拖动"不透明度"滑块设置阴影的透明度百分比。
- 拖动"柔和化"滑块设置阴影的清晰度。
- 拖动"角度"滑块设置阴影的方向。
- 选择"去底色"隐藏对象而仅显示阴影。

③完成后，在窗口外单击或按【Enter】键关闭窗口。

知识点 3-6　Fireworks 按钮导航

1. 制作按钮

按钮是网页的导航元素。Fireworks 中，按钮是在按钮编辑器中创建的。既可从头创建新按钮，也可将现有对象转换为按钮。按钮是一种特殊类型的元件，可以将它从"文档库"面板中拖到文档中。

在"状态"面板中，按钮有四种不同的状态。每种状态表示该按钮在响应各种鼠标事件时的外观：

- "弹起"状态是按钮的默认外观或静止时的外观。
- "滑过"状态是当指针滑过按钮时该按钮的外观。此状态提醒用户单击鼠标时很可能会引发一个动作。
- "按下"状态表示单击后的按钮。按钮的凹下图像通常用于表示按钮已按下。
- "按下时滑过"状态是在用户将指针滑过处于"按下"状态的按钮时按钮的外观。

【实例 3-7】 创建一个有两种状态的简单按钮。

操作步骤如下：

(1)新建一个文档,宽为 400 像素,高为 300 像素,分辨率为 72 像素/英寸,画布颜色为白色。

(2)执行"编辑"→"插入"→"新建按钮"命令,进入按钮编辑状态,如图 3-84 所示。

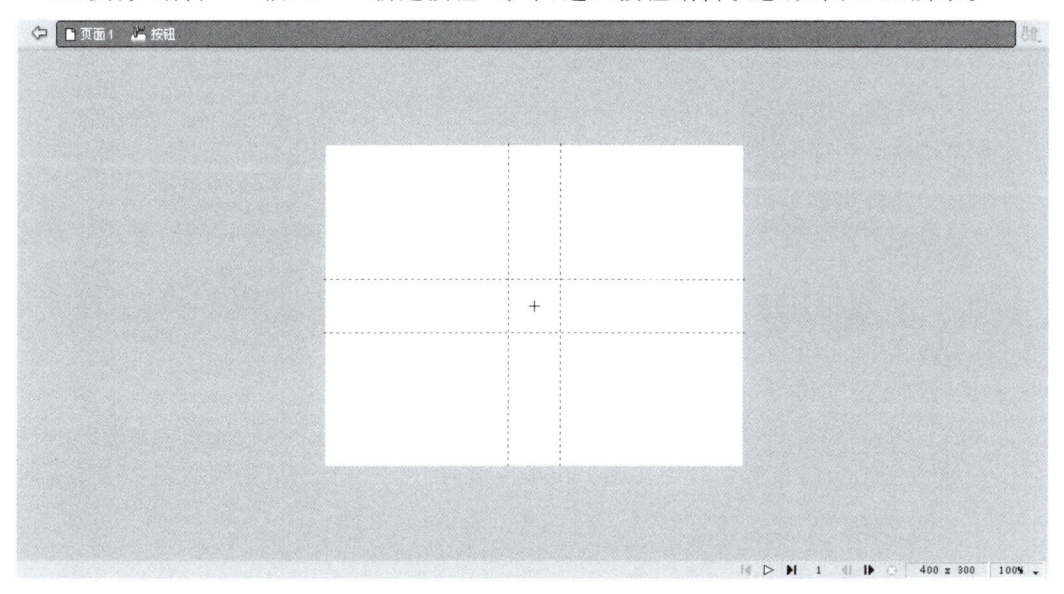

图 3-84 按钮编辑状态

同时"状态"面板会出现"弹起""滑过""按下""按下时滑过"4 个状态,如图 3-85 所示。

(3)选择"弹起"状态,使用"工具"面板上的"圆角矩形"工具,在画布中央画一个圆角矩形,填充一个从深蓝到浅蓝的渐变颜色,并在"属性"面板中给图形添加滤镜效果"阴影和光晕"→"内侧光晕",内侧光晕的颜色为深蓝色。

(4)插入文字"梦想成真",字体为方正姚体,颜色为白色,效果如图 3-86 所示。

(5)按下【Shift】键同时选中按钮及文字,执行"编辑"→"复制"命令,在"状态"面板中选择"滑过"状态,执行"编辑"→"粘贴"命令,将"弹起"状态的图像复制到"滑过"状态中。

(6)用"部分选定"工具选中圆角矩形,修改渐变色为红色到蓝色,并将内侧光晕的颜色改为红色,效果如图 3-87 所示。

图 3-85 按钮"状态"面板　　图 3-86 插入文字　　图 3-87 添加"滑过"状态按钮

(7)忽略"按下"和"按下时滑过"状态,单击"页面"选项卡,自动创建一个按钮大小的矩形切片,选择该切片,在"属性"面板中可以设置切片的链接等属性。如图 3-88 所示。

(8) 执行"修改"→"画布"→"修剪画布"命令,画布将以按钮大小进行裁剪。

(9) 执行"文件"→"导出"命令,选择文件所在文件夹,并输入文件名,如 3-9.gif。按钮制作完成,其"弹起"状态如图 3-89 所示。

图 3-88 按钮的切片状态

图 3-89 按钮"弹起"状态

2. 使用按钮制作导航栏

导航栏是指提供到网站不同区域的链接的一组按钮。它通常在整个站点保持一致,不管用户处在站点中的什么位置,都可以提供一种固定的导航方法。所有网页的导航栏外观都是一样的。

【实例 3-8】 创建基本导航栏。

操作步骤如下:

(1) 用圆角矩形创建按钮元件。

(2) 在"文档库"面板中,按住【Alt】键,同时将该按钮元件的一个实例拖到工作区中。

(3) 重复步骤(2),添加其他按钮实例。使用键盘的上、下、左、右方向键微调按钮实例的位置,使各按钮实例互相对齐。

(4) 选择每个按钮实例,然后使用"属性"面板修改该按钮实例的文本、链接等属性,如图 3-90 所示。

图 3-90 设置按钮的属性

(5) 在预览窗口中观察制作好的简单导航栏。如果觉得按钮效果不太满意,可以双击"文档库"面板中的按钮元件,重新进行编辑。效果如图 3-91 所示。

图 3-91 摆放好的按钮实例

(9) 执行"文件"→"图像预览"命令,选择 GIF 动画文件格式,单击【导出】按钮,选择文件所在文件夹,选择"HTML 和图像"文件类型并输入文件名,单击【保存】按钮。按钮导航栏制作完成。

知识点 3-7 Fireworks 基本动画制作

动画图形可以使网站呈现一种活泼生动、复杂多变的外观。在 Fireworks 中,可以创建包含活动的横幅广告、徽标和卡通形象的动画图形。

在 Fireworks 中制作动画的一种方法是通过创建元件并不停地改变其属性来产生运动的错觉。一个元件就像是一个演员,其动作均可设计。每个元件的动作都存储在一个"状态"中。当按顺序播放所有"状态"时,就成

Fireworks
基本动画制作

了动画。

一个元件的动画被分解成多个"状态","状态"中包含组成每一步动画的图像和对象。一个动画中可以有一个以上的元件,每个元件可以有不同的动作。不同的元件可以包含不同数目的"状态"。当所有元件的所有动作都完成时,动画就结束了。

【实例 3-9】 使用动画元件制作动画。

动画元件在 Fireworks 中表演的动画看起来就像演员在电影中表演。动画元件可以是创建或导入的任何对象,并且一个文件中可以有多个元件。每个元件都有它自己的属性并可独立运动。使用动画元件制作动画的操作步骤如下:

(1)执行"文件"→"新建"命令,新建一个 300×300 的文档。

(2)执行"编辑"→"插入"→"新建元件"命令,在弹出的"元件属性"对话框中输入名称"心",类型为"图形"。

(3)在编辑元件"心"的画板上,用"椭圆"工具画一个圆形,按快捷键【Ctrl】+【C】复制,再按快捷键【Ctrl】+【V】粘贴一个一样的圆重叠在一起,使用指针工具将第二个圆移到一边。如图 3-92 所示。

(4)按【Shift】键,选中两个圆。执行"修改"→"对齐"→"顶对齐"命令,使两个圆顶对齐。

(5)选中两个圆,执行"修改"→"组合路径"→"联合"命令,将两个圆的路径联合在一起。

(6)如图 3-93 所示,调整路径最下面一个点的位置。

(7)如图 3-94 所示,删除路径两侧的两个节点,最后生成的心形如图 3-92 所示。

图 3-92 两个圆 　　　图 3-93 调整 1 　　　图 3-94 调整 2 　　　图 3-95 调整 3

(8)设置填充颜色为红色,渐变效果为放射状,由白色到红色,效果如图 3-96 所示。

(9)如图 3-97 所示,调整渐变手柄。

(10)执行"修改"→"动画"→"选择动画"命令,弹出"动画"对话框,按照图 3-98 所示进行设置后,单击【确定】按钮。

(11)Fireworks 自动添加 5 个状态,如图 3-99 所示设置"状态"面板。

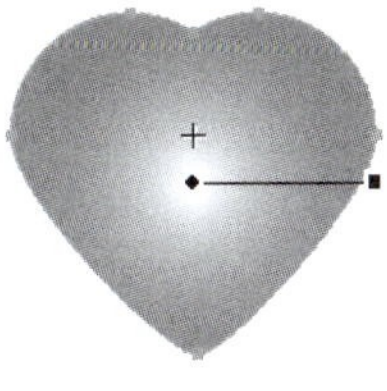

图 3-96 设置渐变色 　　　图 3-97 调整渐变手柄 　　　图 3-98 "动画"对话框 　　　图 3-99 "状态"面板 2

(12) 单击预览,选择"预览"面板下的【播放】按钮,即可观看心跳的动画效果了。

(13) 执行"文件"→"另存为"命令,输入文件名 3-12.gif,将另存为类型设置为 GIF 动画(＊.gif),单击【保存】按钮。

实训指导 3

【实训项目 3-1】 应用多表格布局法制作桂林旅游之友网站。主页预览效果如图 3-100 所示。

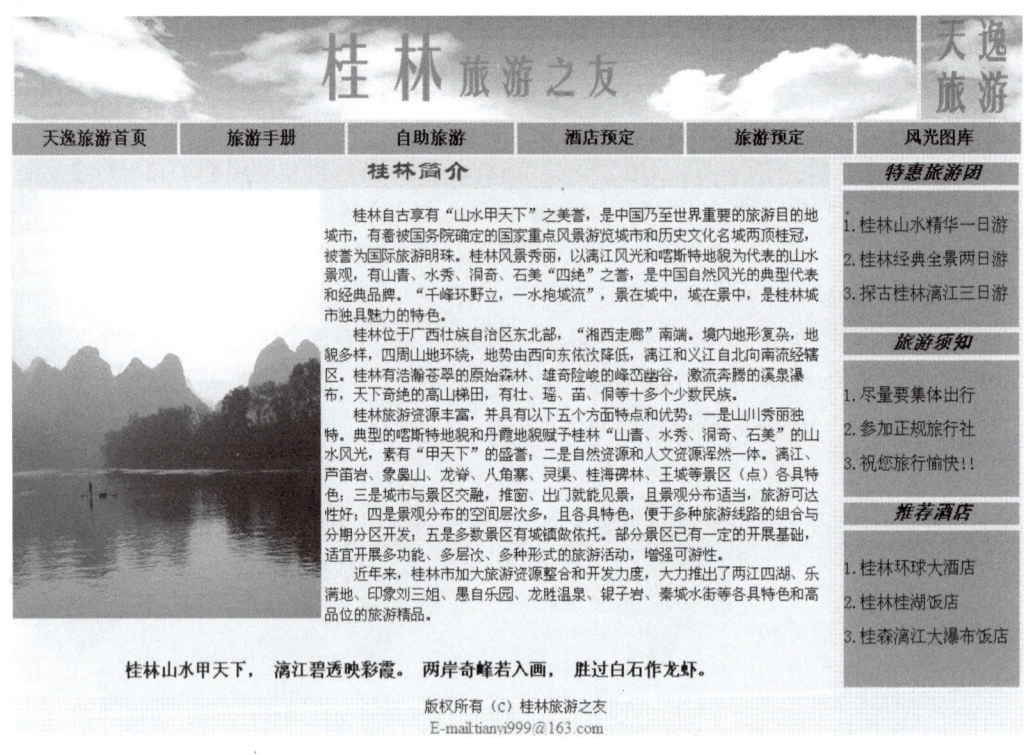

图 3-100 桂林旅游之友网站主页预览效果

操作步骤参考如下:

Step1:新建站点、站点文件夹和网页文件。

(1) 启动 Dreamweaver。

(2) 执行"站点"→"新建站点"命令,新建一个网站,根文件夹为 E:\shixun3-1,站点名称为"桂林旅游之友"。

(3) 在站点窗口中新建站点文件夹和网页文件,如图 3-102 所示。

(4) 双击打开 E:\shixun3-1\index.html 文件,执行"修改"→"页面属性"命令,将页面标题设置为"桂林旅游之友",并设置背景图像为 E:\shixun3-1\images\bg.gif。

(5) 按快捷键【Ctrl】+【S】保存网页。

Step2:制作标题区。

(1) 在主页中插入一个 1×2 的表格,宽度为 980 像素,边框为 0,单元格边距和单元格间距均为 0。

(2) 第 1 列宽度为 880 像素,高度为 100 像素;第 2 列宽度为 100 像素,高度为 100 像素。

(3)在第 1 列的单元格中插入标题图像(按本项目制作方法,用 Fireworks 制作桂林旅游之友网站的站标图像),在"属性"面板中将站标图像设置为"居中对齐"。

(4)在第 2 列的单元格中插入"天逸旅游"图像,在"属性"面板中将图像设置为"居中对齐"。

(5)按快捷键【Ctrl】+【S】保存网页。

Step3:制作导航区。

(1)将光标定位在标题区的最右侧,按快捷键【Shift】+【Enter】,将光标定位在标题区下边。

(2)插入一个 1×6 的表格,宽度为 980 像素,边框设置为 0,单元格边距设置为 0,单元格间距设置为 3。

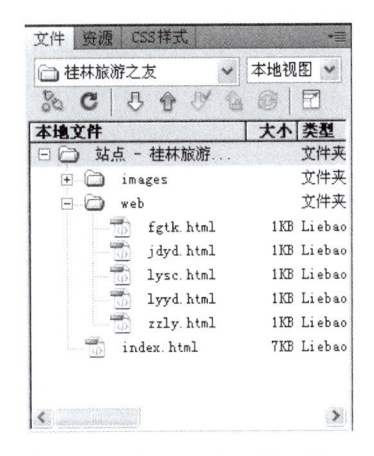

图 3-101　桂林旅游之友站点文件夹

(3)设置表格对齐方式为"居中对齐"。

(4)设置单元格属性:选中所有的单元格,在"属性"面板中将文字设置成"水平"为"居中对齐","垂直"为"居中","粗体",单元格"背景颜色"为蓝色(♯6699FF),单元格宽度为 163 像素(980/6≈163),高度为 30 像素。

(5)在不同的单元格内输入导航栏文字,用于文字超链接。

(6)按快捷键【Ctrl】+【S】保存网页。

Step4:制作正文区。

(1)插入表格进行排版

①将光标定位在导航区最右边,按快捷键【Shift】+【Enter】,将光标定位在导航区下边。

②单击"对象"面板上的"插入表格"按钮,插入一个 1×2 的表格,宽度为 980 像素,边框为 0。

③在"属性"面板中将此表格设置为"居中对齐"。

④选中所有的单元格,在"属性"面板中设置"垂直"为"顶端"。

(2)插入嵌套表格

①在左边的单元格中插入一个 3×1 的表格,宽度为"100 百分比",边框为 0,单元格边距为 3,单元格间距为 3。

②在"属性"面板中将嵌套表格的背景颜色设置为白色(♯FFFFFF)。

③在右边的单元格中插入一个 6×1 的表格,宽度为"100 百分比",边框为 0,单元格边距为 0,单元格间距为 5。

④在"属性"面板中将嵌套表格的背景颜色设置为蓝色(♯6699FF)。

(3)适当调整列宽

(4)对第 1 个嵌套表格进行操作

①在第 1 行的单元格中输入文字"桂林简介",通过 CSS 设置为隶书,24 px,颜色为蓝色(♯0000FF)。

②在"属性"面板中设置此单元格"水平"为"居中对齐",背景颜色为♯00FF33。

③将第 2 行的单元格拆分为 2 列。

④在第 2 行第 1 列单元格中插入桂林的代表图像,图像大小:宽为 300,高为 400,并设置为"居中对齐"。

⑤在第 2 行第 2 列单元格中插入介绍桂林山水的文字,通过 CSS 设置为宋体,14 px,行高为 130%。在"属性"面板中将此单元格的背景颜色设置为♯FFE1C4。

⑥ 在最后一行的单元格中输入文字"桂林山水甲天下,漓江碧透映彩霞。两岸奇峰若入画,胜过白石作龙虾。"在"属性"面板中将文字设置为"居中对齐",背景颜色为♯FFE1C4。通过 CSS 设置为宋体,18 px,加粗。

⑦按快捷键【Ctrl】+【S】保存网页。

(5)对第 2 个嵌套表格进行操作

①选中第 1、3、5 行的单元格,在"属性"面板中将此单元格的背景颜色设置为♯6699FF,水平为"居中对齐"。

②在这 3 个单元格中分别输入栏目标题,并通过 CSS 设置字体为黑体、加粗体、斜体、18 px。

③在第 2、4、6 行的单元格中分别输入栏目的介绍性文字,并通过 CSS 设置字体为宋体、16 px、行高为 200%。

④按快捷键【Ctrl】+【S】保存网页。

Step5:设置版权区。

(1)将光标定位在正文区最右边,按快捷键【Shift】+【Enter】,将光标定位在正文区下边。

(2)单击"对象"面板上的"插入表格"按钮,插入一个 2×1 的表格,宽度为"100 百分比",边框为 0。

(3)在"属性"面板中将此表格设置为"居中对齐"。

(4)选中所有的单元格,在"属性"面板中设置"水平"为"居中对齐"。

(5)在第 1 行的单元格中输入"版权所有(C)桂林旅游之友",在"属性"面板中将其设置为宋体、粗体。

(6)在第 2 行的单元格中输入 E-mail:tianyi999@163.com,在"属性"面板中将其链接设置为 mailto:tianyi999@163.com。

(7)按快捷键【Ctrl】+【S】保存网页。

按【F12】键预览网页,网页效果如图 3-99 所示。

【实训项目 3-2】 按风光旅游网站的制作过程及所提供的素材,制作相关旅游网站。

综合练习 3

1. 选择题

(1)对于在 Fireworks 中的矢量图形和位图,如果执行放大的操作,则( )。

A. 矢量图形和位图放大后质量都没有变化

B. 矢量图形放大后质量没有变化,位图放大后出现马赛克

C. 矢量图形放大后出现马赛克,位图放大后质量没有变化

D. 矢量图形和位图放大后都出现马赛克

(2)"橡皮图章"工具的作用是( )。

A. 复制和粘贴图像

B. 克隆位图的部分区域,以便可以将其压印到图像中的其他区域
C. 填充图像
D. 选取图像的一部分

(3) Fireworks 提供了一套新的图像修饰工具,包括(　　)。
A. 模糊和锐化　　B. 橡皮图章　　C. 减淡和加深　　D. 涂抹

(4) 在 Fireworks 中,下面关于调整切片对象形状的说法,正确的是(　　)。
A. 对于矩形切片对象来说,用鼠标拖动切片对象上的控制点,即可调整切片对象的形状
B. 对于多边形切片对象来说,拖动切片对象上的控制点,可以任意改变切片对象的形状和大小
C. 切片对象的形状已不能再进行后期调整
D. 切片对象的大小已不能再进行后期调整

2. 填空题

(1) 将各个所选对象组合起来,然后将它们作为单个对象处理,要执行的菜单命令是_____。

(2) 克隆命令的作用是_____。

(3) 要创建一个具有轮替效果的按钮,其轮替效果的设置是在_____面板中进行的。

(4) _____就是一组在单个文档中控制某范围内文本外观的格式属性。CSS(Cascading Style Sheets)译为"_____"或"级联样式表",它能让网页制作者有效地定制、改善网页。

(5) 使用 CSS 样式可以控制许多文档,可以解决许多网页_____问题。

(6) 按 CSS 样式应用形式来分,CSS 样式一般分为两类:_____和_____。

(7) 有些时候一个网页的内容太多,可能需要从网页的一个位置跳转到另一个位置,那么需要使用_____。

(8) 电子邮件的超链接制作方法与一般超链接的制作方法类似,区别在于要使用_____。

(9) 在 Fireworks 中,可以在单个应用程序中创建和编辑_____和_____两种图形,并且所有元素都可以随时被编辑。

(10) 按钮是一种特殊类型的_____,可以将它从_____面板中拖到文档中。

(11) 一个动画中可以有一个以上的元件,每个元件可以有不同的_____。不同的元件可以包含不同数目的_____。当所有元件的所有动作都完成时,动画就结束了。

3. 简答题

(1) 什么是 CSS 样式?它有什么作用?
(2) 使用 CSS 样式的方法是什么?基本原则是什么?
(3) 利用表格对网页进行布局有哪些好处?
(4) 什么是图层?
(5) 什么是蒙版?它有什么作用?

4. 操作题

利用表格布局,结合当地旅游资源实际,收集相关素材料,设计制作自己喜欢的旅游网站。要求图文并茂,动静结合,色彩自然。

项目 4 中国文学阅读网站制作

内容提要

　　本项目结合中国文学阅读网站的规划设计与制作过程，讲述了中文Dreamweaver框架，中文Fireworks元件、切片、动画制作等相关知识。

能力目标

1. 能够运用框架结构进行网站规划设计。
2. 能够运用中文Dreamweaver框架技术，中文Fireworks元件、切片、动画制作技术制作网页。

知识目标

1. 掌握中文Dreamweaver框架与模板的基本知识。
2. 掌握中文Fireworks元件、切片、动画制作等相关知识。

4.1 中国文学阅读网站制作过程

任务 4-1　设计规划中国文学阅读网站

【子任务 4-1-1】　设计规划中国文学阅读网站的布局结构

本网站主要采用框架结构进行布局,这样利于文学名著内容的展开。

网站的主题栏目即文学名著的书名,这里主要包括《红楼梦》《三国演义》《水浒传》《西游记》。

网站主页规划的结构如图 4-1 所示。

图 4-1　中国文学阅读网站规划布局图

当链接到某一本书名时,主体区变为左右框架结构,左框架是书的目录超链接,右框架是书的内容提要(图像或文本),单击某个目录,即可在右边显示相应的正文内容。如图 4-2 所示。

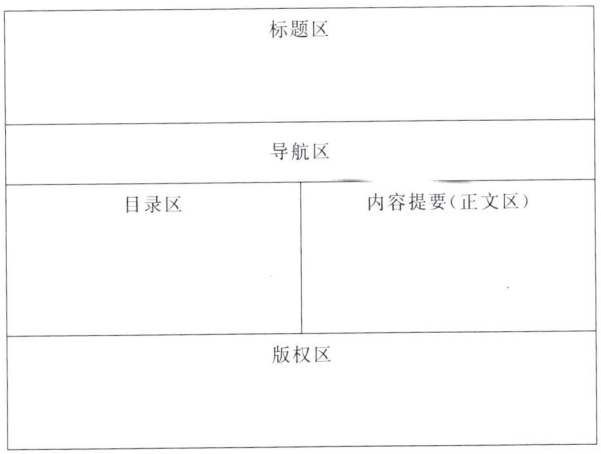

图 4-2　中国文学阅读网站链接某书目后的结构规划布局图

网页尺寸一般选择 1024×768 规格,实际尺寸为:980×＊＊＊。

【子任务 4-1-2】　收集中国文学阅读网站所需要的素材

收集的素材包括:古典名著《红楼梦》、《三国演义》、《水浒传》及《西游记》的相关图像、文本、内容提要、相关评价等。

【子任务 4-1-3】 确定中国文学阅读网站的色彩风格

中国文学阅读网站属中国古典文化范畴，色彩以金黄色为主色调。

> ※特别提示　**本任务相关知识请参阅：**
> 知识点 1-2　网站设计与制作流程

任务 4-2　创建中国文学阅读网站站点

【子任务 4-2-1】　设置本地站点文件夹

操作步骤如下：

(1) 在桌面双击"我的电脑"图标。

(2) 在"我的电脑"窗口中双击打开用于存储站点的硬盘驱动器（如 E 盘）。

(3) 执行"文件"→"新建"→"文件夹"命令，在硬盘中建立一个新文件夹。

(4) 在新文件夹上单击鼠标右键，选择"重命名"命令，在英文输入法状态下输入站点名称，如 Reading，然后在空白处单击确定，如图 4-3 所示。

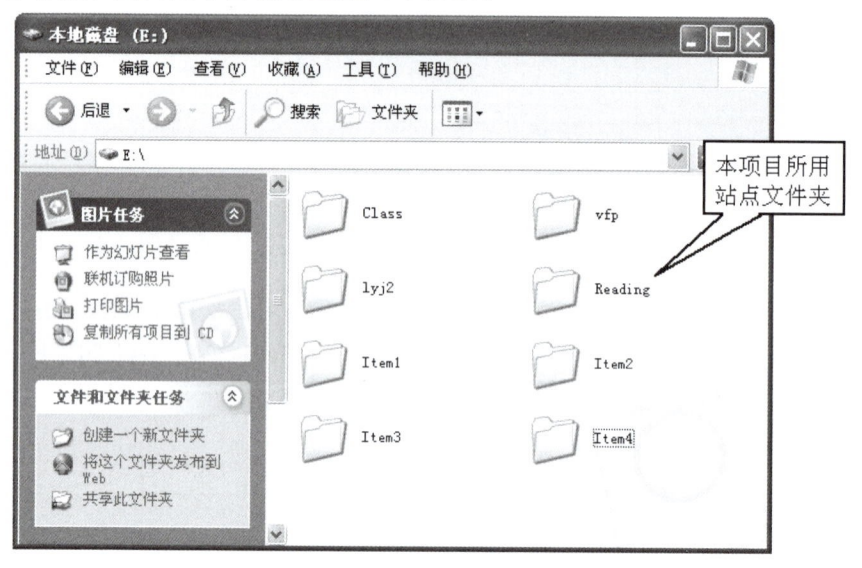

图 4-3　建立并重命名站点文件夹

【子任务 4-2-2】　建立一个名称为"阅读"的站点

操作步骤如下：

(1) 启动 Dreamweaver。

(2) 执行"站点"→"新建站点"命令，弹出"站点设置对象"对话框。

(3) 选择"站点"选项，在"站点名称"文本框中输入"阅读"，在"本地站点文件夹"中输入 E:\Reading（或单击【浏览文件】按钮，选择 E:\Reading）作为本地根文件夹。

(4) 单击【保存】按钮，完成"班级"站点创建。

【子任务 4-2-3】　在"阅读"站点中建立站点子文件夹

在建立网站子文件夹之前要明确要建立哪些子文件夹及子文件夹名称，这里为每本书建立一个子文件夹,即子文件夹 honglou(用于存放《红楼梦》)、sanguo(用于存放《三国演义》)、shuihu(用于存放《水浒传》)、xiyou(用于存放《西游记》)。另外,再建一个图像文件夹 images,一个音乐文件夹 music。

操作步骤如下:

(1)在"文件"面板中选择"站点—阅读(E:\Reading)"文件夹,单击鼠标右键,在弹出的快捷菜单中选择"新建文件夹"命令,建立一个 untitled 文件夹。

(2)单击 untitled 文件夹的名称部分,输入 images,将文件夹改名为 images,此文件夹用于存放图像文件。

(3)参照步骤(1)和(2),依次建立子文件夹 honglou、sanguo、shuihu、xiyou、music,如图 4-4 所示。

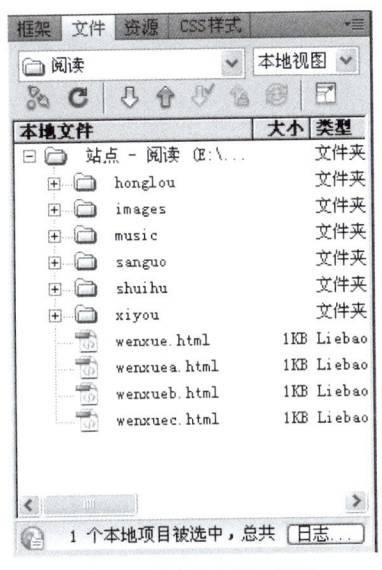

图 4-4 建立站点子文件夹

> ※特别提示 **本任务相关知识请参阅:**
> 知识点 1-3 初步认识 Dreamweaver

任务 4-3 制作中国文学阅读网站各章回网页

各章回网页是普通网页,每个章回做成一页,可以应用模板制作,不需要做过多修饰,只要段落清楚即可。

文件按章回编号,按书名分别存放在相应的子文件夹下,例如 hong001、hong002、hong003、hong004、hong005 存放在 honglou 子文件夹下;sanguo001、sanguo002、sanguo003、sanguo004、sanguo005 存放在 sanguo 子文件夹下;shuihu001、shuihu002、shuihu003、shuihu004、shuihu005 存放在 shuihu 子文件夹下;xiyou001、xiyou002、xiyou003、xiyou004、xiyou005 存放在 xiyou 子文件夹下。

> ※特别提示 **本任务相关知识请参阅:**
> 知识点 1-4 Dreamweaver 文本编辑与格式化

任务 4-4　制作《三国演义》阅读网页

这里每本书的阅读网页都采用左右框架结构，左框架为目录，右框架为书的简介或图像。《三国演义》阅读网页如图 4-5 所示。

图 4-5　《三国演义》阅读网页

单击第一回目录时，右框架内容将变成该回的具体内容。

操作步骤如下：

（1）新建一个空白页。执行"文件"→"新建"命令，在弹出的"新建文档"对话框中选择"空白页"，页面类型为"HTML"，单击【创建】按钮，创建一个名为 untitled-1 的空白页。在创建框架时，untitled-1 将作为框架主体部分的默认文件名。例如，在右宽左窄的框架中，框架的主体为右框架，untitled-1 将作为右框架的默认文件名。

（2）插入框架。在"插入"面板的"布局"工具栏中单击【左侧框架】按钮，如图 4-6 所示。弹出"框架标签辅助功能属性"对话框，选择默认值，单击【确定】按钮，如图 4-7 所示，在网页中建立左右框架（左窄右宽），调整左右框架宽度比例，使左边框架适合输入书的目录。

图 4-6　"插入"面板中的"布局"工具栏 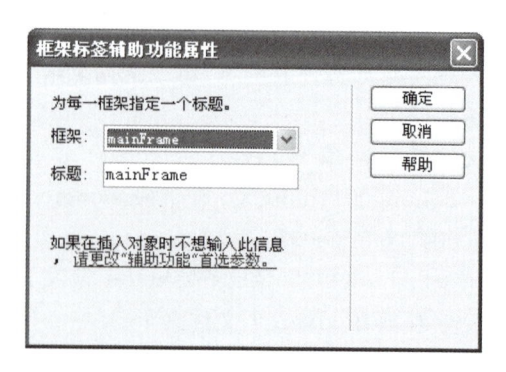　　　　图 4-7　"框架标签辅助功能属性"对话框

(3)保存框架集。执行"窗口"→"框架"命令,打开"框架"窗口。在"框架"窗口中单击框架外边框选中框架集,此时,文档窗口的文件名标签为 untitledFrameset-1 *(一般框架创建完成后编辑窗口默认为框架集编辑状态,但为保证操作的准确性,有必要做上述步骤进行确认)。执行"文件"→"框架集另存为"命令,如图 4-8 所示。在弹出的"另存为"对话框中选择保存位置为 sanguo 子文件夹,文件名为 sanguo.html,单击【保存】按钮。

(4)保存左框架。在编辑窗口中单击左框架,此时,文档窗口的文件名标签为 untitledFrame-1,执行"文件"→"保存框架"命令。在弹出的"另存为"对话框中选择保存位置为 sanguo 子文件夹,文件名为 sanguoleft.html。

图 4-8 "文件"菜单

(5)保存右框架。在编辑窗口中单击右框架,此时,文档窗口的文件名标签为 untitled-1 *,执行"文件"→"保存框架"命令。在弹出的"另存为"对话框中选择保存位置为 sanguo 子文件夹,文件名为 sanguoright.html。

(6)设置框架集属性。在"框架"窗口中单击框架外边框选中框架集,在"属性"面板中设置框架集属性为:显示边框、边框宽度为 1、边框颜色为黑色,如图 4-9 所示。

图 4-9 设置框架集属性

(7)设置左框架属性。在"框架"窗口中单击左框架,设置左框架属性为:显示边框、边框颜色为黑色、可重调大小、自动加滚动条、框架名称为 sanguoml。框架命名时注意,有相互链接的所有网页的框架最好不要重名,否则容易混乱。如图 4-10 所示。

图 4-10 设置左框架属性

(8)设置右框架属性。在"框架"窗口中单击右框架,设置右框架属性为:显示边框、边框颜色为黑色、可重调大小、自动加滚动条、框架名称为 sanguomain。如图 4-11 所示。

图 4-11 设置右框架属性

（9）编辑左框架内容。在左框架中单击鼠标，选中左框架。在左框架中输入图书目录，进行字体、字号、居中对齐、背景等相应的格式设置。设置网页标题为 sanguoml。

（10）编辑右框架内容。在右框架中单击鼠标，选中右框架。在右框架中插入《三国演义》象征性图案及内容简介。为了更灵活地安排图像与文本的位置关系，可将文本与图像放到层中。设置网页标题为 sanguomain。左、右框架内容编辑完成后，效果参见图 4-5。

（11）建立目录与内容的链接。选择某一回目录，通过"属性"面板建立链接，如第五回目录应链接 sanguo005.html。特别注意将链接的"目标"设置为 sanguomain，如图 4-12 所示。

图 4-12　链接的"目标"属性设置

（12）重新保存。在文档窗口的文件标签上单击鼠标右键，在弹出的快捷菜单中执行"保存框架"命令，可保存对编辑内容的修改。

（13）按【F12】键预览网页。

※特别提示　**本任务相关知识请参阅：**

知识点 4-1　框架及应用

任务 4-5　制作《红楼梦》阅读网页

《红楼梦》阅读网页同样采用左右框架结构，左框架为目录，右框架主页是应用元件制作的欢迎界面。框架的制作过程可参照《三国演义》阅读网页制作，这里重点介绍欢迎界面的制作过程。

操作步骤如下：

（1）启动 Fireworks 新建一个 400×300 的画布，画布颜色为♯FFCCFF、分辨率为 96 像素/英寸。

（2）单击"工具"面板中的"文本"工具，在画布的任意位置单击鼠标，进入文字编辑状态。

（3）在文字编辑状态中设置如下参数：字体为方正姚体、大小为 25、颜色为红色，其余为默认设置，输入文字"欢迎进入《红楼梦》阅读网"，单击【确定】按钮。

（4）执行"修改"→"元件"→"转换为元件"命令。

（5）将此实例拖动到文档的上边，如图 4-13 所示。

（6）按住【Alt】键，同时单击实例并拖动鼠标，完成实例的复制过程。

（7）单击"工具"面板中的"变形"工具，将复制的实例进行放大，如图 4-14 所示。

（8）按住【Shift】键，同时选中两个对象。

（9）执行"修改"→"元件"→"补间实例"命令，弹出"补间实例"对话框，如图 4-15 所示。

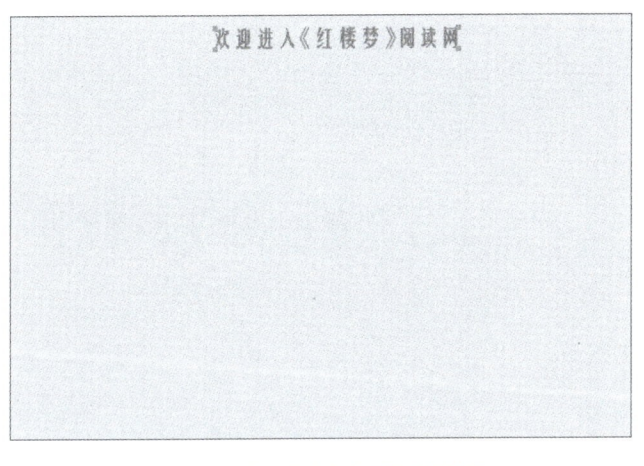

图 4-13　将文字转换为元件后的效果

图 4-14　放大文字

(10)在"步骤"文本框中输入中间插入的渐变过程的数目 20,并将"分散到状态"复选框选中,单击【确定】按钮。

(11)单击文档窗口下方的播放按钮,观察文字动画效果。

图 4-15　"补间实例"对话框 1

(12)执行"文件"→"图像预览"命令,在"图像预览"对话框中设置格式为 GIF 动画。

(13)单击【保存】按钮,在弹出的"导出"对话框中选择保存位置为 honglou 子文件夹,文件名为 honghy.gif。

(14)在 hongright.html 中插入动画文件 honghy.gif,并在下面输入文字"《红楼梦》——中国文学的巅峰之作",并通过 CSS 设置字体为华文琥珀,大小为 36,颜色为 #009966。

制作完成后的网页预览效果如图 4-16 所示。

※特别提示　**本任务相关知识请参阅:**

知识点 4-3　Fireworks 元件及应用

知识点 4-5　Fireworks 补间动画制作

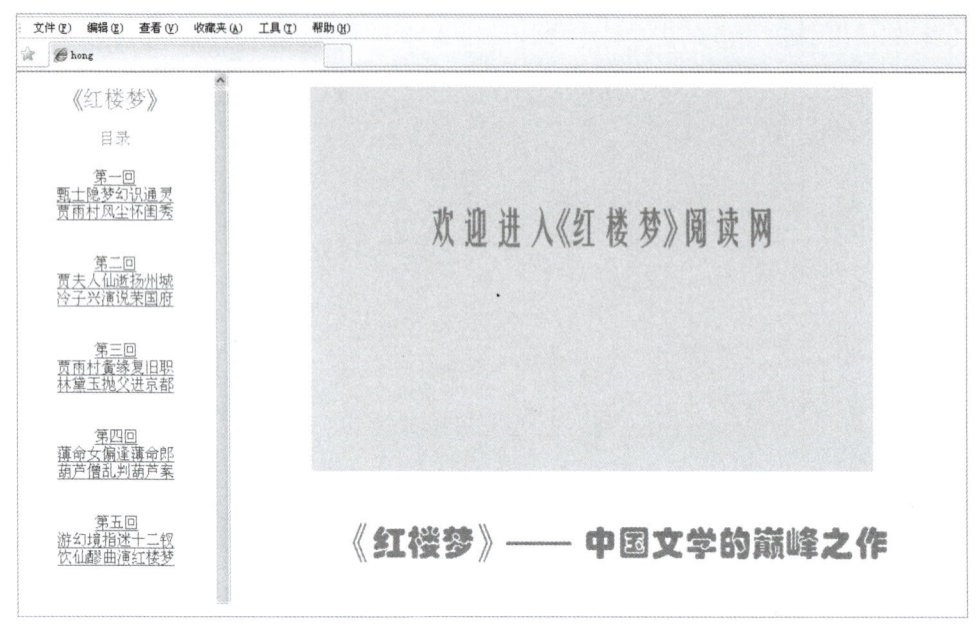

图 4-16 《红楼梦》网页预览效果

任务 4-6　制作《水浒传》阅读网页

《水浒传》阅读网页主页的制作方法与《三国演义》的相似。这里主要介绍在左框架中应用热点制作导航栏,在右框架中应用切片制作交换图像的操作过程。

【子任务 4-6-1】　在左框架中应用热点制作导航栏

操作步骤如下:

(1)启动 Fireworks 新建一个 200×400 画布,画布颜色为♯FFFFFF、分辨率为 96 像素/英寸。

(2)执行"文件"→"导入"命令,导入一张背景图像 bg.gif。设置图像大小:宽为 200,高为 400,与画布大小、位置一致。

(3)单击"工具"面板中的"文本"工具,在画布的任意位置单击鼠标,进入文字编辑状态,输入目录内容。

(4)设置"目录"文本为方正姚体、大小为 18、加粗、颜色为红色。设置各回目录为方正姚体、大小为 13、颜色为绿色。效果如图 4-17 所示。

(5)导出图像文件为 shuihudh.gif。

(6)在 Dreamweaver 中启动 shuihu.html,在 shuihuleft.html 中插入图像 shuihudh.gif。

图 4-17 《水浒传》目录效果

(7)使用矩形热区工具,在第一回目录中选择热区,并设置链接到 shuihu001.html,目标为 shuimain,替换设置为"第一回",如图 4-18 所示。同样方法设置另外四回的目录链接。

图 4-18 通过热区设置链接

【子任务 4-6-2】 在右框架中应用切片制作交换图像

操作步骤如下：

(1) 应用 Fireworks 制作两张 600×400 的水浒人物图像：shuihu001.gif 和 shuihu002.gif。

(2) 新建画布，大小为 600×400，颜色为白色。

(3) 执行"文件"→"导入"命令，导入第一张图像 shuihu001.gif，并应用切片工具将整个图像选中，如图 4-19 所示。

图 4-19 将导入图像设为切片

(4) 在切片上单击鼠标右键，在弹出的快捷菜单中选择"添加交换图像行为"命令。

(5) 在"交换图像"对话框中选择"图像文件"为 shuihu002.gif，单击【确定】按钮。按【F12】键预览图像交换效果。

(6) 执行"文件"→"导出"命令，弹出"导出"对话框，选择导出为"HTML 和图像"，切片为"导出切片"，文件名为 shuihu10.html，保存在 images 子文件夹中。如图 4-20 所示。

(7) 启动 Dreamweaver，打开 shuihu.html，在 shuihuright.html 中插入一个绘制层，大小为 600×400，调整层到合适位置。

(8) 将光标放在层中，执行"插入"→"图像对象"→"Fireworks HTML"命令，通过"预览"选择文件 shuihu10.html。

制作完成后的网页预览效果如图 4-21 所示。

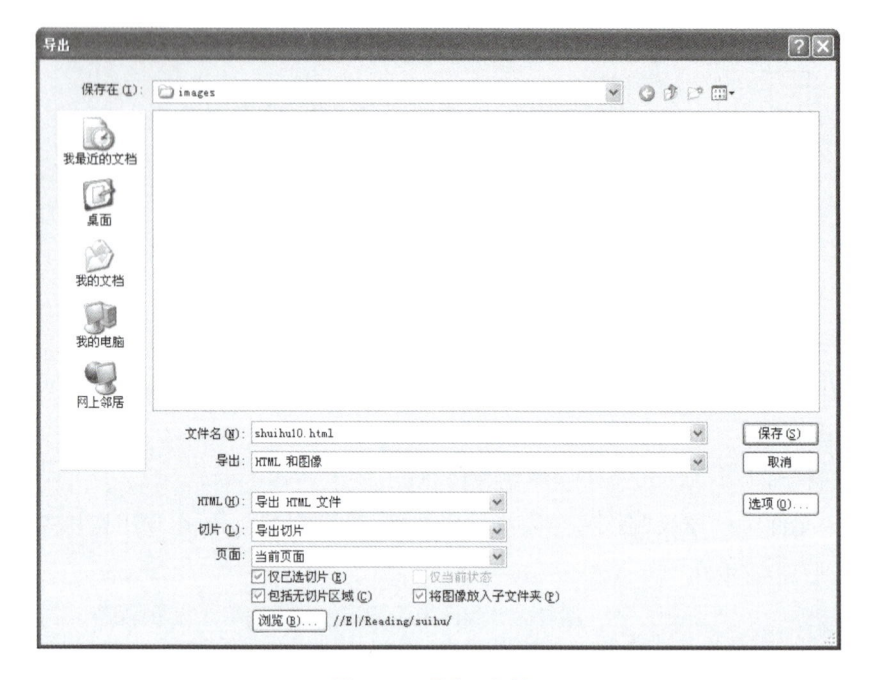

图 4-20 "导出"对话框

图 4-21 《水浒传》网页预览效果

※特别提示　本任务相关知识请参阅：
知识点 3-5　Fireworks 图像处理
知识点 4-4　Fireworks 切片及应用

任务 4-7 制作《西游记》阅读网页

根据《三国演义》《红楼梦》《水浒传》等制作方法进行操作,此处不再赘述。

任务 4-8 制作中国文学阅读网站主页

中国文学阅读网站主页采用上中下框架结构,其制作的基本方法与每本书的框架制作方法有类似之处,这里只对其制作过程作简要介绍。

操作步骤如下:

(1)新建一个空白页。执行"文件"→"新建"命令,在弹出的"新建文档"对话框中选择"空白页",页面类型为"HTML",单击【创建】按钮,创建一个名为 untitled-2 的空白页。

(2)插入框架。在"插入"面板的"布局"工具栏中单击【上方和下方框架】按钮,弹出"框架标签辅助功能属性"对话框,选择默认值,单击【确定】按钮,在网页中建立上中下结构框架。调整上下框架宽度比例,使上框架适合输入网站的标题及导航内容。

(3)保存框架集及框架。参照任务 4-4 的操作方法,将框架集文件及框架文件均保存到文件夹 Reading 中,框架集文件命名为 wenxue.html,上框架文件命名为 wenxuea.html,中框架文件命名为 wenxueb.html,下框架文件命名为 wenxuec.html。

(4)设置框架集及框架属性。参照任务 4-4 的操作方法,设置框架集属性为无边框;设置上框架不能调整大小,无滚动条,框架名称为 topFrame;设置下框架不能调整大小,无滚动条,框架名称为 bottomFrame;设置中框架自动添加滚动条,能调整大小,框架名称为 mainFrame。

(5)编辑上框架内容。在上框架中插入一个 2 行 1 列的表格。第 1 行输入"中国文学名著阅读网"并设置相应的文字格式。第 2 行输入"首页　三国演义　红楼梦　水浒传　西游记",设置单元格背景颜色为淡蓝色。

(6)编辑中框架内容。在中框架中插入一幅图像,调整大小。

(7)编辑下框架内容。在下框架中输入版权信息,作简单格式设置。

(8)建立链接。"首页"链接到 wenxueb.html,目标为 mainFrame;"三国演义"链接到 sanguo/sanguo.html,目标为 mainFrame;"红楼梦"链接到 honglou/honglou.html,目标为 mainFrame;"水浒传"链接到 shuihu/shuihu.html,目标为 mainFrame;"西游记"链接到 xiyou/xiyou.html,目标为 mainFrame。

(9)重新保存文件。

(10)按【F12】键预览网页,效果如图 4-22 所示。

图 4-22　主页预览效果

注意： 主页文件名为 wenxue.html。

※**特别提示** 本任务相关知识请参阅：
知识点 4-1　框架及应用

4.2 中国文学阅读网站制作相关知识

知识点 4-1　框架及应用

1. 框架的基本概念

框架（Frame）就是浏览器窗口的一个区域，在这个区域中可以显示一个单独的网页而不影响另一个区域中的显示内容。框架又可理解为一个能独立显示的文档。

在一个网页上可以分出多个区域，设置多个框架。把这些框架看成一个整体，就称为框架集（Frameset）。框架集定义了窗口的一种布局结构。

Dreamweaver中
框架及应用

使用框架技术不仅可以布局版面，更多的是用于需要通过目录来阅读内容的导航。使用框架最重要的好处是阅读链接内容时，可以不破坏版面的结构，不需要为每个网页重新加载与导航相关的图像，并且可以设置独立的滚动条，方便用户查看内容较长的网页。

2．创建框架集

框架集可以从一个空白文档开始建立，也可以在一个已有内容的文档基础上建立，还可以在一个框架中建立。这里主要介绍从一个空白文档开始创建框架集。

【实例 4-1】 创建一个上中下结构的框架集。

操作步骤如下：

(1)新建 HTML 网页，将光标放置在网页中。

(2)在"插入"面板的"布局"工具栏中单击【上方和下方框架】按钮▣▾的下拉箭头，然后选择一种框架，如图 4-23 所示。

(3)选择"上方和下方框架"，弹出"框架标签辅助功能属性"对话框，在对话框中为每一个框架指定标题，当然这些不是必选项，也可以不做这些设置。对话框中"框架"选项里是每一个框架的名称。

(4)单击【确定】按钮，在网页中生成框架，如图 4-24 所示。

(5)将光标定位在中框架中，然后单击"布局"工具栏中的【左侧框架】按钮▣，将中框架再分成左、右两部分。

图 4-23 选择框架

(6)还可以使用"框架"面板将中间部分拆成左侧框架。执行"窗口"→"框架"命令，打开"框架"面板，如图 4-25 所示。

(7)选中 mainFrame 框架，然后在"设计"窗口中将框架边框从"设计"窗口的边缘拖入"设计"窗口的合适位置，这样会将中框架分成左、右两部分，如图 4-26 所示。

图 4-24 网页框架效果

3．保存框架及框架集

带有框架的网页在保存时，必须保存框架集文件以及要在框架中显示的所有文件。在图 4-26 中网页分成了四个部分，那么它的文件由一个框架集文件和四个框架文件组成。

图 4-25 "框架"面板

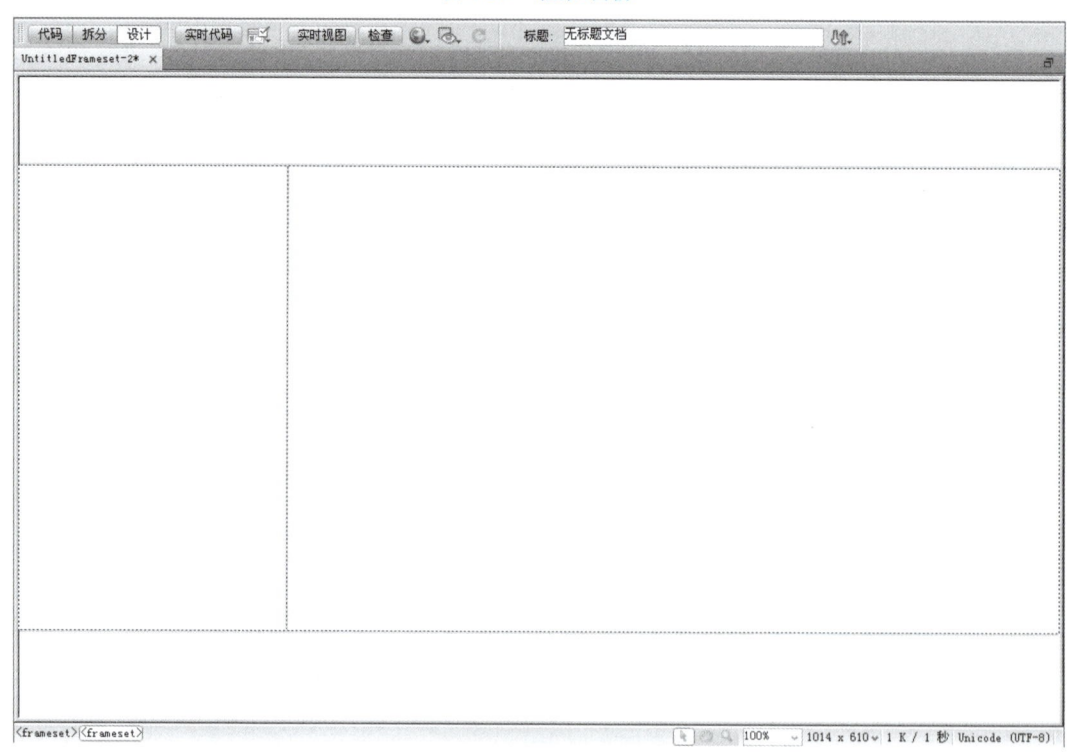

图 4-26 将中框架分成左、右两部分

【实例 4-2】 保存前例所创建的框架、框架集,框架集文件名为 Frameset-2,框架文件分别为:上框架 top.html,下框架 bottom.html,左框架 left.html,右框架 right.html。

保存框架及框架集的操作步骤如下:

(1)保存框架集。执行"窗口"→"框架"命令,打开"框架"窗口。在"框架"窗口中单击框架外边框选中框架集,此时,文档窗口的文件名标签为 untitledFrameset-2 ∗ 。执行"文件"→"框架集另存为"命令。在弹出的"另存为"对话框中选择保存位置,例如 Item4 文件夹,文件名为 Frameset-2,单击【保存】按钮。如图 4-27 所示。

图 4-27 保存框架集文件

(2)保存上框架。在编辑窗口中单击上框架,执行"文件"→"保存框架"命令,如图 4-28 所示。在弹出的"另存为"对话框中选择保存位置,例如 Item4 文件夹,文件名为 top.html。

(3)保存下框架。在编辑窗口中单击下框架,执行"文件"→"保存框架"命令,在弹出的"另存为"对话框中选择保存位置,例如 Item4 文件夹,文件名为 bottom.html。

(4)保存左框架。在编辑窗口中单击左框架,执行"文件"→"保存框架"命令,在弹出的"另存为"对话框中选择保存位置,例如 Item4 文件夹,文件名为 left.html。

(5)保存右框架。在编辑窗口中单击右框架,执行"文件"→"保存框架"命令,在弹出的"另存为"对话框中选择保存位置,例如 Item4 文件夹,文件名为 right.html。

> **注意**:保存框架集和框架还可以执行"文件"→"保存全部"命令。但有时因看不准所保存的对象会出现问题,这里不建议采用。

4. 设置框架及框架集属性

框架及框架集属性的设置可以让框架及框架集更符合网页设计的要求。要设置这些属性,选择框架或框架集是关键。下面依次看看如何选中框架及框架集来设置它们的属性。

(1)设置框架属性

要设置框架的属性,先选中框架后才能进行相应的设置。选中框架一般通过单击"框架"面板相应区域来实现。

【实例 4-3】 设置左框架属性。

操作步骤如下:

①单击"框架"面板中左框架区域选中左框架,如图 4-29 所示。

图 4-28　保存框架的菜单命令　　　图 4-29　选中左框架

②选中左框架后,"属性"面板中将出现左框架的属性,如图 4-30 所示。

图 4-30　左框架属性

③框架属性设置。
- 框架名称:显示框架的名称,如 leftFrame。
- 源文件:显示框架的内容页,如 left.html。
- 边框:设置框架的边框效果,值为"是"表示显示框架边框,值为"否"表示不显示框架边框。默认值表示不显示框架边框。
- 滚动:是否在框架中显示滚动条,值为"是"表示显示滚动条,值为"否"表示不显示滚动条,值为"自动"表示框架的滚动条会根据内容进行显示。默认为自动。
- 不能调整大小:表示框架不能在网页中改变大小。
- 边框颜色:设置框架边框的颜色。

(2) 设置框架集属性

要设置框架集的属性,先选中框架集后才能进行相应的设置。选中框架集有两种方法,一种是在"设计"窗口中选择,另一种是在"框架"面板中选择。

【实例 4-4】　设置框架集属性。

操作步骤如下:

①在"设计"窗口选择框架集。在"设计"窗口中单击框架集最外边框(也可单击两个框架之间的边线。本例有两个框架集,要注意选中的是上中下框架集,还是左右框架集),可以选中框架集。

②在"框架"面板中选择框架集。在"框架"面板中单击围绕框架集的边框即可选中,如图 4-31 所示。

③选中框架集后,"属性"面板中将出现框架集的属性,如图 4-32 所示。

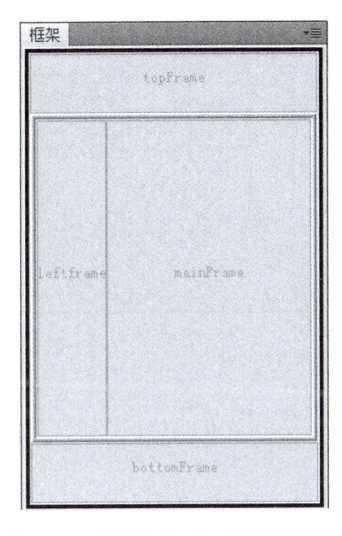

图 4-31 在"框架"面板中选择框架集　　图 4-32 框架集的属性

④框架集属性设置。
- 边框：设置框架集的边框效果，值为"是"表示显示框架集边框，值为"否"表示不显示框架集边框。默认值表示不显示框架集边框。
- 边框颜色：设置框架集边框的颜色。
- 边框宽度：设置框架集边框的宽度。

5. 使用超链接控制框架中的内容

通常使用框架的主要用途是在一个框架中通过单击链接在另一个框架中显示内容。这种通过在一个框架中单击某个链接在另一框架中显示内容的控制是由超链接来完成的，前面学习过超链接有一个"目标"选项，它决定在何处显示目标页。那么它和框架结合后，其"目标"值有了新的含义，具体如下：

_blank：在新的浏览器窗口中打开链接网页，同时保持当前窗口不变。
_parent：在框架的父框架集中打开链接网页，同时替换整个框架集。
_self：在当前框架中打开链接网页，同时将当前框架的内容替换掉。
_top：在当前浏览器窗口中打开链接网页，同时替换掉所有的框架。
框架名称：链接内容将在指定名称的框架中显示。

知识点 4-2　模板及应用

模板主要的用途在于一次更新多个网页，这样可以简化制作相同布局的网页。模板应用到网页后，与网页保持着连接状态，所以对于网页相同部分的修改，只需要修改模板页即可完成一次更新多个网页，这对于一个网站来说尤其重要。

1. 创建模板

模板的创建可以从一个新的页面开始创建，也可以基于现有的网页进行模板的创建。

【实例 4-5】 创建模板。

操作步骤如下：

(1) 打开或新建一个网页。

(2) 单击"常用"工具栏上的【模板】按钮的下拉箭头。

(3) 选择"创建模板"，弹出"另存模板"对话框。或者执行"文件"→"另存为模板"命令也会

Dreamweaver中
模板及应用

打开"另存模板"对话框,在对话框的"另存为"中输入模板的名称,如图 4-33 所示。

> 注意:如果没有建立站点,会提示要建立站点,因为模板文件是保存在站点根目录下的 Templates 文件夹中的,这个文件夹会自动创建。

图 4-33 "另存模板"对话框

(4)单击【保存】按钮,模板创建完成。

2. 创建可编辑区域

在模板中一个非常重要的元素是可编辑区域。

【实例 4-6】 创建模板可编辑区域。

操作步骤如下:

(1)将光标定位到要插入可编辑区域的位置,或选择要设置成可编辑区域的内容。

(2)单击"常用"工具栏上的【模板】按钮的下拉箭头,选择"可编辑区域"弹出"新建可编辑区域"对话框,如图 4-34 所示。

(3)在对话框中输入一个独一无二的名称,给这个插入的可编辑区域命名。

(4)单击【确定】按钮,将在网页中增加一个可编辑区域。

3. 应用模板

创建好模板后,就可将模板应用于网页中了。

【实例 4-7】 应用模板到网页中。

操作步骤如下:

(1)执行"文件"→"新建"命令,新建一个 HTML 网页。

(2)执行"修改"→"模板"→"应用模板到页"命令,弹出"选择模板"对话框,单击【选定】按钮,即可完成模板的应用。如图 4-35 所示。

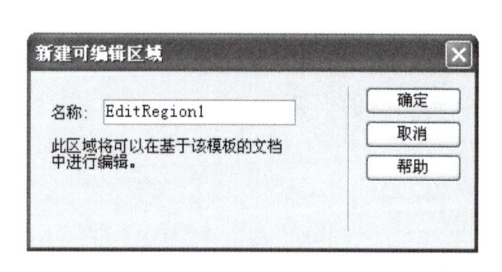

图 4-34 "新建可编辑区域"对话框

图 4-35 "选择模板"对话框

知识点 4-3 Fireworks 元件及应用

1. Fireworks 中元件的概念及创建

Fireworks 提供三种类型的元件:图形、动画和按钮。每种类型的元件都具有适合于其特定用途的独特特性。实例是 Fireworks 元件的表示形式。当对元件对象(原始对象)进行编辑时,实例(副本)会自动更改以反映对元件所做的修改。元件对于创建按钮以及通过多个状态中的对象制作动画很有帮助。

可以从任何对象、文本块或组中创建元件,然后在"文档库"面板中对其进行组织。若要在文档中放置实例,只需将其从"文档库"面板拖到画布上即可。"文档库"面板如图 4-36 所示。

【实例 4-8】 从所选对象中创建新元件。

操作步骤如下：

(1)选择对象,然后执行"修改"→"元件"→"转换为元件"命令,弹出"转换为元件"对话框,如图 4-37 所示。

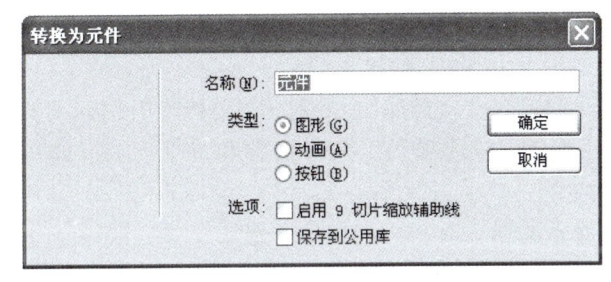

图 4-36 "文档库"面板　　图 4-37 "转换为元件"对话框

(2)在"名称"文本框中为该元件输入一个名称。

(3)选择元件类型:图形、动画或按钮,然后单击【确定】按钮。该元件随即出现在"文档库"面板中,所选对象变成该元件的一个实例,同时"属性"面板会显示元件选项。

若要放置实例,则将元件从"文档库"面板拖到当前文档中。

若要从头开始创建元件,则操作步骤如下:

(1)执行下列操作之一:

①执行"编辑"→"插入"→"新建元件"命令。

②从"文档库"面板的"选项"菜单中选择"新建元件"命令。

(2)在"转换为元件"对话框中选择元件类型:图形、动画或按钮,然后单击【确定】按钮。

(3)根据所选的元件类型,打开元件编辑器或按钮编辑器。

若要编辑元件及其所有实例,则操作步骤如下:

(1)执行下列操作之一:

①双击某个实例。

②选择某个实例,然后执行"修改"→"元件"→"编辑元件"命令。

(2)对该元件进行更改,然后关闭窗口。该元件及其所有实例都将反映所做的修改。

若要重命名元件,则操作步骤如下:

(1)在"文档库"面板中,双击元件名称。

(2)在"元件属性"对话框中更改该名称,然后单击【确定】按钮。

若要重制元件,则操作步骤如下:

(1)在"文档库"面板中选择元件。

(2)从"文档库"面板的"选项"菜单中选择"重制"命令。

若要更改元件的类型,则操作步骤如下:

(1)在"文档库"面板中双击元件名称。

(2)选择一个不同的元件类型选项。

若要在"文档库"面板中选择所有未使用的元件,则从"文档库"面板的"选项"菜单中选择"选择未用项目"命令。

若要删除元件,则操作步骤如下:

(1)在"文档库"面板中选择元件。

(2)从"文档库"面板的"选项"菜单中选择"删除"命令,该元件及其所有实例随即被删除。

2. 元件的应用

在当前文档中创建的图形、动画和按钮元件都存储在"文档库"面板中。该面板还存储导入当前文档中的元件。虽然"文档库"面板是特定于当前文档的,但是通过导入和导出、剪切和粘贴或拖放操作,可以在多个 Fireworks 文档中使用一个文档库中的元件。可以从其他库导入元件。反之,如果创建了希望重复使用或共享的元件,则可以导出自己的元件库。导出元件库时,它是作为 PNG 文件导出的。

执行"窗口"→"文档库"命令打开"文档库"面板,可以使用"文档库"面板的"选项"菜单来导入和导出元件,如图 4-38 所示。

(1) 导入元件

若要将元件从其他文件导入当前文档中,则操作步骤如下:

① 从"文档库"面板的"选项"菜单中选择"导入元件"命令。

② 导航到包含该文件的文件夹,选择该文件,然后单击【打开】按钮。

③ 选择要导入的元件,然后单击【导入】按钮,导入的元件随即出现在"文档库"面板中。

(2) 导出元件

操作步骤如下:

图 4-38 "文档库"面板上的"选项"菜单

① 从"文档库"面板的"选项"菜单中选择"导出元件"命令。

② 选择要导出的元件,然后单击【导出】按钮。

③ 导航到文件夹,为该元件文件输入一个名称,然后单击【保存】按钮。Fireworks 会将这些元件保存在单个 PNG 文件中。

知识点 4-4　Fireworks 切片及应用

1. 切片

在网页上的图像较大时,浏览器下载整个图像需要花较长的时间,切片的使用使得整个图像被分为多个不同的小图像分开下载,这样下载的时间就大大地缩短了,能够节省很多时间。

切片将 Fireworks 文档分割成多个较小的部分,并将每部分导出为单独的文件。切片导出时,Fireworks 还创建一个包含表格代码的 HTML 文件,以便在浏览器中重新组合图像。所以,切片是网页对象,它们不以图像的形式存在,而是最终以 HTML 代码的形式出现。可以通过"图层"面板中的网页层查看、选择和重命名它们。

除了减少下载时间之外,切片还有其他的优点:

(1) 制作交互效果

利用切片可以制作出各种交互效果。例如前面介绍的按钮状态,最后导出的文件实质上就是不同状态的切片。可以在"行为"面板中查看切片的行为并使用"行为"面板创建更复杂的交互。

(2) 优化图像

完整的图像只能使用一种文件格式,应用一种优化方式,而对于作为切片的各幅小图像我们就可以分别对其优化,根据各幅小图像的情况还可以将其保存为不同的文件格式,这样既能够保证图像质量,又能将图像变小。

(3) 创建链接

制作好切片后，就可以对不同的切片制作不同的链接了，而不需要在大的图像上创建热区。

"属性"面板中的切片属性有：

- 指定 URL：URL（即统一资源定位器）是 Internet 上特定页或文件的地址。为切片指定 URL 后，用户可通过在其 Web 浏览器中单击切片所定义的区域来导航到该地址。
- 输入替换文本：从网页中下载图像时，替换文本出现在图像占位符上；替换文本可替换未能下载的图形。
- 指定目标：目标是在其中打开链接文档的替换网页框架或网页浏览器窗口。

Fireworks 中提供了下列切片行为：

- "简单变换图像"通过将"第 1 帧"用作"弹起"状态以及将"第 2 帧"用作"滑过"状态来向所选切片添加变换图像行为。选择此行为后，需要使用同一切片在第 2 帧中创建一个图像以创建"滑过"状态。"简单变换图像"选项实际上是包含"交换图像"和"恢复交换图像"行为的行为组。"交换图像"使用另一个帧的内容或外部文件的内容来替换指定切片下的图像。"恢复交换图像"将目标对象恢复为它在"第 1 帧"中的默认外观。
- "添加导航栏"将切片设置为 Fireworks 导航栏的一部分。作为导航栏一部分的每个切片都必须具有此行为。"添加导航栏"选项实际上是一个包含"滑过导航栏"、"按下导航栏"和"恢复导航栏"等行为的行为组。当使用按钮编辑器创建一个包含"按下时滑过"状态或"载入时显示按下图像"状态的按钮时，在默认情况下自动设置此行为。当创建两种状态的按钮时，会为其切片指定简单变换图像行为。
- "添加弹出菜单"将弹出菜单附加到切片或热点上。当应用弹出菜单行为时，可以使用弹出菜单编辑器。
- "添加状态栏信息"能够定义在大多数浏览器窗口底部的状态栏中显示的文本信息。

2. 使用切片制作弹出菜单实例

当用户将指针移到触发网页对象（如切片或热点）上或单击这些对象时，浏览器中将显示弹出菜单。可以将 URL 链接附加到弹出菜单项以便于导航。还可以根据需要在弹出菜单中创建任意多级子菜单。

每个弹出菜单都以 HTML 或图像单元格的形式显示，并具有"弹起"状态和"滑过"状态，并且在这两种状态中都包含文本。

弹出菜单编辑器是一个带有选项卡的对话框，它会引导完成整个创建弹出菜单的过程。它的许多用于控制弹出菜单特征的选项被组织在以下四个选项卡中：

(1) "内容"包含用于确定基本菜单结构以及每个菜单项的文本、URL 链接和目标的选项。

(2) "外观"包含可确定每个菜单单元格的"弹起"状态和"滑过"状态的外观以及菜单的垂直和水平方向的选项。

(3) "高级"包含可确定单元格尺寸、边距、间距、单元格边框宽度和颜色、菜单延迟以及文字缩进的选项。

(4) "位置"包含可确定菜单和子菜单位置的选项：

① "菜单位置"将相对于切片放置弹出菜单。预设位置包括切片的底部、右下部、顶部和右上部。

② "子菜单位置"将弹出子菜单放置在父菜单的右侧、右下部或底部。

【实例 4-9】 制作弹出菜单。

操作步骤如下：

(1)打开【实例 3-8】制作的导航栏,选择其中的"我的作品"按钮切片。

(2)执行"窗口"→"行为"命令,打开"行为"面板。在"行为"面板上单击【添加行为】按钮,选择"设置弹出菜单",打开弹出菜单编辑器。

(3)如图 4-39 所示,设置弹出菜单的文本和链接等。

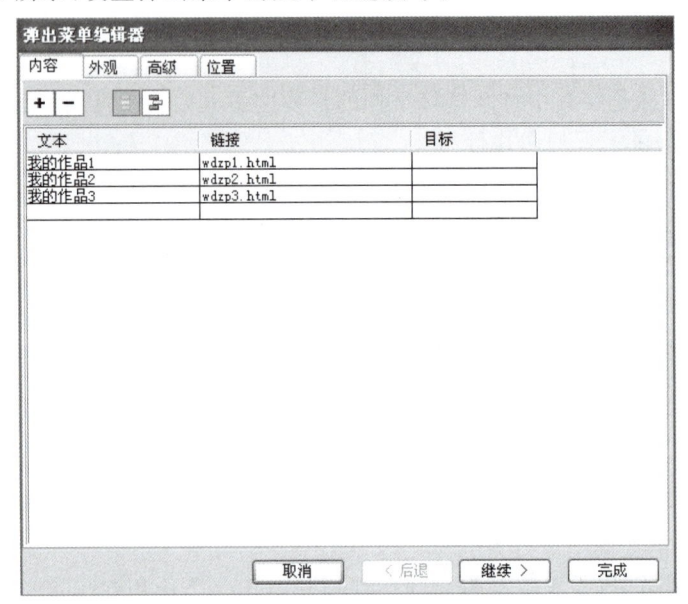

图 4-39 弹出菜单的内容设置

(4)选择"外观"选项卡,设置"单元格"为"图像",文本颜色为白色,单元格颜色为蓝色,字体为"MS UI Gothic,Osaka",大小为 24,如图 4-40 所示。设置结束后,单击【完成】按钮退出弹出菜单编辑器。

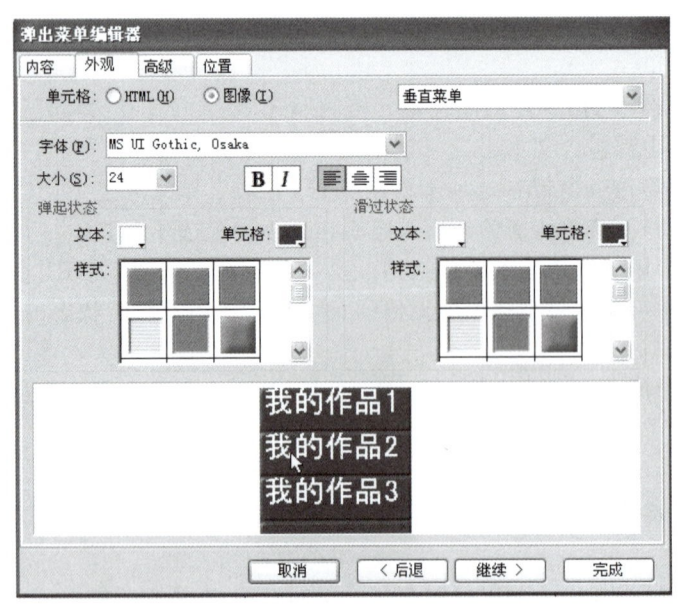

图 4-40 弹出菜单的外观设置

(5)此时,该切片的"行为"面板(图 4-41)上多了一个行为"显示弹出菜单"。

(6)按【F12】键,可以预览效果,当鼠标停在【我的作品】按钮上时,弹出菜单出现。预览效果如图 4-42 所示。

图 4-41 "行为"面板

图 4-42 预览效果

知识点 4-5 Fireworks 补间动画制作

补间是一个传统的动画术语,它描述了这样的过程:主要的动画制作者只绘制关键状态(包含重大变化的状态),而助手则绘制关键状态之间的状态。

在 Fireworks 中,补间混合了同一元件的两个或更多的实例,使用插值属性创建中间的实例。补间是一个手动过程,对于在画布上做更复杂移动的对象以及动态滤镜在动画的每一帧都改变的对象很有用。

【实例 4-10】 制作补间动画。

操作步骤如下:

(1)执行"文件"→"新建"命令,新建一个 500×400 的文档,画布颜色为黑色。

(2)执行"编辑"→"插入"→"新建元件"命令,在弹出的"元件属性"对话框中输入名称"星星",类型为"图形"。

(3)在编辑元件星星的画板上,用"星形"工具画一个星形,在"属性"面板上设置填充颜色为黄色,添加滤镜:"阴影和光晕"→"发光",光的颜色设置为淡黄色。

(4)单击【完成】按钮结束元件编辑,效果如图 4-43 所示。

(5)按先后顺序将"文档库"面板上的星星元件拖到画布左上角和右下角,放置两颗星星的实例,并缩小左上角那颗,删除中间那颗,效果如图 4-44 所示。

图 4-43 元件效果

图 4-44 放置元件实例

(6)按住【Shift】键,同时选中两颗星星实例,执行"修改"→"元件"→"补间实例"命令,弹出如图 4-45 所示的"补间实例"对话框,设置"步骤"为 10,选中"分散到状态"复选框,单击【确定】按钮。

(7)单击预览,选择"预览"面板下的【播放】按钮,即可观看星星变大并运动的动画效果。

图 4-45 "补间实例"对话框 2

实训指导 4

【实训项目 4-1】 利用框架设计诗词鉴赏网页,效果如图 4-46 所示。

图 4-46 诗词鉴赏网页效果

操作步骤参考如下:
Step1:建立站点及网页文件夹。
(1)启动 Dreamweaver。
(2)执行"站点"→"新建站点"命令,新建一个站点,根文件夹为 E:\Item4\shixun4-1,站点名称为"诗词鉴赏"。
(3)在本地站点窗口中新建网页文件夹 html。右键单击站点文件夹,选择"新建文件夹"命令。
Step2:创建框架集及框架。
(1)在文档窗口中创建一个空白网页。
(2)执行"查看"→"可视化助理"→"框架边框"命令,显示文档的框架边框。
(3)创建框架。在"插入"面板的"布局"工具栏中的"框架"列表中选择插入的框架,如图 4-47 所示。
(4)保存框架集与框架。参照任务 4-4 的操作方法,将框架集文件及框架文件均保存到站点文件夹中,框架集文件命名为 scjs.html,上框架文件命名为 scjstop.html,左框架文件命名为 scjsleft.html,右框架文件命名为 scjsmain.html。

图 4-47 创建框架结构

Step3：设置框架集及框架属性。

框架创建结束后，系统自动为每一个框架起一个名字，该名字是在内部调用时使用的。在这里，系统自动将框架命名为 mainFrame、topFrame、leftFrame。

(1)选中标题框架 topFrame。

(2)在"属性"面板中选中"不能调整大小"，设置"滚动"为"否"(为保证标题栏的浏览效果，其大小应是固定的，并且应关闭滚动条显示)。

(3)设置导航栏框架 leftFrame 与主框架 mainFrame 的"滚动"为"自动"。

(4)选中框架集，在框架集属性面板中设置边框为"否"、"边框宽度"为 0，即在浏览器中不显示所有框架的边框。

Step4：编辑标题栏框架内容。

(1)将鼠标放在框架边框上拖动，适当调整标题栏框架的大小。

(2)在标题栏框架中单击鼠标，设置插入点。

(3)输入标题文本"诗词鉴赏"，并通过 CSS 设置文本属性：字体为幼圆、大小为 60、单位为像素、居中对齐、加粗、颜色为#CC0000。

(4)在"页面属性"对话框中设置标题栏的背景颜色为#CEFFFF。

(5)单击【保存】按钮，保存修改。

Step5：编辑导航栏框架内容并设置超链接。

对导航栏框架采用表格布局方式。

(1)将鼠标放在框架边框上拖动，适当调整导航栏框架大小。

(2)在导航栏框架中单击鼠标，设置插入点。

(3)单击"插入"面板的"布局"工具栏中的【表格】按钮，插入 10 行 1 列表格。在"属性"面板中将表格的边框设置为 0。

(4)在各个单元格内插入如图 4-46 所示的导航文本，并设置文本属性：字体为隶书、大小为 18、单位为像素、居中对齐、加粗、颜色为#CC6699。

(5)在"页面属性"对话框中设置导航栏框架的背景颜色为#FFCCFF。

(6)设置超链接。选中导航文本(如"赋得古原草送别")，单击"链接"框右侧的图标，选择链接文件。例如，选择本地站点文件夹 html 中的 1.html 文件。

(7)设置链接文件在主框架 mainFrame 中打开。在"属性"面板的"目标"列表中选择"mainFrame"框架。

(8)参照步骤(6)~(7)设置其他导航文本的超链接，其链接目标均选择 mainFrame。

(9)单击【保存】按钮,保存修改。

Step6:编辑主框架 mainFrame 的内容。

(1)在主框架中单击鼠标,设置插入点。

(2)插入如图 4-46 所示的图像及文本内容。

首先,插入两个绘制层,宽为 581,高为 186。在第 1 个层中插入图像,大小为 580×185。在第 2 个层中输入介绍诗词的文本,并通过 CSS 设置字体为方正姚体、大小为 16、颜色为蓝色。

(3)在"页面属性"对话框中设置主框架的背景颜色为♯FFFFE9。

(4)单击【保存】按钮,保存修改。

Step7:为框架集设置网页标题。

(1)选中框架集。

(2)选择"修改"→"页面属性"命令,弹出"页面属性"对话框。

(3)在"标题"文本框中输入框架集名称"诗词鉴赏"。

(4)单击【保存】按钮,保存修改。

Step8:分别编辑被链接的网页。

(1)在站点窗口网页文件夹 html 中,分别双击打开网页 1.html~10.html。

(2)分别输入对应的诗词并设置标题、作者、正文的文本属性。

(3)单击【保存】按钮,保存修改。

Step9:预览网页。

(1)按【F12】键预览网页,效果如图 4-46 所示。

(2)在网页上单击导航栏中的文本"赋得古原草送别",显示效果如图 4-48 所示。

图 4-48 "赋得古原草送别"子网页效果

【实训项目 4-2】 按照项目 4 操作过程制作古典文学名著阅读网站。

综合练习 4

1. 填空题

(1)框架(Frame)就是浏览器窗口的一个区域,在这个区域中可以显示一个单独的网页而不影响另一个_____中的显示内容。框架又可理解为一个能独立显示的文档。

(2)框架技术不仅可以用于布局版面,还可以用于需要通过目录来阅读内容的_____。

(3)模板主要的用途在于一次更新多个页面,这样可以简化制作_____的网页。

(4)Fireworks 提供三种类型的元件:_____、动画和按钮。每种类型的元件都具有适合于其特定用途的特性。

(5)切片将 Fireworks 文档分割成多个较小的部分并将每部分导出为单独的_____。

(6)补间是一个传统的_____术语,它描述了这样的过程:主要的动画制作者只绘制关键状态(包含重大变化的状态),而助手则绘制关键状态之间的状态。

2. 简答题

(1)什么是框架和框架集?它们分别有什么作用?

(2)什么是元件的实例?元件分哪几种类型?各有什么作用?

(3)切片有哪些优点?

3. 操作题

(1)制作轮转动画。

方法提示:

①使用 Fireworks 处理 4 张图像,分别打开每一张图像,将图像的宽、高设置为一致大小,例如 120×90 后导出。

②执行"文件"→"打开"命令,勾选"以动画打开"复选框,按住【Ctrl】键选中多幅图像后单击【打开】按钮。

③根据需要修改状态延迟,设置保存类型为 GIF 动画后导出。

(2)利用动画元件制作过渡动画。

方法提示:

①新建一个文件,宽为 300,高为 60;导入一张图像作为背景图像;将该层设置为共享层。

②新建一层,输入文字。

③将文字转换为动画元件;在"动画"对话框中设置状态数、位移、方向、不透明度等。

④根据需要修改状态延迟。

⑤设置保存类型为 GIF 动画后导出。

(3)利用动画元件制作旋转动画。

方法提示:

①新建一个文件,宽为 300,高为 300。

②输入文字,画一圆形,选中后执行"文本"→"附加到路径"命令。

③将该图形转换为动画元件;在"动画"对话框中设置"状态"为 20,"旋转"为 360 度。

④设置保存类型为 GIF 动画后导出。

(4)利用框架技术制作主题为"家乡美"的网站,网页的内容可自行设定。

方法提示:制作方法可参考【实训项目 4-1】,导航栏可以为"家乡简介""家乡历史""家乡风采""家乡美食""家乡文化"等。

项目 5 网聚电子公司网站制作

内容提要

本项目从清晰明确的任务训练入手,讲授了网聚电子公司网站的规划设计和应用中文Dreamweaver、中文Fireworks、中文Flash建立网站并制作网页的全过程,介绍了该网站制作的相关知识。

能力目标

1. 能够运用网站规划设计相关知识进行小型企业网站规划设计。
2. 能够进行小型企业网站创建与管理。
3. 能够运用中文Dreamweaver、中文Fireworks、中文Flash制作企业网站。

知识目标

1. 掌握中文Dreamweaver CS5网站布局及网页制作的相关知识。
2. 掌握中文Fireworks CS5站标与动画制作的相关知识。
3. 掌握中文Flash CS5逐帧动画制作的相关知识。

5.1 网聚电子公司网站制作过程

任务 5-1　设计规划网聚电子公司网站

制作网页看上去也许并不复杂,但要很好地完成并不简单,至少需要有文字编辑、版式设计、图片处理等能力。因此,合理的网站框架结构、优化的网页布局、友善的访问浏览、精美的视觉效果、适宜的创意设计是网站制作应遵循的基本原则。

下面我们来学习制作网聚电子公司网站。其网站结构如图 5-1 所示,主页布局如图 5-2 所示。

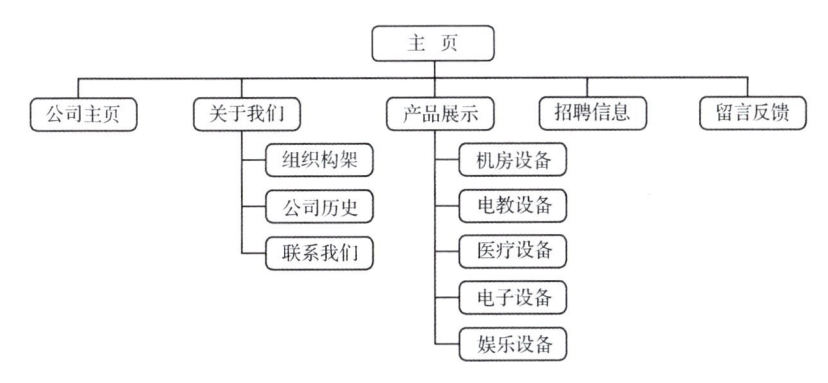

图 5-1　网站结构

Logo	Banner
导航区	
正文区 1	正文区 2
正文区 3	
版权区	

图 5-2　主页布局

※ **特别提示**　**本任务相关知识请参阅:**
知识点 1-1　网页与网站的概念
知识点 1-2　网站设计与制作流程

任务 5-2　应用 Dreamweaver 表格进行网站整体布局

【子任务 5-2-1】　设置本地站点文件夹

操作步骤如下:

(1) 在桌面双击"我的电脑"图标。

(2) 在"我的电脑"窗口中双击打开用于存储站点的硬盘驱动器(如 D 盘)。

(3) 使用"文件"→"新建"→"文件夹"命令,在硬盘中建立一个新文件夹。

(4) 在新文件夹上单击鼠标右键,选择"重命名"命令,在英文输入法状态下输入站点名称,如 xxqe,然后在空白处单击确定,如图 5-3 所示。

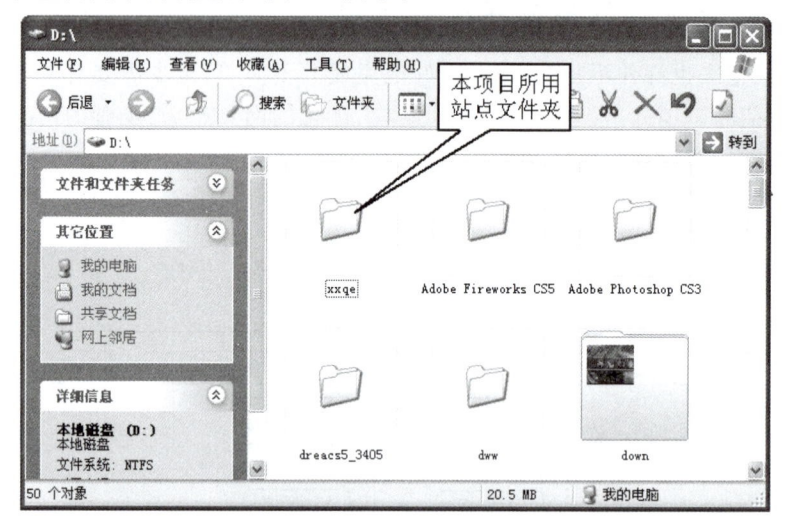

图 5-3 建立并重命名站点文件夹

【子任务 5-2-2】 建立一个名称为"企业网站"的站点

操作步骤如下:

(1) 启动 Dreamweaver。

(2) 执行"站点"→"新建站点"命令,弹出"站点设置对象"对话框。

(3) 选择"站点"选项,在"站点名称"文本框中输入"企业网站",在"本地站点文件夹"中输入 D:\xxqe(或单击【浏览文件】按钮,选择 D:\xxqe)作为本地根文件夹。"站点设置对象"对话框如图 5-4 所示。

(4) 单击【保存】按钮,完成"企业网站"站点创建。

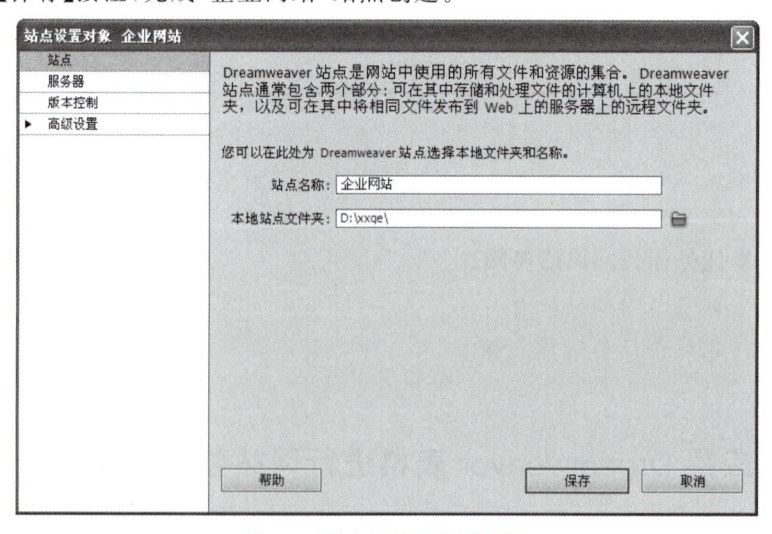

图 5-4 "站点设置对象"对话框

【子任务 5-2-3】 在"企业网站"站点中建立站点子文件夹

操作步骤如下：

(1)在"文件"面板中选择"站点-企业网站(D:\xxqe)"文件夹,单击鼠标右键,在弹出的快捷菜单中选择"新建文件夹"命令,建立一个 untitled 文件夹。

(2)单击 untitled 文件夹的名称部分,输入 cpzs,将文件夹改名为 cpzs,此文件夹用于存放产品展示内容。

(3)参照步骤(1)和(2),依次建立子文件夹 gywm(关于我们)、images(存放图像文件)、lyfk(留言反馈)、swf(存放 Flash 动画)、zpxx(招聘信息),如图 5-5 所示。

【子任务 5-2-4】 在"企业网站"站点中建立网页文件

在根目录下新建文件,主页文件命名为 index.html。其他网页文件应放在指定的子文件夹下,这样便于管理。

操作步骤如下：

(1)打开站点窗口,在"文件"面板上单击【展开】按钮。

(2)选中"站点-企业网站(D:\xxqe)"文件夹,单击鼠标右键,在弹出的快捷菜单中选择"新建文件"命令。

(3)单击新文件名的名称部分,将 untitled.html 改名为 index.html(作为网站的主页文件)。

(4)选中各子文件夹,单击鼠标右键,在弹出的快捷菜单中选择"新建文件"命令,建立网页 gywm.html(关于我们)、cpzs.html(产品展示)、zpxx.html(招聘信息)、lyfk.html(留言反馈)。

(5)参照步骤(4),分别建立网页 lishi.html(公司历史)、lianxi.html(联系我们)、dianzi.html(电子设备)、yiliao.html(医疗设备)、dianjiao.html(电教设备)、yule.html(娱乐设备)。如图 5-6 所示。

图 5-5 建立站点子文件夹

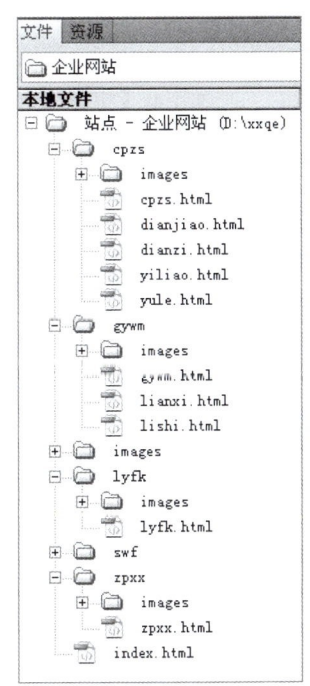

图 5-6 建立网页

【子任务 5-2-5】 添加网页文档标题"小型企业网站-网聚电子"

在 Dreamweaver 中有多种方法为网页添加文档标题,这里我们选取设置"页面属性"对话框的方式。

操作步骤如下:

(1) 在站点中双击 index.html,打开主页文件。

(2) 单击"属性"面板中的【页面属性】按钮,在弹出的"页面属性"对话框中选择"标题/编码"分类。

(3) 在"标题"文本框中输入新标题,如图 5-7 所示。最后单击【确定】按钮。

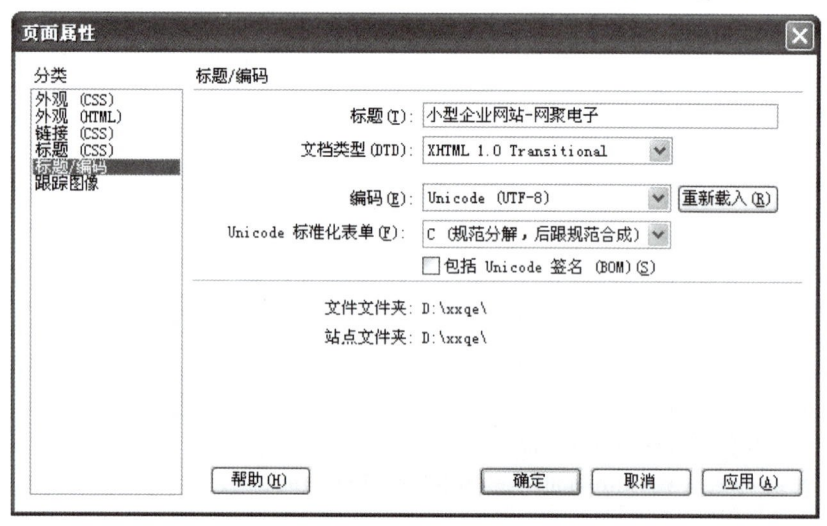

图 5-7 设置标题

【子任务 5-2-6】 设置网页背景颜色

操作步骤如下:

(1) 单击"属性"面板中的【页面属性】按钮,在弹出的"页面属性"对话框中选择"外观(CSS)"分类。

(2) 单击"背景颜色"右侧的按钮,鼠标变为滴管形状,并弹出一个颜色面板,可以使用取色滴管在颜色面板中选取一种颜色。也可以直接输入颜色值,如#F6F6F6,如图 5-8 所示。

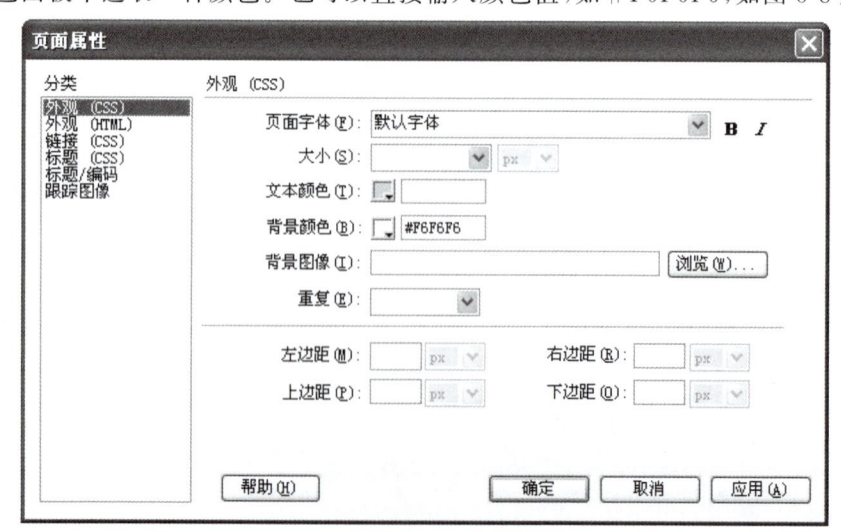

图 5-8 设置背景颜色

【子任务 5-2-7】 插入表格布局网站

操作步骤如下：

(1)将鼠标定位至空白网页中,执行"插入"→"表格"命令。

(2)在弹出的"表格"对话框中输入"行数"为 9,"列"为 2,"表格宽度"为 1000 像素,"边框粗细"为 0,其余值默认,单击【确定】按钮。如图 5-9 所示。

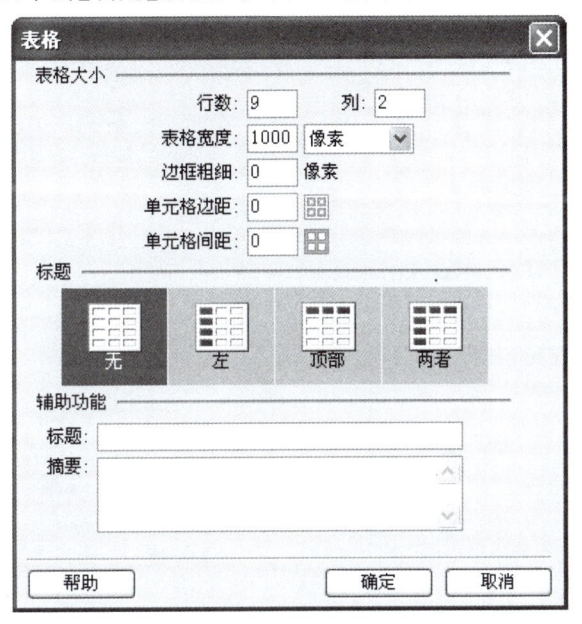

图 5-9　应用表格进行网站布局

※特别提示　**本任务相关知识请参阅：**

知识点 1-3　初步认识 Dreamweaver

知识点 1-7　Dreamweaver 表格建立与基本操作

任务 5-3　应用 Fireworks 制作站标图像

网站 Logo 的制作方法很多,这里介绍用 Fireworks 制作网站 Logo。

【子任务 5-3-1】 绘制图形 1

操作步骤如下：

(1)新建一透明画布,尺寸为 400×100。

(2)选择"矢量"工具中的"螺旋形",填充类别为"渐变"→"放射状",如图 5-10 所示。

图 5-10　螺旋形的"属性"面板

(3)"渐变预设"为深蓝,如图 5-11 所示。

(4)在画布上绘制图形,设置螺旋为 6。

(5)设置"内斜角"滤镜,如图 5-12 所示。

螺旋形效果如图 5-13 所示。

图 5-11　填充的渐变预设　　　图 5-12　"内斜角"滤镜设置 1　　　图 5-13　螺旋形效果

【子任务 5-3-2】　绘制文本 1

操作步骤如下:

(1)选择"文本"工具,输入 NetGather。

(2)填充选项为"渐变"→"放射状"→"光谱",如图 5-14 所示。

(3)设置"内斜角"滤镜,如图 5-15 所示。

图 5-14　填充选项设置　　　　　　图 5-15　"内斜角"滤镜设置 2

(4)设置"属性"面板参数,如图 5-16 所示。

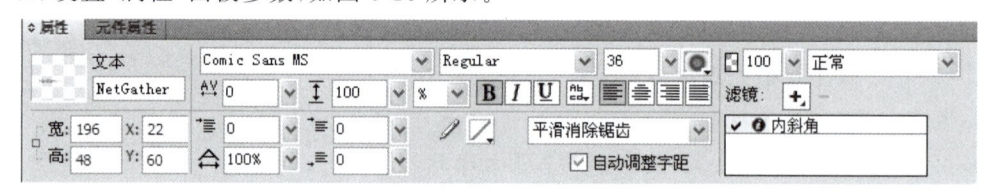

图 5-16　"属性"面板设置

文本效果如图 5-17 所示

图 5-17　文本效果

【子任务 5-3-3】　绘制图形 2 和文本 2

操作步骤如下:

(1)利用"矩形"工具绘制矩形,填充颜色为♯003FB5,如图 5-18 所示。

图 5-18　矩形参数设置

效果如图 5-19 所示。

图 5-19 矩形效果

(2)选择"文本"工具,输入"网聚",字体设置为黑体,填充颜色为♯FFFFFF,如图 5-20 所示。

图 5-20 文本参数设置

(3)设置文本的"内斜角"滤镜,如图 5-15 所示。

最后效果如图 5-21 所示。

图 5-21 图形 2 和文本 2 效果

【子任务 5-3-4】 绘制文本 3

操作步骤如下:

(1)选择"文本"工具,输入"电子",字体设置为黑体,填充类别为"渐变"→"放射状",如图 5-22 所示。

图 5-22 "电子"文本设置

(2)"渐变预设"为深蓝,如图 5-11 所示。

(3)设置"内斜角"滤镜,如图 5-15 所示。

最后效果如图 5-23 所示。

【子任务 5-3-5】 保存文件

操作步骤如下:

(1)执行"文件"→"保存"命令,弹出"保存"对话框。

(2)选择文件保存位置为 D:\xxqe\images,文件名为 logo,文件类型为"GIF(*.gif)"。

(3)单击【保存】按钮,将文件保存为 logo.gif。完成网站 Logo 制作,效果如图 5-24 所示。

图 5-23 "电子"文本效果   图 5-24 网站 Logo 效果

【子任务 5-3-6】 在 Dreamweaver 中插入 Logo

操作步骤如下:

(1)在 Dreamweaver 的站点中双击 index.html 文件,将光标定位到网页布局表格的第 1

行第 1 列。

(2)执行"插入"→"图像"命令,在弹出的"选择图像源文件"对话框中选择 D:\xxqe\images\logo.gif 文件。

(3)单击【确定】按钮,弹出"图像标签辅助功能属性"对话框,输入"替换文本"为"网站 logo",再单击【确定】按钮,如图 5-25 所示。

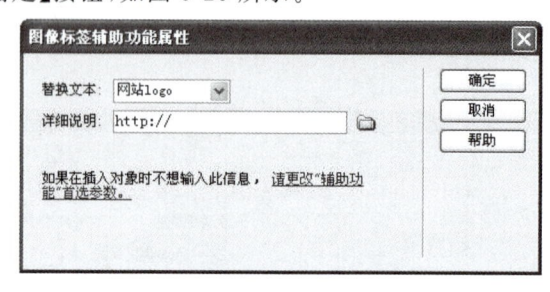

图 5-25 "图像标签辅助功能属性"对话框

(4)按快捷键【Ctrl】+【S】保存网页。

※特别提示　**本任务相关知识请参阅:**

　　知识点 3-4　　Fireworks 文字特效
　　知识点 3-5　　Fireworks 图像处理

任务 5-4　应用 Flash 制作主页动画条幅

网站主页动画条幅的制作方法很多,这里介绍用 Flash 制作动画条幅。

【子任务 5-4-1】　导入素材

操作步骤如下:

(1)新建 Flash 文件,舞台设置为 600×150。

(2)执行"文件"→"导入"→"导入舞台"命令,将素材导入舞台中,并利用"任意变形"工具将其大小调整到与舞台相宜。"属性"面板如图 5-26 所示。

【子任务 5-4-2】　制作逐帧动画

操作步骤如下:

(1)在层控制区,单击按钮,插入一个新图层。

(2)在工具栏中单击"文本"工具,在"属性"面板中设置

图 5-26 "属性"面板(Flash)

字体为黑体,大小为 56,颜色为♯00FFFF,选中第 5 帧,按【F6】键插入关键帧,舞台上输入文本"电子产品"。

(3)按快捷键【Ctrl】+【B】将文本打散,设置笔触颜色为♯0033CC,大小为 3,效果如图 5-27 所示。

(4)单击"橡皮擦"工具,选择【水龙头】按钮，擦除文字的填充颜色,按快捷键【Ctrl】+【B】将文本再次打散,如图 5-28 所示。

图 5-27　文本设置效果 1　　　　　　　图 5-28　文本设置效果 2

(5) 复制第 5 帧，分别在第 15、25、35 帧处粘贴帧。

(6) 在第 5 帧处删除"子产品"，在第 15 帧处删除"产品"，在第 25 帧处删除"品"。

(7) 重复步骤 (2)～(6)，在第 45、55、65、75 帧处制作"网聚天下"动画。

最后，在图层 1 和图层 2 的第 100 帧处分别插入帧，如图 5-29 所示，按回车键观看结果。

图 5-29　时间轴设置

【子任务 5-4-3】　导出文件

操作步骤如下：

(1) 执行"文件"→"导出"→"导出为影片"命令，弹出"导出影片"对话框。

(2) 选择文件保存的位置为 D:\xxqe\swf，文件名为 banner，文件类型为"SWF 影片(＊.swf)"。

(3) 单击【保存】按钮，将文件导出为 banner.swf。

【子任务 5-4-4】　在 Dreamweaver 中插入 Banner

操作步骤如下：

(1) 在 Dreamweaver 的站点中双击 index.html 文件，将光标定位到网页布局表格的第 1 行第 2 列。

(2) 执行"插入"→"媒体"→"SWF"命令，在弹出的"选择 SWF"对话框中选择 D:\xxqe\swf\banner.swf 文件。

(3) 单击【确定】按钮，弹出"对象标签辅助功能属性"对话框，输入标题为"网站 banner"，再单击【确定】按钮。如图 5-30 所示。

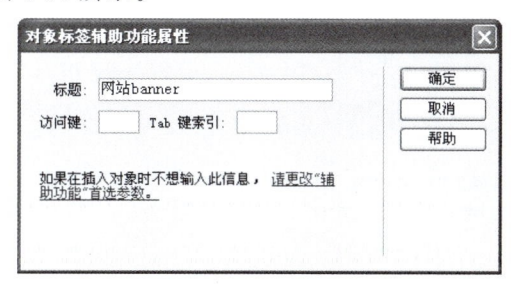

图 5-30　"对象标签辅助功能属性"对话框

(4) 按快捷键【Ctrl】+【S】保存网页。

※特别提示　**本任务相关知识请参阅：**

知识点 5-1　Flash 操作基础

知识点 5-2　Flash 逐帧动画制作

任务 5-5　应用 Dreamweaver 层与行为制作网站导航栏

网站导航栏的制作方法很多,这里介绍应用 Dreamweaver 的层与行为制作网站导航栏的一种方法。

【子任务 5-5-1】 设置导航栏背景

操作步骤如下:

(1)将光标定位到网页布局表格的第 3 行,选中两列,执行"修改"→"表格"→"合并单元格"命令。

(2)设置并应用单元格背景图像 navi.jpg,如图 5-31 所示。

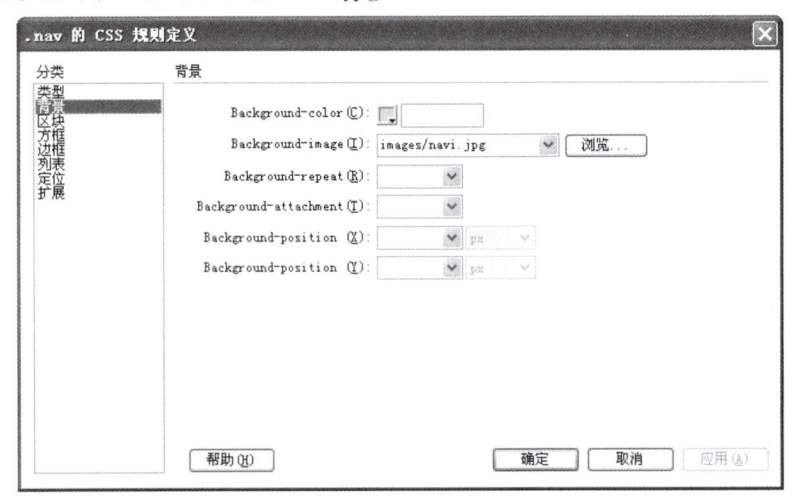

图 5-31　设置导航栏背景图像

【子任务 5-5-2】 设置导航栏栏目

操作步骤如下:

(1)在"插入"面板中选择"文本"→"ul 项目列表",分别插入 li 列表项为:公司主页、关于我们、产品展示、招聘信息、留言反馈。

(2)新建 CSS 样式复合内容,在"选择器名称"中输入.nav ul,如图 5-32 所示。

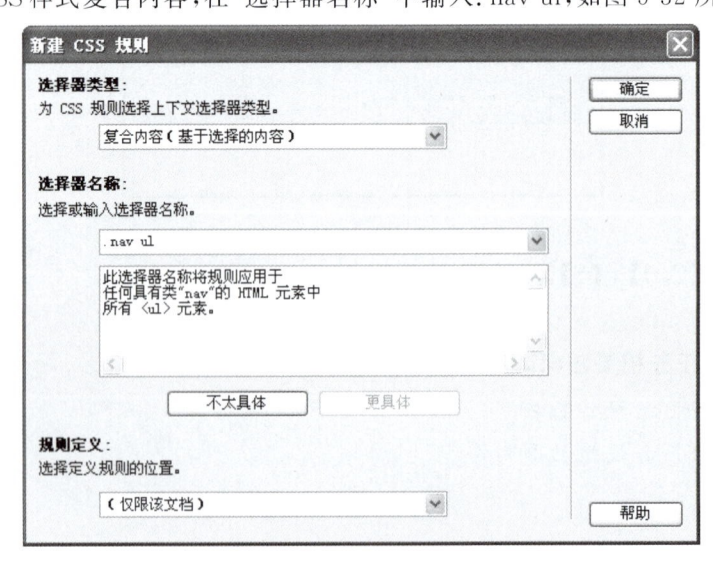

图 5-32　新建复合内容

在"分类"列表中选择"方框",设置 ul 的边界,如图 5-33 所示。

图 5-33 .nav ul 的"方框"分类

(3)新建 CSS 样式复合内容,在"选择器名称"中输入.nav li,单击【确定】按钮,开始设置 li 选项样式。

在"分类"列表中选择"类型",设置 li 分项的外观,如图 5-34 所示。

图 5-34 .nav li 的"类型"分类

在"分类"列表中选择"方框",设置 li 分项的宽度和浮动位置,如图 5-35 所示。

图 5-35 .nav li 的"方框"分类

在"分类"列表中选择"列表",设置 li 分项的列表类型,如图 5-36 所示。

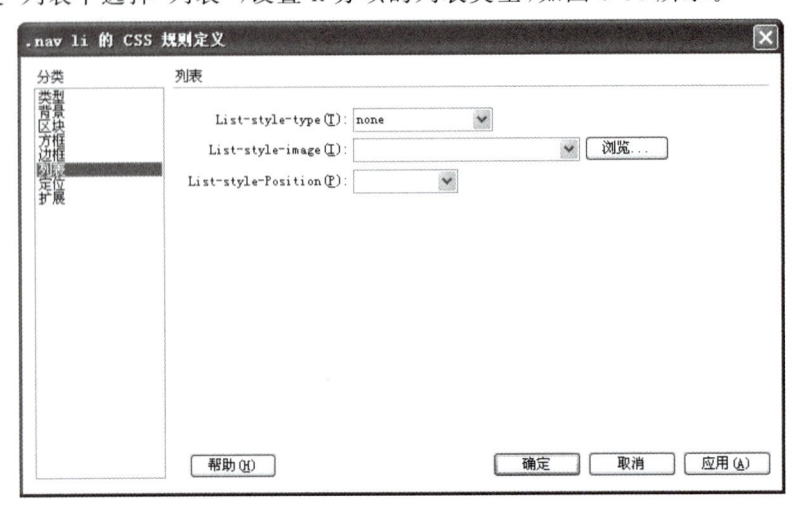

图 5-36 .nav li 的"列表"分类

(4)在有二级子菜单的栏目名称后插入图标文件 down.gif,效果如图 5-37 所示。

图 5-37 导航栏效果

【子任务 5-5-3】 设置导航栏链接

操作步骤如下:

(1)新建 CSS 样式,"选择器类型"为"复合内容(基于选择的内容)","选择器名称"为 a:link,如图 5-38 所示。

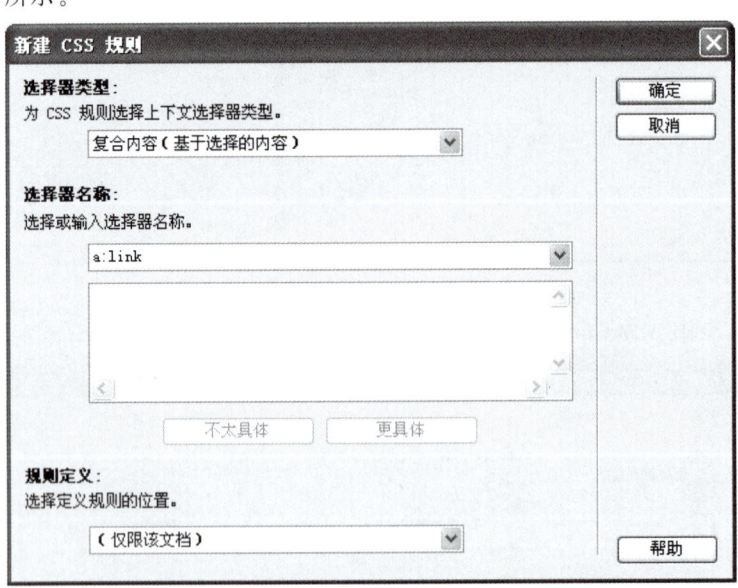

图 5-38 新建链接样式

(2)在"分类"列表中选择"类型",设置导航栏正常状态下链接文字的样式,如图 5-39 所示。

(3)重复步骤(1)新建 a:hover,设置鼠标放置在导航栏链接文字上时显示下划线效果,如图 5-40 所示。

图 5-39　正常状态下链接文字的样式

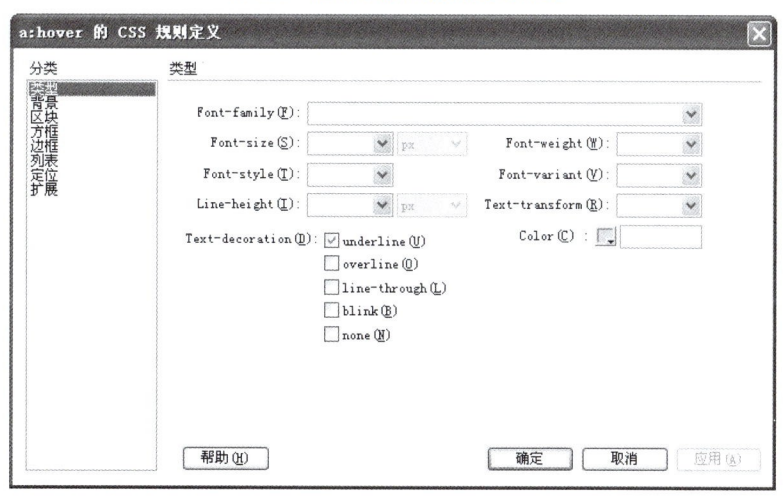

图 5-40　鼠标放置在导航栏链接文字上时文字的外观

(4) 重复步骤(1)新建 a:visited，设置导航栏上被访问过栏目的链接外观，如图 5-41 所示。

图 5-41　被访问过栏目的链接外观

(5) 分别设置导航栏各栏目的链接:"公司主页"为 index.html,"关于我们"为 gywm/gywm.html,"产品展示"为 cpzs/cpzs.html,"招聘信息"为 zpxx/zpxx.html,"留言反馈"为 lyfk/lyfk.html。

(6) 按快捷键【Ctrl】+【S】保存网页。

【子任务 5-5-4】 绘制子菜单

操作步骤如下:

(1) 单击"插入"面板"布局"工具栏中的【绘制 AP Div】按钮,在"关于我们"栏目下绘制一个层,"属性"面板如图 5-42 所示。

图 5-42 apDiv1 的属性面板

(2) 在层中添加一个 3 行 1 列的表格,属性设置如图 5-43 所示。

图 5-43 表格的属性面板 1

(3) 添加表格内容,设置如图 5-44 所示。

(4) 分别设置表格内各栏目的链接:"组织构架"为 gywm/gywm.html,"公司历史"为 gywm/lishi.html,"联系我们"为 gywm/lianxi.html。

图 5-44 表格内容 1

(5) 按照步骤(1)~(3)给"产品展示"栏目添加下拉菜单层,"属性"面板如图 5-45 所示。

图 5-45 apDiv2 的属性面板

层内表格的"属性"面板如图 5-46 所示。

图 5-46 表格的属性面板 2

层内表格的内容如图 5-47 所示。

(6) 分别设置表格内各栏目的链接:"机房设备"为 cpzs/cpzs.html,"电教设备"为 cpzs/dianjiao.html,"医疗设备"为 cpzs/yiliao.html,"电子设备"为 cpzs/dianzi.html,"娱乐设备"为 cpzs/yule.html。

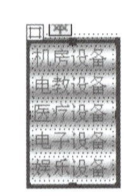

图 5-47 表格内容 2

(7) 按快捷键【Ctrl】+【S】保存网页。

【子任务 5-5-5】 设置事件与行为

操作步骤如下：

(1)选中"关于我们"对应的"标签<li>"添加相应的行为，设置如图 5-48 所示。

"onMouseOver"事件对应的行为为显示"apDiv1"，"onMouseOut"事件对应的行为为隐藏"apDiv1"。

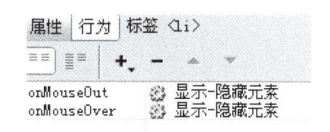

图 5-48 行为设置

(2)按照步骤(1)给"产品展示"对应的"标签<li>"设置"onMouseOver"事件对应的行为为显示"apDiv2"，"onMouseOut"事件对应的行为为隐藏"apDiv2"。

(3)按快捷键【Ctrl】+【S】保存网页。

导航栏制作完毕后，在 Dreamweaver 的 index.html 中，合并表格中第 3 行的两列，插入导航栏。具体操作不再赘述。

> ※特别提示　**本任务相关知识请参阅：**
> 知识点 5-4　Dreamweaver 行为

任务 5-6　主页其余部分及各子网页制作与链接

【子任务 5-6-1】 制作正文区

操作步骤如下：

(1)将光标定位到表格第 5 行第 1 列，设置 CSS 样式.bg1，并应用于单元格上。

在"分类"列表中选择"背景"，设置单元格背景，如图 5-49 所示。

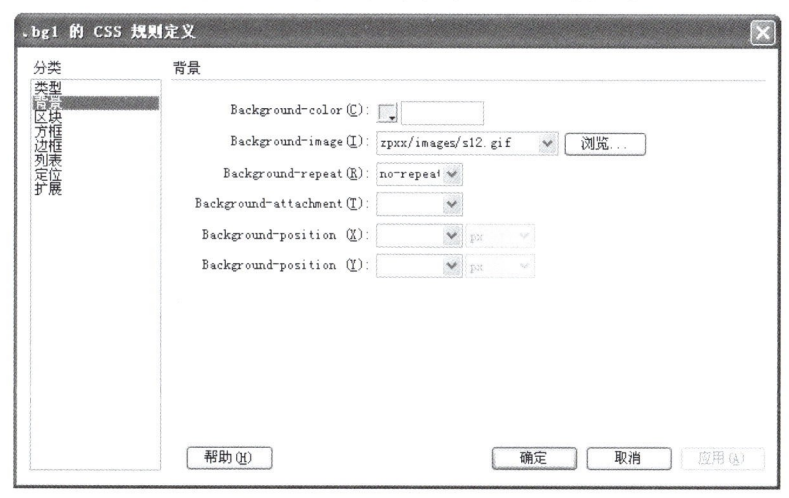

图 5-49　.bg1 样式"背景"分类

在"分类"列表中选择"区块"，设置单元格内文字对齐方式，如图 5-50 所示。

在"分类"列表中选择"方框"，设置单元格内文字与边框间的距离，如图 5-51 所示。

在"分类"列表中选择"边框"，设置单元格边框的线型、宽度和颜色，如图 5-52 所示。

(2)在单元格中输入文本，设置 CSS 样式.tdfont，并应用于单元格的标题上。

在"分类"列表中选择"类型"，设置单元格标题文字的样式，如图 5-53 所示。

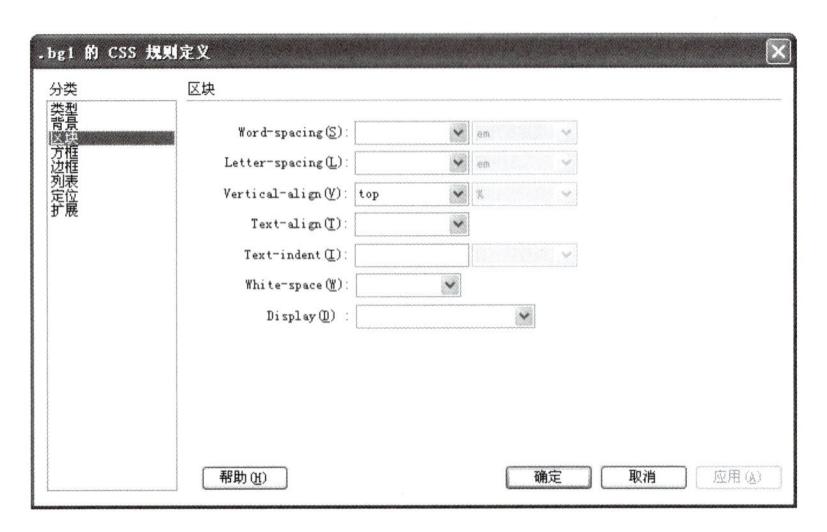

图 5-50 .bg1 样式"区块"分类

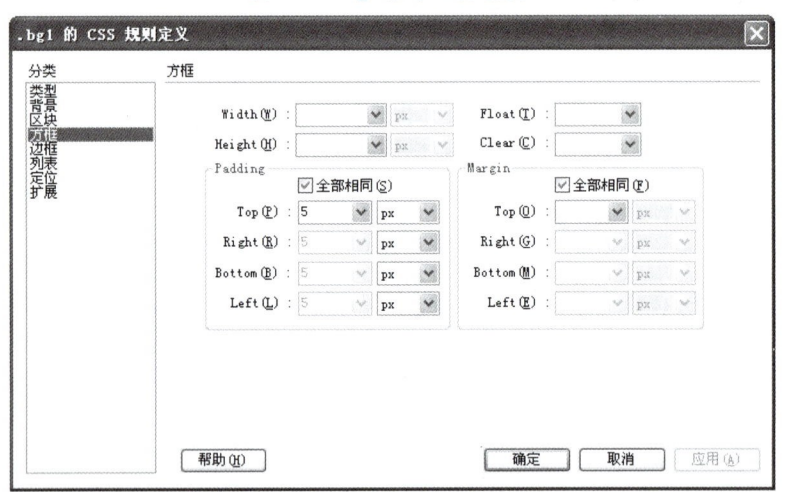

图 5-51 .bg1 样式"方框"分类

图 5-52 .bg1 样式"边框"分类

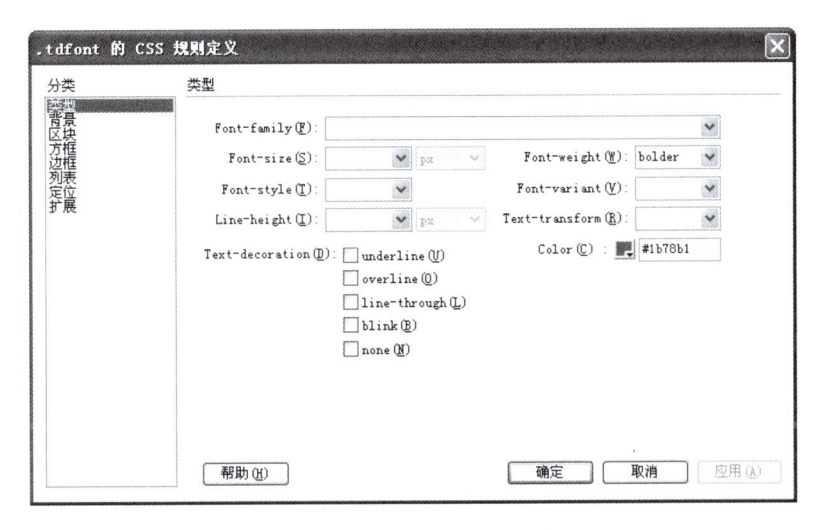

图 5-53 .tdfont 样式"类型"分类

(3)选中文本,单击"插入"面板的"OL 编号列表"命令,效果如图 5-54 所示。

图 5-54 "招聘信息"效果

(4)将光标定位到表格第 5 行第 2 列,按照步骤(1)和(2)设置单元格,效果如图 5-55 所示。

图 5-55 "关于我们"效果

(5)将光标定位到表格第 7 行,合并两列,按照步骤(1)和(2)设置单元格,效果如图 5-56 所示。

图 5-56 "推荐产品"效果

(6)按快捷键【Ctrl】+【S】保存网页。

【子任务 5-6-2】 制作主页正文区图像滚动效果

操作步骤如下:

(1)在"推荐产品"适当位置的"代码"窗口中添加如下代码:

```
<div id="demo" style="overflow:hidden;height:200px;width:980px;">
    <div id="indemo" style="float: left;width: 300%;">
        <div id="demo1" style="float: left;">
            <a href="#"> <img src="/images/jh_01.jpg" border="0"> </a>
```

```html
                <a href="#"><img src="/images/jh_02.jpg" border="0"></a>
                <a href="#"><img src="/images/jh_03.jpg" border="0"></a>
                <a href="#"><img src="/images/jh_04.jpg" border="0"></a>
                <a href="#"><img src="/images/jh_05.jpg" border="0"></a></div>
                  
            <div id="demo2" style="float:left;"></div>
        </div>
    </div>
<script>
<!--
var speed=10;  //数字越大速度越慢
var tab=document.getElementById("demo");
var tab1=document.getElementById("demo1");
var tab2=document.getElementById("demo2");
tab2.innerHTML=tab1.innerHTML;
function Marquee(){
    if(tab2.offsetWidth-tab.scrollLeft<=0)
        tab.scrollLeft-=tab1.offsetWidth;
    else{
        tab.scrollLeft++;}
}
var MyMar=setInterval(Marquee,speed);
tab.onmouseover=function(){clearInterval(MyMar)};
tab.onmouseout=function(){MyMar=setInterval(Marquee,speed)};
-->
</script>
```

(2) 按快捷键【Ctrl】+【S】保存网页,效果如图 5-57 所示。

图 5-57　滚动图像效果

【子任务 5-6-3】　制作版权区

操作步骤如下:

(1)将光标定位到表格第 9 行,合并两列。

(2)在"属性"面板中设置对齐方式为"居中对齐"。

(3)输入版权信息内容。

(4)按快捷键【Ctrl】+【S】保存网页。

按【F12】键预览网页效果,如图 5-58 所示。

项目 5　网聚电子公司网站制作

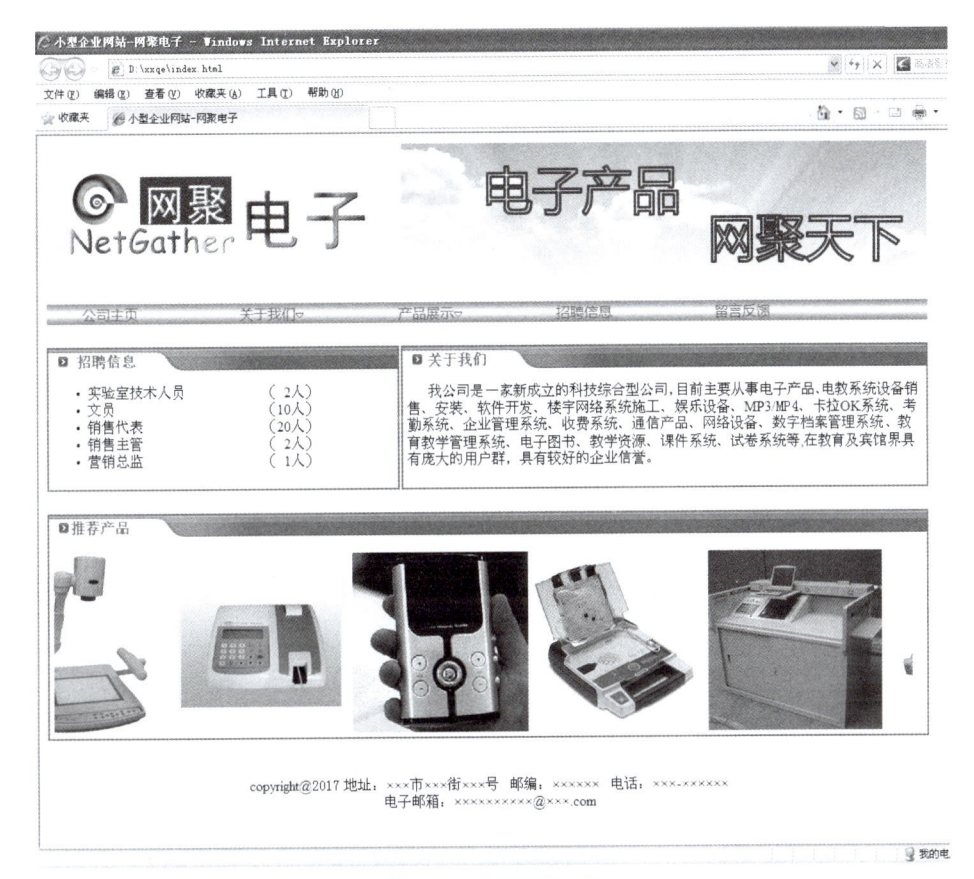

图 5-58　主页预览效果

【子任务 5-6-4】　制作动态交换图像

动态交换图像的制作方法很多，这里介绍一种用 Fireworks 制作动态交换图像的方法。

操作步骤如下：

(1) 新建一个 Fireworks 文档，在弹出的"新建文档"对话框中输入参数，如图 5-59 所示，单击【确定】按钮，完成文档的创建。

(2) 执行"文件"→"导入"命令，弹出"导入"对话框，选择要导入的素材 top01.jpg，x 和 y 的值均为 0。

(3) 执行"窗口"→"状态"命令，打开"状态"面板。

(4) 单击"状态"面板右下方的【新建/重制状态】按钮，增加状态，如图 5-60 所示。

图 5-59　"新建文档"对话框　　　　图 5-60　"状态"面板

(5)执行步骤(2),在"状态 2"中导入素材 top02.jpg,x 和 y 的值均为 0。

(6)依次重复执行步骤(4)、(5)导入素材 top03.jpg,x 和 y 的值均为 0。

(7)按下【Ctrl】键的同时单击各状态,双击"状态延迟"的数值,修改为一个合适的速度 200。

(8)按下【播放】按钮 可预览动画效果。

(9)执行"文件"→"图像预览"命令,弹出"图像预览"对话框,选择格式为 GIF 动画,如图 5-61 所示。

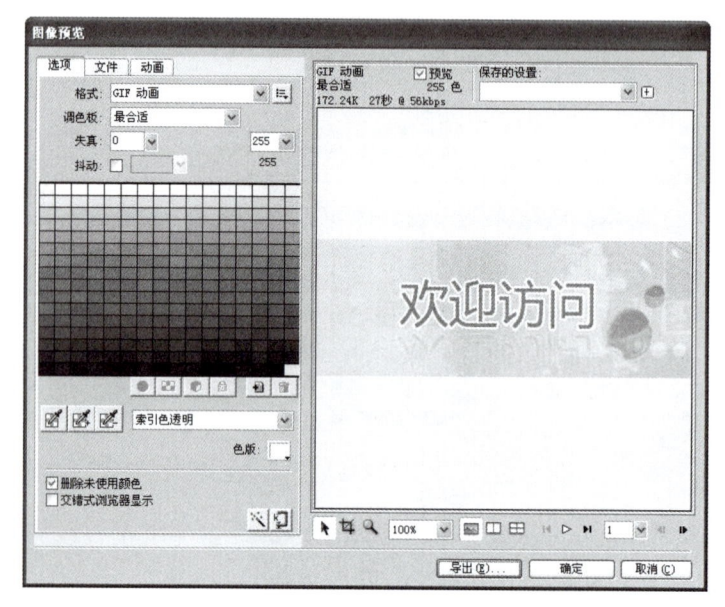

图 5-61 "图像预览"对话框

单击【导出】按钮,弹出"导出"对话框,给出文件名 banner.gif。再单击【保存】按钮,完成动态交换图像动画制作。

【子任务 5-6-5】 制作"关于我们"子网页

操作步骤如下:

(1)在 Dreamweaver 中双击"站点"中的 gywm.html,打开编辑窗口,设置标题为"网聚电子>>关于我们"。

(2)插入 5 行 2 列表格,分别合并第 1、2、3、5 行的两列。

(3)将光标定位到第 1 行,插入 banner.gif。

(4)将光标定位到第 2 行,制作导航栏,制作过程参照主页中导航栏的制作过程。

(5)将光标定位到第 3 行,输入文字。

(6)将光标定位到第 4 行第 1 列,设置单元格属性,如图 5-62 所示。

图 5-62 表格的单元格属性

在单元格内插入 5 行 1 列表格,新建 CSS 样式.ah,设置背景并应用于第 1、3、5 行单元格上,如图 5-63 所示。

(7)新建 CSS 样式,"选择器类型"为"复合内容","选择器名称"为 ah a:link,"类型"分类

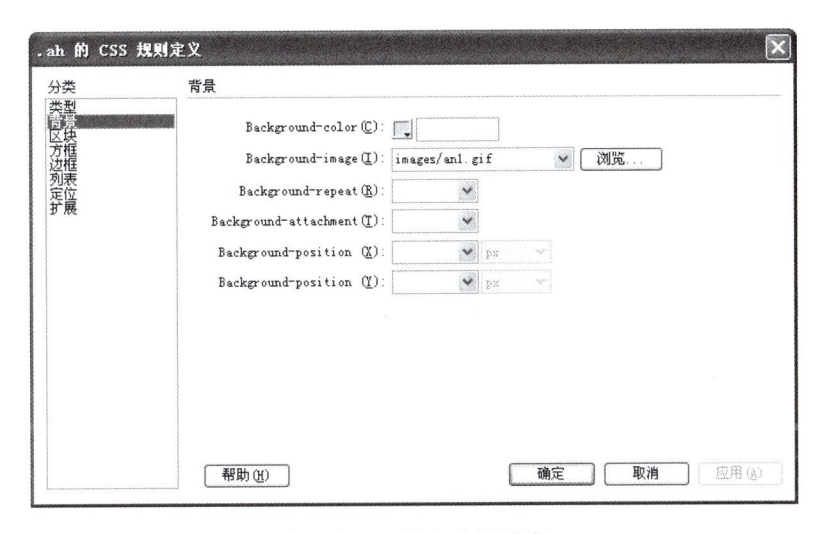

图 5-63 .ah 样式"背景"分类

的设置如图 5-64 所示。

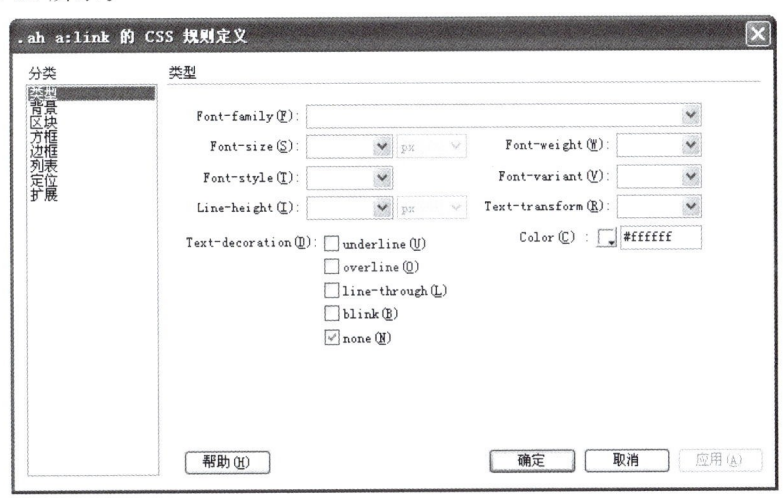

图 5-64 .ah a:link 样式"类型"分类

(8)新建 CSS 样式,"选择器类型"为"复合内容","选择器名称"为 ah a:visited,"类型"分类的设置如图 5-65 所示。

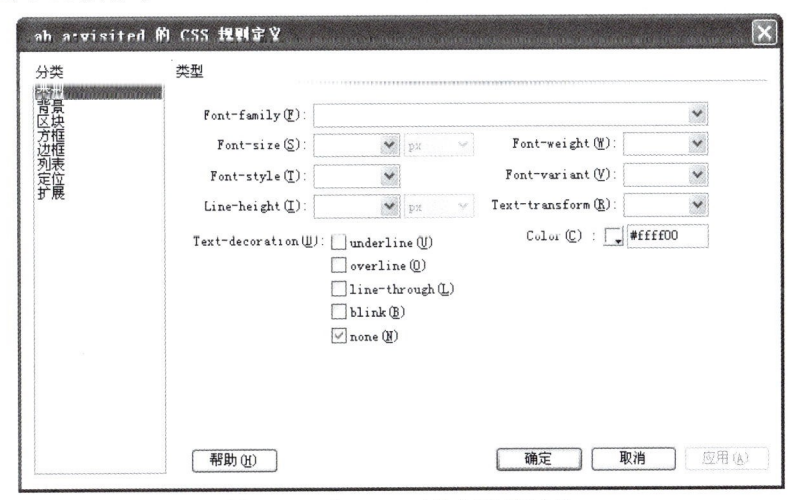

图 5-65 .ah a:visited 样式"类型"分类

(9)在表格的第 1、3、5 行中输入文字,并设置相应的链接:"组织构架"为 gywm.html,"公司历史"为 lishi.html,"联系我们"为 lianxi.html。

(10)将光标定位到主表格的第 4 行第 2 列,插入素材图像 snap28.jpg。

(11)将光标定位到主表格的第 5 行,输入水平线和文字,效果如图 5-66 所示。

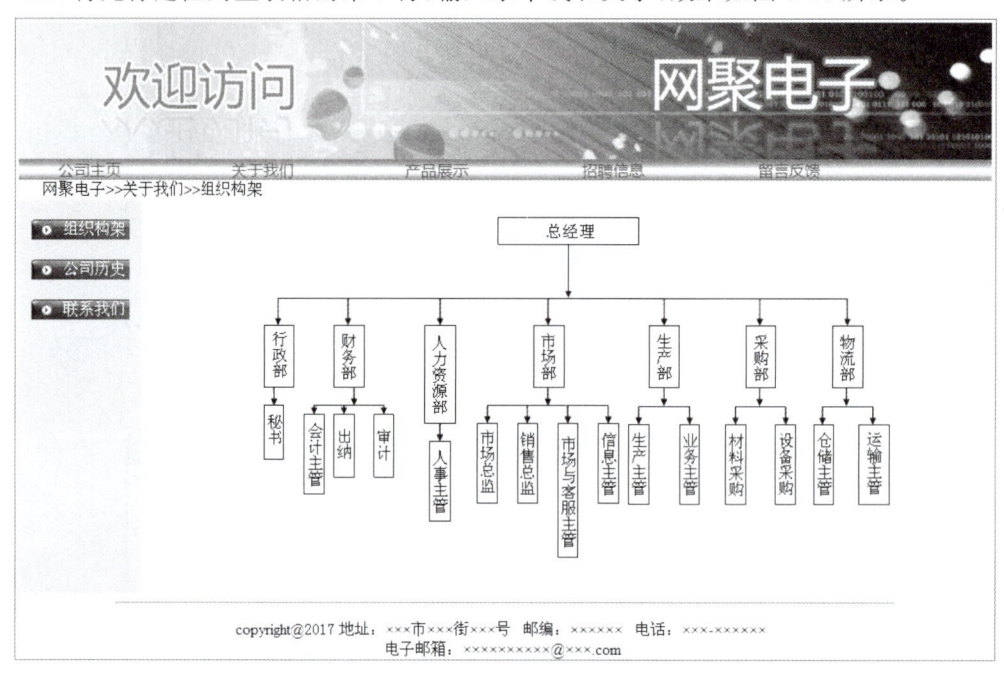

图 5-66 "组织构架"子网页效果

【子任务 5-6-6】 制作"公司历史"三级子网页

参照【子任务 5-6-5】步骤设置文件 lishi.html,效果如图 5-67 所示。

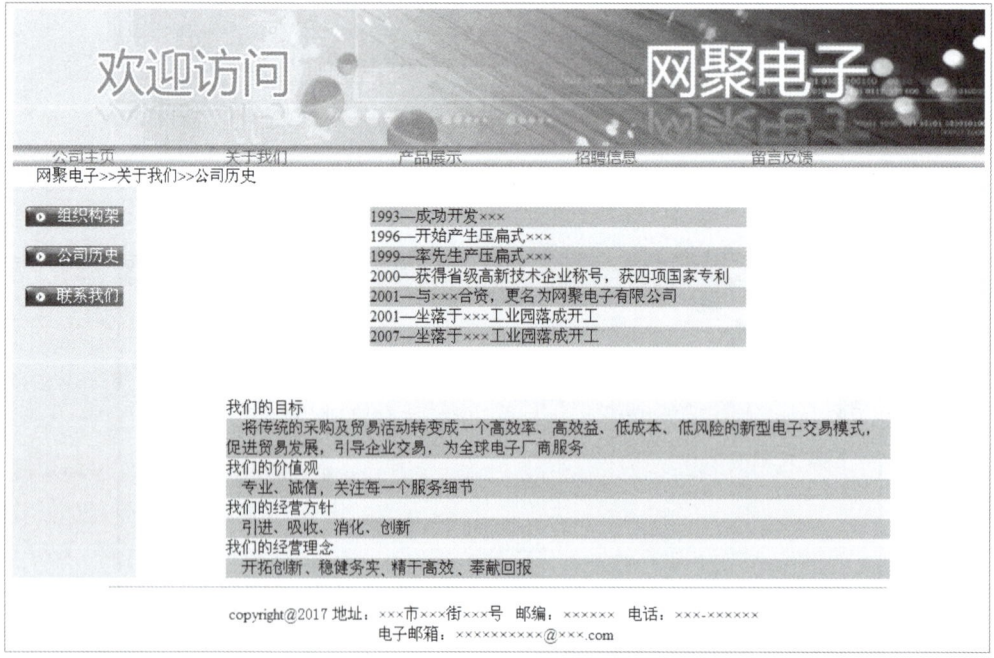

图 5-67 "公司历史"子网页效果

【子任务 5-6-7】 制作"联系我们"三级子网页

参照【子任务 5-6-5】步骤设置文件 lianxi.html，效果如图 5-68 所示。

图 5-68 "联系我们"子网页效果

【子任务 5-6-8】 制作"产品展示"子网页

在 Dreamweaver 中双击"站点"中的 cpzs.html，打开编辑窗口，设置标题为"网聚电子＞＞产品展示"。制作过程参照【子任务 5-6-5】，效果如图 5-69 所示。

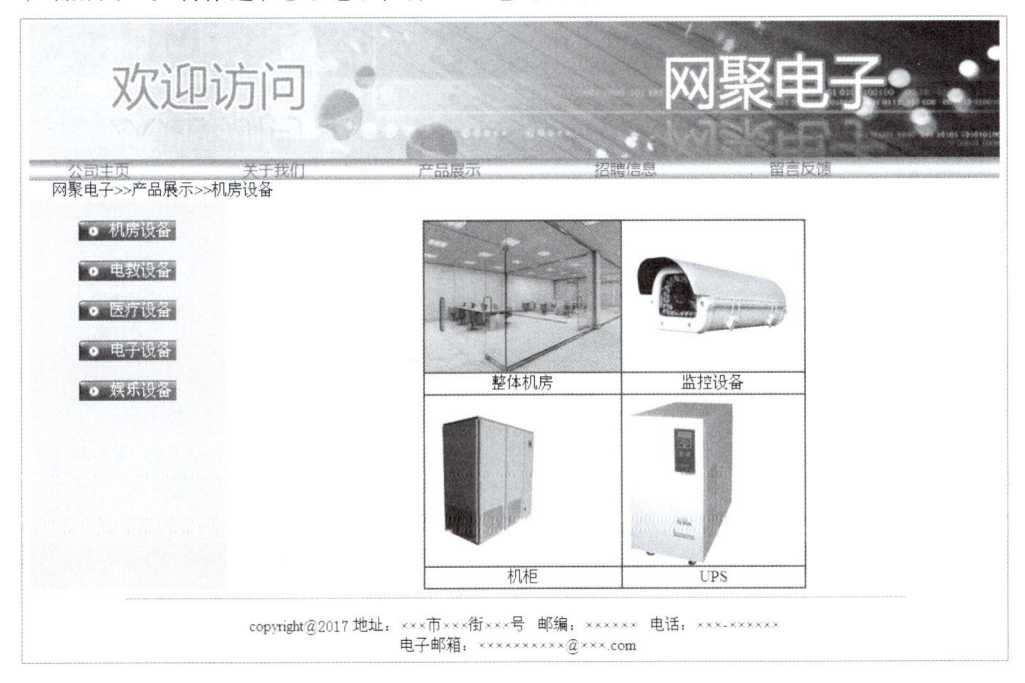

图 5-69 "机房设备"子网页效果

【子任务 5-6-9】 制作"电教设备"三级子网页

参照【子任务 5-6-8】的过程制作 dianjiao.html，效果如图 5-70 所示。

【子任务 5-6-10】 制作"医疗设备"三级子网页

参照【子任务 5-6-8】的过程制作 yiliao.html，效果如图 5-71 所示。

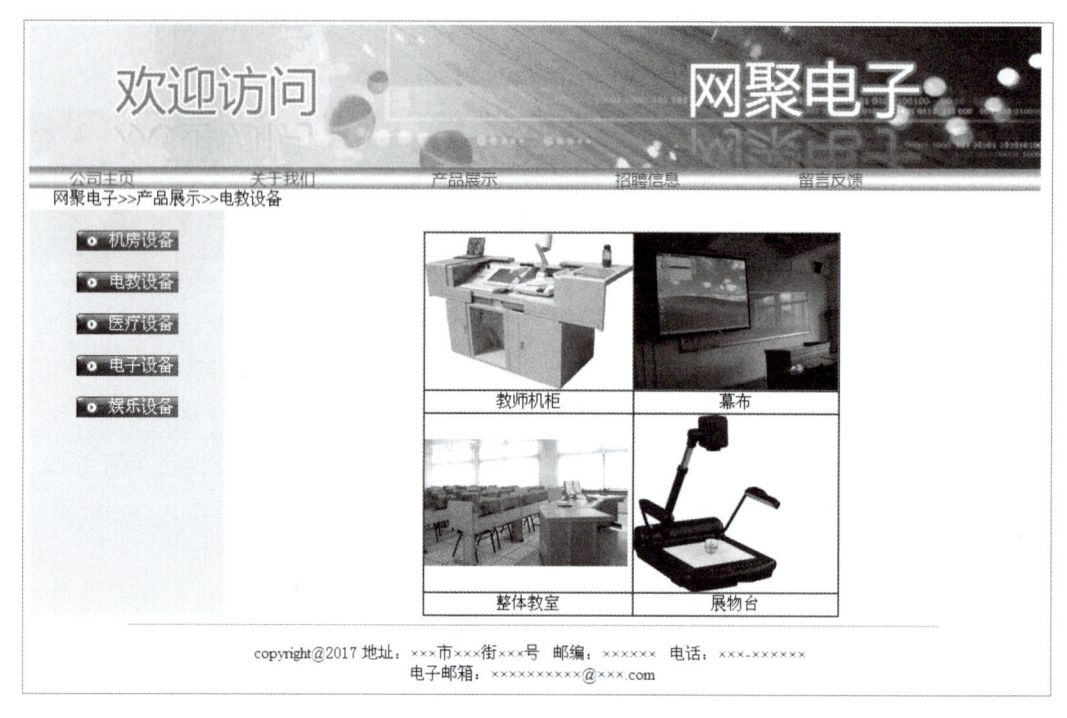

图 5-70 "电教设备"子网页效果

图 5-71 "医疗设备"子网页效果

【子任务 5-6-11】 制作"电子设备"三级子网页

参照【子任务 5-6-8】的过程制作 dianzi.html,效果如图 5-72 所示。

【子任务 5-6-12】 制作"娱乐设备"三级子页

参照【子任务 5-6-8】的过程制作 yule.html,效果如图 5-73 所示。

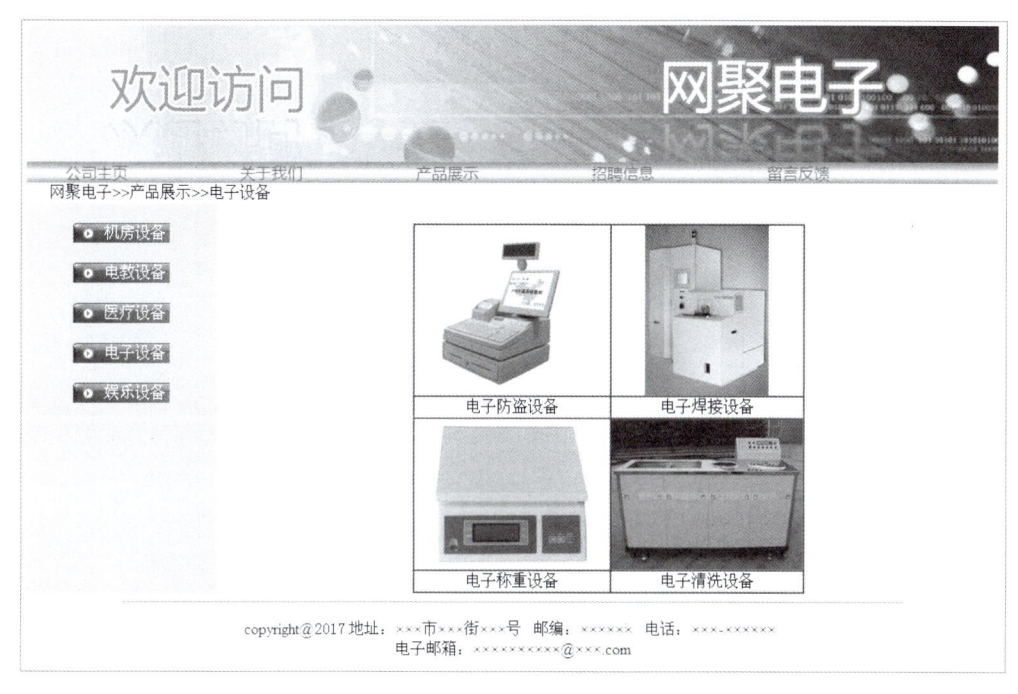

图 5-72 "电子设备"子网页效果

图 5-73 "娱乐设备"子网页效果

【子任务 5-6-13】 制作"招聘信息"子网页

操作步骤如下：

(1)在 Dreamweaver 中双击"站点"中的 zpxx.html,打开编辑窗口,设置标题为"网聚电子>>招聘信息"。

(2)插入 5 行 1 列表格。

(3) 第1、2、3、5行的制作参照"关于我们"子网页。

(4) 将光标定位到第4行,插入29行3列表格。

(5) 输入文字,设置CSS样式.font1,如图5-74所示。

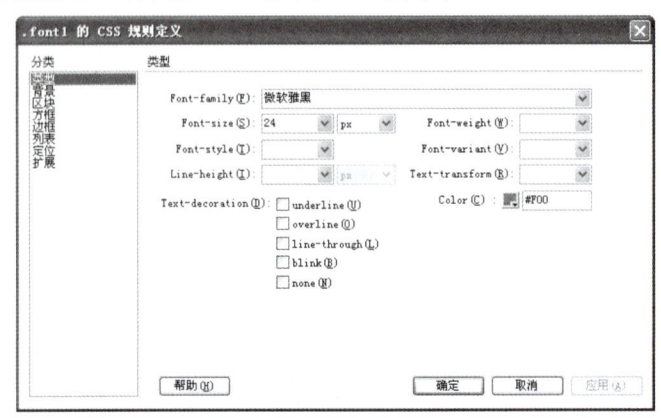

图5-74 .font1样式"类型"分类

(6) 按快捷键【Ctrl】+【S】保存网页,子网页效果如图5-75所示。

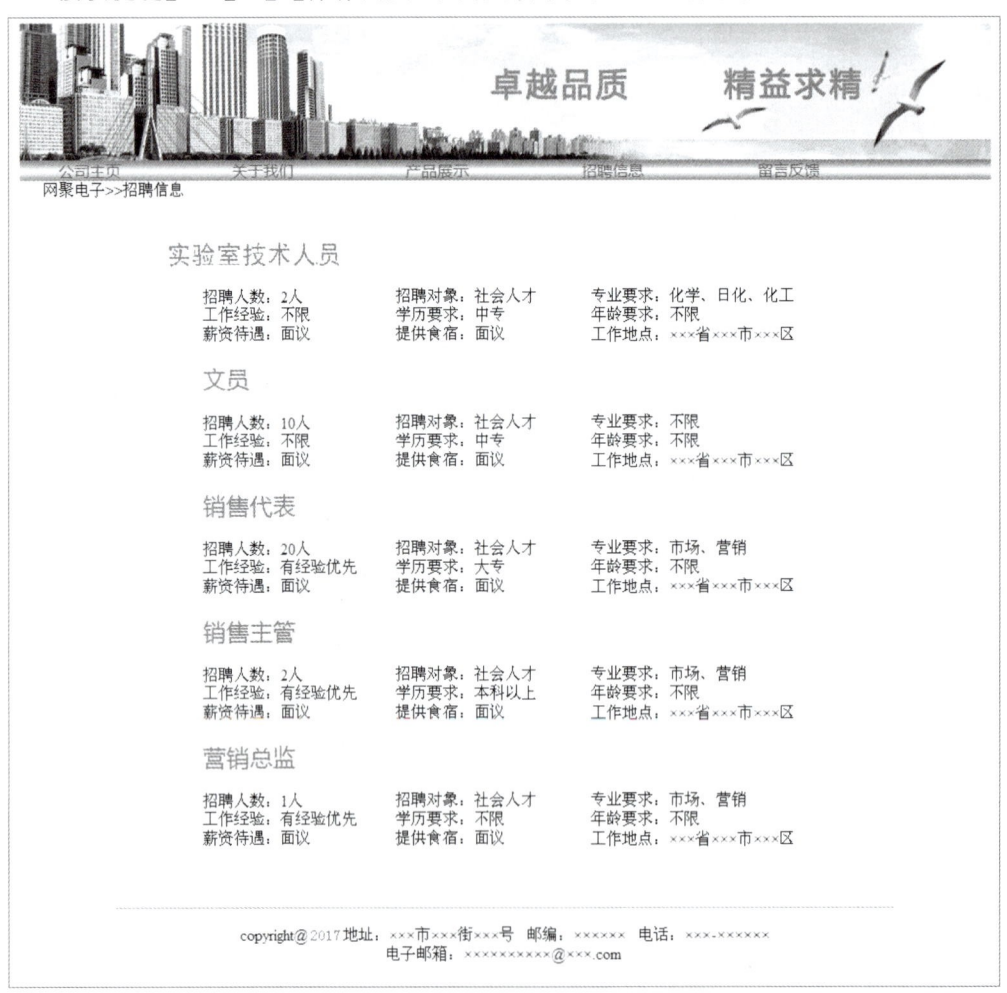

图5-75 "招聘信息"子网页效果

【子任务 5-6-14】 制作"留言反馈"子网页

操作步骤如下：

(1) 在 Dreamweaver 中双击"站点"中的 lyfk.html，打开编辑窗口，设置标题为"网聚电子>>留言反馈"。

(2) 插入 5 行 1 列表格。

(3) 第 1、2、3、5 行的制作参照"关于我们"子网页。

(4) 将光标定位到第 4 行，单击"插入"面板中【表单】按钮，插入一个表单，在表单中插入 7 行 3 列表格。

(5) 将光标定位到表格第 1 行，合并三列，输入文字，设置 CSS 样式.font1，参数设置如图 5-76 所示。

图 5-76 .font1 样式"类型"分类

(6) 将光标分别定位到表格第 2、3、4、5、6 行的第 1 列，输入文字。

(7) 将光标定位到表格第 2 行第 2 列，合并第 2、3 列，单击"插入"面板"表单"中的文本区域，"属性"面板如图 5-77 所示。

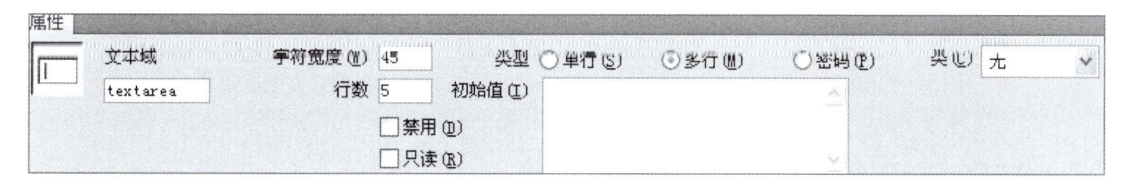

图 5-77 文本域的"属性"面板

(8) 将光标分别定位到表格第 3、4、5、6 行的第 2 列，单击"插入"面板中"表单"中的文本字段，属性设置为默认。

(9) 将光标分别定位到表格第 3、4、5、6 行的第 3 列，输入文字，设置 CSS 样式.font2，参数如图 5-78 所示。

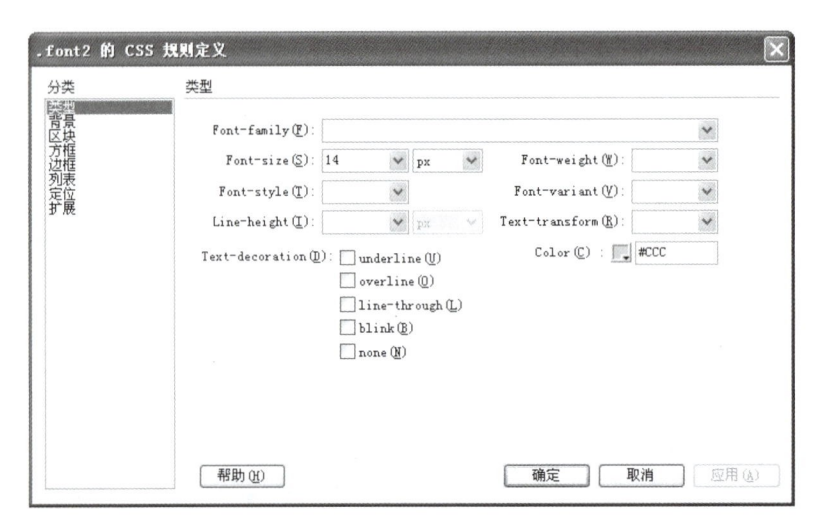

图 5-78 .font2 样式"类型"分类

（10）将光标定位到表格第 7 行，单击"插入"面板中"表单"中的 ▭ 按钮，属性设置为默认。

（11）按快捷键【Ctrl】+【S】保存网页，效果如图 5-79 所示。

图 5-79 "留言反馈"子网页效果

※特别提示　本任务相关知识请参阅：

知识点 1-6　Dreamweaver 中超链接的概念与基本应用

知识点 3-1　Dreamweaver 中 CSS 样式及应用

知识点 5-3　应用 Fireworks 制作动态交换图像

任务 5-7 网聚电子公司网站发布

【子任务 5-7-1】 测试网站

制作一个网站后,可以将网站发布到 Web 服务器上,使网络上的计算机能够访问到此网站。在发布网站前,应对网站进行测试。

操作步骤如下:

(1)执行"窗口"→"结果"命令,打开面板,单击"链接检查器"选项卡。

(2)单击【检查链接】按钮,选择"检查整个当前本地站点的链接",结果如图 5-80 所示。

图 5-80 检查链接结果

(3)在"断掉的链接"里修改出错误的链接地址,直至全部正确。

【子任务 5-7-2】 申请免费主页空间

操作步骤如下:

(1)打开"云邦互联"网站,如图 5-81 所示。

图 5-81 "云邦互联"网站

(2)单击【免费空间】按钮进入申请界面,填写信息后可完成免费空间申请,如图5-82所示。

(3)注册成功后,进入会员中心,管理中心开-通虚拟主机界面如图 5-83 所示。

这样免费空间就开通了。

【子任务 5-7-3】 申请免费域名

免费域名一般是指免费二级域名,某些投资商通过注册简短的域名来提供免费二级域名服务,注册者可以免费注册一个格式为"你的名字+二级域名",然后利用"你的名字+二级域名"实现域名解析、域名转发等服务功能。

图 5-82　申请界面　　　　　　　　图 5-83　管理中心-开通虚拟主机界面

操作步骤如下：

(1)在浏览器地址栏输入 http://www.uqc.cn，打开"域客士"网页，如图 5-84 所示。

图 5-84　"域客士"网页(局部)

(2)单击界面上的【免费域名】按钮，填写详细信息，如图 5-85 所示。

图 5-85　注册界面

(3)注册完成后,进入会员管理界面,可以先查询想要注册域名是否存在,如图 5-86 所示。

(4)如果该域名没有被占用,则注册并解析域名到空间的 FTP 地址 198.148.94.26 上,建立域名与空间的链接。

(5)回到会员管理界面,绑定域名,如图 5-87 所示。

图 5-86 域名查询

图 5-87 绑定域名

【子任务 5-7-4】 上传网站

有了域名和空间,我们需要把已经制作好的网站上传到互联网上。

操作步骤如下:

(1)打开 Dreamweaver,执行"站点"→"管理站点"命令,在弹出的"管理站点"对话框的列表中选择要上传的网站名称,然后单击【编辑】按钮,弹出"站点设置对象"对话框。选择"服务器"选项,然后单击【添加新服务器(+)】按钮,打开新的对话框,填入已经申请空间的 FTP 地址、用户名和密码,如图 5-88 所示。

图 5-88 服务器设置 1

(2)设置完成后,单击【保存】按钮,返回到上一级对话框,再单击【保存】按钮,完成设置。

(3)在"文件"面板上单击【上传文件】按钮,Dreamweaver 就开始连接远端站点并上传文件了。

(4)上传完毕后,单击【从远端主机断开】按钮,断开与服务器的连接。

(5)在浏览器地址栏输入 http://yunfengjie.cc.com,就可以查看发布在网上的网页了。

※特别提示 **本任务相关知识请参阅:**

知识点 5-5 网站的测试与发布

5.2 网聚电子公司网站制作相关知识

知识点 5-1　Flash 操作基础

Flash 是由 Macromedia 公司推出的交互式矢量图和 Web 动画的标准，由 Adobe 公司收购。网页设计者使用 Flash 创作出既漂亮又可改变尺寸的导航界面以及其他奇特的效果。

1. 操作界面

Flash 的操作界面由以下几部分组成：菜单栏、主工具栏、工具箱、时间轴、场景和舞台以及浮动面板等，如图 5-89 所示。

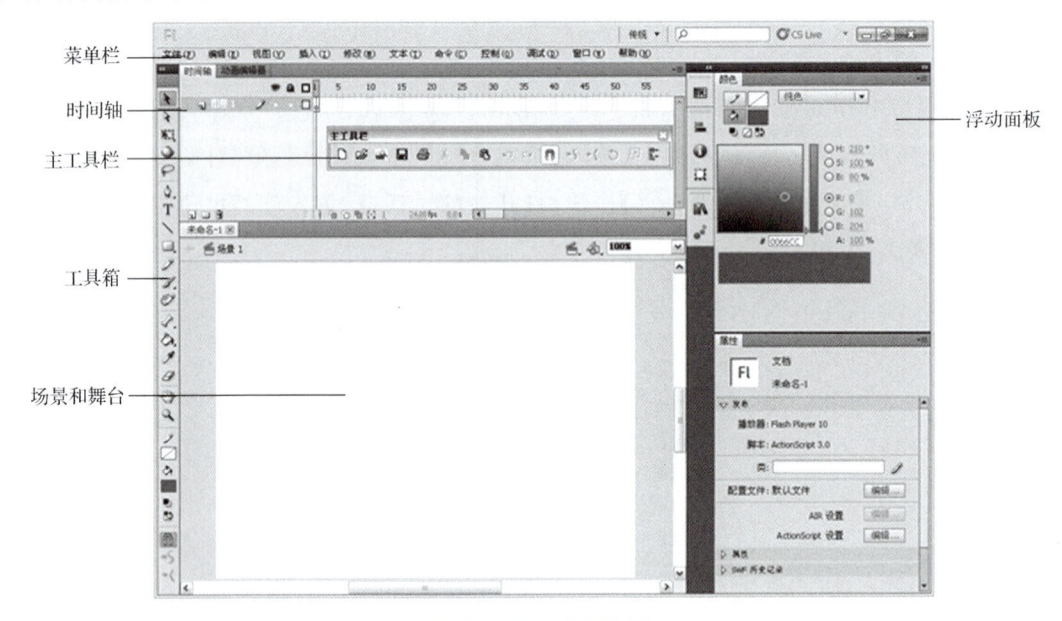

图 5-89　Flash 操作界面

Flash 的菜单栏依次为："文件"菜单、"编辑"菜单、"视图"菜单、"插入"菜单、"修改"菜单、"文本"菜单、"命令"菜单、"控制"菜单、"调试"菜单、"窗口"菜单及"帮助"菜单，如图 5-90 所示。

图 5-90　菜单栏

时间轴用于组织和控制文件内容在一定时间内播放。按照功能的不同，时间轴窗口分为左右两部分，分别为图层控制区和时间线控制区，如图 5-91 所示。

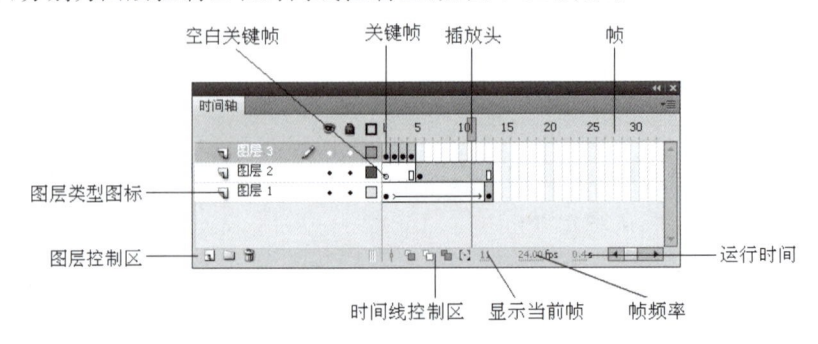

图 5-91　Flash 时间轴

场景是所有动画元素的最大活动空间。像多幕剧一样，场景可以不止一个。要查看特定场景，可以选择"视图"→"转到"命令，再从其子菜单中选择场景的名称。场景也就是常说的舞台，是编辑和播放动画的矩形区域。在舞台上可以放置、编辑向量插图、文本框、按钮、导入的位图图形、视频剪辑等对象。舞台包括大小、颜色等设置，如图5-92所示。

对于正在使用的工具或资源，使用"属性"面板，可以很容易地查看和更改它们的属性，从而简化文档的创建过程。当选定单个对象时，如文本、组件、形状、位图、视频、组、帧等，"属性"面板可以显示相应的信息和设置，如图5-93所示。也可以选定两个或多个不同类型的对象。

图 5-92 Flash 场景

图 5-93 Flash "属性"面板

使用面板可以查看、组合和更改资源。但屏幕的大小有限，为了使工作区"最大"，Flash提供了许多自定义工作区的方式，如可以通过"窗口"菜单显示、隐藏面板，还可以通过鼠标拖动来调整面板的大小以及重新组合面板，如图5-94所示。

2. 绘图工具箱

作为一款优秀的交互式矢量动画制作软件，丰富的矢量绘图和编辑功能是必不可少的。Flash提供了两种主要绘图方式，一个是矢量线条，另一个是绘制矢量色块，利用它们可以方便地绘制出栩栩如生的矢量图形。绘图工具箱如图5-95所示。

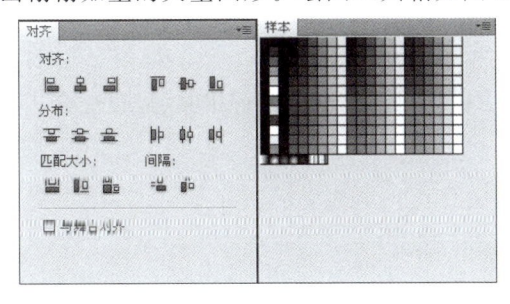

图 5-94 调整后的面板

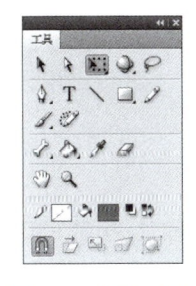

图 5-95 绘图工具箱

(1) 基本绘图工具

- "钢笔"工具

选择"钢笔"工具后，在舞台上不断地单击鼠标，可以绘制出相应的路径。想结束路径的绘制，双击最后一个点即可。

- "线条"工具

使用"线条"工具能画出风格各异的直线条。

- "铅笔"工具

使用"铅笔"工具可以方便地绘制曲线。

- "椭圆"工具和"矩形"工具

在工具箱中选择"椭圆"工具,将鼠标移到场景中,拖动鼠标可绘制出椭圆或圆形。选择"矩形"工具,在场景中拖动鼠标可绘制出方角或圆角的矩形及正方形。

- "刷子"工具

使用"刷子"工具可以随意地画出各种色块。

- "颜料桶"工具和"墨水瓶"工具

"颜料桶"工具,用于填充对象的颜色;"墨水瓶"工具,用于填充或改变对象的边框线属性。

- "滴管"工具

"滴管"工具用于吸取已有对象的色彩与属性,并将其赋予目标对象。

(2) 修改工具

- "橡皮擦"工具

使用"橡皮擦"工具可以删除舞台上的所有内容。

- "选择"工具

利用"选择"工具可以方便地选取利用 Flash 所绘制的图形对象。

- "部分选取"工具

使用"部分选取"工具可以通过选择对象的锚点,实现对锚点的编辑、移动和变形对象的目的。

- "套索"工具

"套索"工具是一种选取工具,可以选取对象的某个区域。

- "任意变形"工具

"任意变形"工具可以旋转缩放元件,也可以对图形对象进行扭曲、封套变形。

(3) 辅助绘图工具

- "手形"工具

"手形"工具的作用就是在工作区中移动对象。

- "缩放"工具

"缩放"工具的主要目的是在绘图过程中放大或缩小视图,以便编辑。

【实例 5-1】 绘制房子,要求通过房子的绘制掌握直线工具、选择工具、颜料桶工具、铅笔工具等的基本使用。

操作步骤如下:

(1) 新建 Flash 文档,画布大小使用默认值 550×400,画布颜色为 #00FFFF。

(2) 在画布上用"直线"工具绘制出房子的轮廓,并将房顶的颜色用颜料桶工具填充为 #660000,前面墙壁的颜色填充为 #FFFF99,侧面墙壁的颜色填充为 #FFCC66。

(3)选择"矩形"工具,将笔触颜色设置为黑色,填充颜色分别为♯CCCC00,♯FFCCFF,♯CC9900,用于绘制房子的门、窗和烟囱。

(4)使用"选择"工具对窗进行变形,将窗子上方的直线改变为弧线。

(5)选择"铅笔"工具,将笔触颜色设置为白色,再选择"选项"中的"平滑"模式在烟囱上绘制烟,填充白色,最终效果如图5-96所示。

(6)执行"文件"→"保存"命令,将文件以"房子.fla"名称存盘,完成实例的制作,按快捷键【Ctrl】+【Enter】测试影片。

3. 图形的处理

图5-96 房子效果

为了取得更好的图形效果,以适应动画编辑的需要,还需对图形进行适当的编辑处理,以提高动画制作的效率。

(1)组合与分离

组合与分离是图形编辑处理中效果相反的图形处理功能,绘图工具直接画出来的图形处于矢量分离的状态。对绘制的图形进行组合的处理,可以保持图形的独立性。组合图形的方法是:

方法一:执行"修改"→"组合"命令。

方法二:按下快捷键【Ctrl】+【G】。

分离图形是指将位图、文字或组合后的图形打散成一个一个的像素点,以便对其中的一部分进行编辑。分离图形的方法是:

方法一:执行"修改"→"分离"命令。

方法二:按下快捷键【Ctrl】+【B】。

(2)图形的变形

方法一:使用"选择"工具变形图形。

选择工具箱中的"选择"工具,将鼠标移动到图形的边缘区域,鼠标变成 形状,按下鼠标左键向所需方向拖动即可改变图形的形状。

方法二:使用"任意变形"工具变形对象。

使用"任意变形"工具不但可以进行缩放和旋转操作,还可以对选中对象进行变形操作,制作出特殊的效果,选择工具箱中的"任意变形"工具,"选项"区域如图5-97所示。

各按钮的作用如下:

- 旋转与倾斜:用于对图形进行旋转和倾斜操作。

图5-97 "任意变形"工具的"选项"区域

- 缩放:用于对图形进行缩放操作。当把鼠标置于图形的任意角上时,可对图形进行等比例缩放。
- 扭曲:用于对图形对象进行扭曲变形,可以用来增强物体的透视效果。
- 封套:可对图形对象进行细微的变形。

方法三:用部分选取工具变形对象。

选择工具箱中的"部分选取"工具,单击图形对象边缘,被选中的边框上会出现很多节点,拖动这些节点可以对图形进行变形。

- 当鼠标移到节点上时,鼠标变成 ,单击鼠标左键拖动可以改变该节点的位置。

- 当鼠标移到没有节点的曲线上时,鼠标变成 ,此时可以移动图形。
- 当鼠标移到节点的调节柄时,鼠标变成 ,此时可以调整与该节点相连的线段的弯曲度。

【实例 5-2】 使用【扭曲】按钮对文字进行变形。

操作步骤如下:

(1)新建一个 Flash 文档,给这个文档命名为"变形文字",在舞台上输入文字"网页设计",如图 5-98 所示。

(2)按快捷键【Ctrl】+【B】两次将文字打散成矢量图,如图 5-99 所示。

图 5-98 "网页设计"原始文字效果

图 5-99 "网页设计"打散后的效果

(3)选中"网页设计"四个字,单击"任意变形"工具,单击其中的【扭曲】按钮对其进行变形,如图 5-100 所示。

(4)按住鼠标左键,对四个边角进行拖动变形对象,最终得到透视效果,如图 5-101 所示。

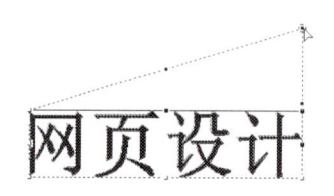

图 5-100 "网页设计"扭曲变形

图 5-101 "网页设计"透视效果

4. 声音素材的处理

在 Flash 动画制作过程中,常常需要为动画添加声音,在 Flash 中可以使用多种声音的方式,可以处理的音频文件格式也有很多种,最常用的是 MP3 格式和 WAV 格式。

(1)在文档中添加声音

要在文档中添加声音,需将声音文件导入到文档中,导入声音文件的方法有如下两种:

方法一:执行"文件"→"导入"→"导入到库"命令可以将声音文件导入到库中。

方法二:执行"文件"→"导入"→"导入到舞台"命令可以将声音文件导入到库中,该声音文件在舞台上不会显示。

(2)声音的编辑

在将声音文件添加到文档中后,还可以对声音进行编辑。选中音频层或添加了音效的关键帧,在声音属性面板中可以设置音频效果和同步方式。

①声音属性面板

声音属性面板如图 5-102 所示,各参数的作用如下:

- 声音:可以选择需要添加的声音文件。
- 效果:设置淡入、淡出等渐变效果。
- 编辑:对声音渐变效果进行详细设置。
- 同步:可以选择同步方式,决定在播放过程中声音与时间轴的关系。在动画暂停的时候,声音是跟着暂停,还是独立地播放下去。

图 5-102 声音属性面板

- 重复:设置声音的重复方式,有"重复"或"循环"两种。
- 重复次数:设置声音重复的次数。

②声音的同步方式

在"时间轴"面板中,可以设置声音的四种同步方式:

- 事件:使用这种方式会将声音和一个事件的发生合拍。当动画播放到时间的开始关键帧时,音频开始独立于时间轴播放,即使动画停止,声音也要继续播放完毕。
- 开始:选择该选项,即使当前声音文件正在播放,也会有一个新的相同声音文件开始播放。
- 停止:停止播放指定的声音。
- 数据流:自动调整动画和音频,使它们同步。

【实例 5-3】 给圣诞贺卡添加声音。

操作步骤如下:

(1)打开文件"圣诞快乐.fla",增加一个图层,并给该图层命名为"声音"。

(2)执行"文件"→"导入"→"导入到库"命令,选中素材文件夹中的声音文件 sdkl.mp3,将声音文件导入到 Flash 库中。

(3)选中"声音"图层的第 1 帧,将 sdkl.mp3 从库中拖放到舞台上,可以看到"声音"图层上添加了声音波形,如图 5-103 所示。

(4)为了使声音与动画同步,选中"声音"图层,在声音属性面板中将"同步"选项设置为"数据流",如图 5-104 所示。

图 5-103 在"声音"图层上添加了声音波形　　　图 5-104 设置"同步"选项

(5)按快捷键【Ctrl】+【Enter】测试动画,观察声音与动画的播放是否同步。

(6)设置"同步"选项为其他方式,再听听声音与动画的同步效果。

5. 测试与播放 Flash 动画

在正式发布和输出动画之前,需要对动画进行测试。测试动画有三种方法:一是使用播放控制栏,二是使用 Flash 专用的测试窗口,三是使用快捷键。

(1)使用播放控制栏

执行"窗口"→"工具栏"→"控制器"命令,打开"控制器"工具栏,如图 5-105 所示。

(2)使用 Flash 专用的测试窗口

执行"控制"→"测试场景"或"控制"→"测试影片"命令。

图 5-105 "控制器"工具栏

(3)使用快捷键

使用快捷键【Ctrl】+【Enter】,此时在源文件保存的目录中多了个.swf 格式的文件,双击这个文件能播放这个动画效果。

6. 发布 Flash 作品

发布 Flash 作品的过程分为两步。

第一步:选择发布文件格式,并用"发布设置"命令选择文件格式设置。

第二步:用"发布"命令发布 Flash 文档。

(1) 发布设置

执行"文件"→"发布设置"命令,弹出"发布设置"对话框,如图 5-106 所示。

在"发布设置"对话框中的"格式"选项卡中可以选择要发布文件的格式,设置完毕,单击【发布】按钮,即可在原 Flash 动画文件所在的目录生成相关的文件。

(2) 参数说明

单击"发布设置"对话框中的"Flash"选项卡,如图 5-107 所示,在此可对发布的 Flash 动画进行各种参数设置。

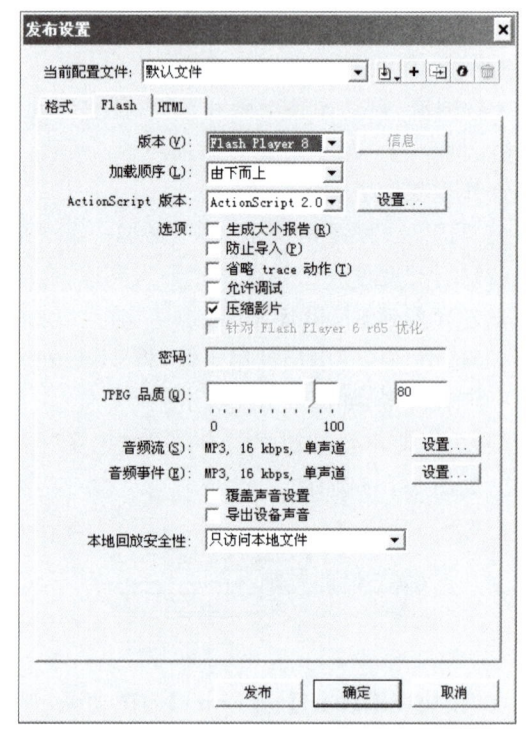

图 5-106 "发布设置"对话框　　　　　图 5-107 "Flash"选项卡

① 版本:指定导出的动画将在哪个版本的 Flash Player 上播放。单击下拉箭头,打开版本下拉列表,选择 Flash 播放器版本。

② 加载顺序:选择首帧所有层的下载方式。

③ ActionScript 版本:选择使用 ActionScript 的版本。

④ 选项:有 6 个选项供用户勾选。

● 生成大小报告:选择此项在发布过程中生成一个文本文件,给出文件大小。

● 防止导入:选中该项后,如果将此 Flash 放置到 Web 网页上,它将不能被下载。

● 省略 trace 动作:取消跟踪命令。

● 允许调试:选中该项后,如果在动画播放过程中,系统探测到有影响到下载性能的缺陷,可以自动对该缺陷进行调试,并进行自动优化。

● 压缩影片:选中该项后,在发布时对动画进行压缩。

● 针对 Flash Player 6.0 r65 优化:针对指定的 Flash Player 进行优化。

⑤ 密码:当选择了"防止导入"选项后,可以为影片设置导入密码。

⑥ JPEG 品质:确定动画中包含的位图应用 JPEG 文件格式压缩的比例。

⑦音频流和音频事件:单击这两个选项的设置按钮,在声音设置对话框中用户可以指定播放时的声音采样率和压缩方式。如果选中"覆盖声音设置"复选框,则设置对动画中的所有声音有效。

- 覆盖声音设置:选择该项后,影片中的所有声音压缩设置都将统一遵循音频流/音频事件的设置方案。
- 导出设备声音:将设备声音导出。

⑧设置完选项后,执行以下其中一项操作:
- 要生成所有指定的文件,单击【发布】按钮。
- 要在 FLA 文件中保存设置并关闭对话框而不进行发布,单击【确定】按钮。

⑨如果想在浏览器中播放 Flash 动画,用户可以选择并设置"HTML"选项卡,用于指定动画在浏览器窗口中出现的位置、背景颜色和尺寸等。

知识点 5-2　Flash 逐帧动画制作

1.逐帧动画的概念

逐帧动画是指在每个帧上都有关键性变化的动画,它由许多单个的关键帧组合而成,适合制作相邻关键帧中的对象变化不大的动画。

2.逐帧动画在时间轴上的表现形式

在时间轴上逐帧绘制帧内容称为逐帧动画,由于是一帧一帧地画,所以逐帧动画具有非常大的灵活性,几乎可以表现任何想表现的内容。逐帧动画在时间轴上表现为连续出现的关键帧,如图 5-108 所示。

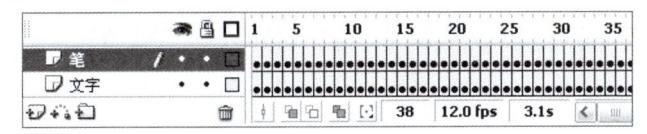

图 5-108　逐帧动画的时间轴与帧

3.创建逐帧动画的方法

(1)用导入的静态图像建立逐帧动画

用 jpg、png 等格式的静态图像连续导入 Flash 中,就会建立一段逐帧动画。

(2)绘制矢量逐帧动画

用鼠标或压感笔在场景中一帧一帧地画出帧内容。

(3)文字逐帧动画

用文字作帧中的元件,实现文字跳跃、旋转等特效。

(4)导入序列图像

可以导入 gif 序列图像、swf 动画文件或者利用第 3 方软件(如 Swish、Swift 3D 等)产生的动画序列。

【实例 5-4】　用逐帧动画制作一个网络小广告。

操作步骤如下:

(1)新建一个 Flash 文档,将舞台大小设置为 500×200。

(2)执行"文件"→"导入"→"导入到舞台"命令,将图像"罐装.png"导入到舞台。

(3)单击【新建】按钮 ,新建一个图层 2,在该图层上输入文字"好礼等你拿",按快捷键【Ctrl】+【B】将文字打散成单个文字。

(4)将图层 2 的第 1 帧拖到第 5 帧,并将图层 1 和图层 2 延长至第 30 帧;在图层 2 的第 10、15、20、25 帧处分别插入一个关键帧,如图 5-109 所示。

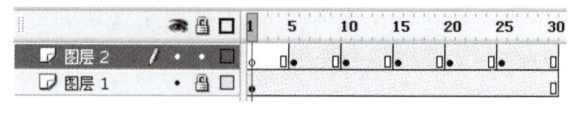

图 5-109 插入关键帧

(5)在图层 2 的第 5 帧处删除"礼等你拿",第 10 帧处删除"等你拿",第 15 帧处删除"你拿",第 20 帧处删除"拿",完成文字逐字出现的动画效果。

(6)按快捷键【Ctrl】+【Enter】测试动画效果。

知识点 5-3 应用 Fireworks 制作动态交换图像

动态交换图像可以为网站增加一种活泼生动、复杂多变的外观,制作方法也很简单,通过每一个帧中对象上的变化,来产生动态交换的错觉,当帧按顺序播放时,就成了动态交换动画。

【实例 5-5】 制作动态交换图像。

(1)新建一个 Fireworks 文档,画布为 110×142,分辨率为 72 像素/英寸,画布颜色为"透明",单击【确定】按钮。

(2)执行"文件"→"导入"命令,弹出"导入"对话框,选择要导入的素材 f-01.jpg,x 和 y 的值均为 0。

(3)执行"窗口"→"状态"命令,打开"状态"面板。

(4)单击"状态"面板右下方的【新建/重置状态】按钮,增加状态。

(5)执行步骤(2),在"状态 2"中导入素材 f-02.jpg,x 和 y 的值均为 0。

(6)依次重复执行步骤(4)、(5)导入素材 f-03.jpg,x 和 y 的值均为 0。

(7)按下【Ctrl】键的同时单击各状态,双击"状态延迟"的数值,修改为一个合适的速度 100。

(8)单击【播放】按钮 ▷ 可预览动画效果。

(9)执行"文件"→"图像预览"命令,弹出"图像预览"对话框,选择格式为 GIF 动画,如图 5-110 所示。

单击【导出】按钮,弹出"导出"对话框,给出文件名。再单击【保存】按钮,完成动态交换图像的动画制作。

图 5-110 "图像预览"对话框(动态交换图像)

知识点 5-4　Dreamweaver 行为

在 Dreamweaver 中的行为(Behaviors)，有化腐朽为神奇的作用。

1. 行为的基础知识

行为是被用来动态响应用户操作、改变当前网页效果或是执行特定任务的一种方法。一个行为是由一个事件(Event)和一个动作(Action)构成的。例如，当用户将鼠标移到一张图像上时(称为一个事件)，这个图像会发生预定义好的变化(称为一个动作)。事实上，行为是由预先书写好的 JavaScript 代码构成的，使用它可以完成诸如打开新浏览器窗口、播放背景音乐、控制 Shockwave 文件的播放等任务。事件是为大多数浏览器理解的通用代码，例如，onMouseOver、onMouseOut 和 onclick 都是用户在浏览器中对浏览网页的操作，而浏览器通过一定的解释执行来响应用户的动作。举个例子，当将鼠标指针移到一个链接上时，浏览器获取了一个 onMouseOver 事件，并通过调用事先已经写好的与此事件关联的 JavaScript 代码来响应这个动作。

所有的行为都集成在"标签检查器"中，在这里我们可以轻松地制作、修改行为。执行"窗口"→"标签检查器"命令或按【F8】键均可打开"标签检查器"。

2. 显示-隐藏元素

显示-隐藏元素行为可以显示或隐藏网页中的层。

【实例 5-6】　显示-隐藏层。

(1) 打开素材文件 ceng.html，选中第 1 个单元格，如图 5-111 所示。

图 5-111　素材文件

(2) 单击"行为"面板上的 ＋ 按钮，从下拉菜单(图 5-112)中选择"显示-隐藏元素"命令，弹出如图 5-113 所示的对话框。

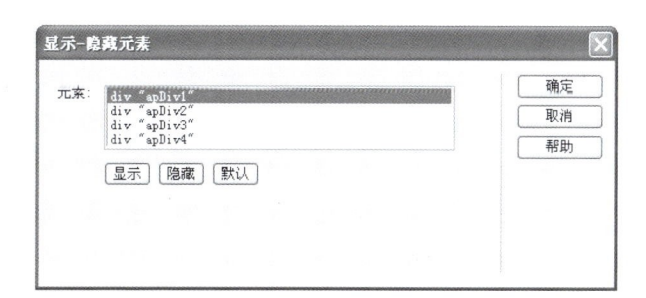

图 5-112　下拉菜单　　　　　　　　图 5-113　"显示-隐藏元素"对话框

(3)在"元素"列表框中选择 div "apDiv1",单击【隐藏】按钮,再单击【确定】按钮,完成设置。
(4)此时在"行为"面板上出现设置的"显示-隐藏元素"行为,设置事件为"onMouseOut"。
(5)按照上述过程,制作事件"onMouseOver"对应的动作为"显示"div "apDiv1"。
(6)重复步骤(1)~(5)为第 2 个单元格设置行为。
(7)重复步骤(1)~(5)为第 3 个单元格设置行为。
(8)重复步骤(1)~(5)为第 4 个单元格设置行为。
(9)按快捷键【Ctrl】+【S】保存网页,并在浏览器中查看效果。

3. 设置弹出信息

弹出信息的功能是当用户在网页中执行某一操作时,会随之打开一个提示信息。

【实例 5-7】 设置网页弹出信息。

(1)打开素材文件 tan.html,单击窗口左下角标签选择器中的＜body＞标签。
(2)打开"行为"面板,单击 + 按钮,从下拉菜单中选择"弹出信息"命令。
(3)在"弹出信息"对话框中输入信息"欢迎光临我的网页",如图 5-114 所示。
(4)单击【确定】按钮,事件设置为"onLoad","行为"面板如图 5-115 所示。

图 5-114 "弹出信息"对话框   图 5-115 "行为"面板(onLoad)

(5)按快捷键【Ctrl】+【S】保存网页,并在浏览器中查看效果。

4. 设置交换图像

交换图像主要用于动态改变图像对应的＜img＞标记的 scr 属性值,将图像变换为另外一张图像。使用此动作,不仅可以制作普通的翻转图像,还可以制作图像按钮的翻转效果。

【实例 5-8】 设置交换图像。

操作步骤如下:

(1)打开素材文件 jiao.html,选中要交换的图像。单击"行为"面板上的 + 按钮,在下拉菜单中选择"交换图像"命令,打开如图 5-116 所示的对话框。

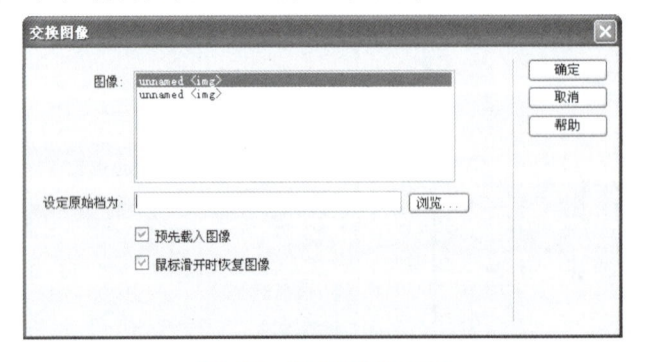

图 5-116 "交换图像"对话框

(2)单击"设定原始档为"右侧的【浏览】按钮,打开"选择图像源文件"对话框,在其中选择一张图像。

（3）单击【确定】按钮，返回"交换图像"对话框。单击【确定】按钮，关闭该对话框。

（4）按快捷键【Ctrl】+【S】保存网页，并在浏览器中查看效果。当鼠标指针指向图像时，变成另一张图像，效果如图 5-117 所示。

图 5-117　交换图像效果

5. 获得更多的行为

如果想使用 Dreamweaver 以外的行为，则可以下载和安装第三方行为插件。

【实例 5-9】　获得更多行为。

操作步骤如下：

（1）单击"行为"面板上的 按钮，从下拉菜单中选择"获取更多行为"命令。

（2）此时会自动打开浏览器并连接 Internet，在出现的网站上可以找到许多行为，选择需要的行为文件，将其下载即可。

行为文件通常为压缩文件，因此需要将下载的行为文件解压缩，再将解压缩的文件拖到 Dreamweaver 应用程序文件夹中的 Configuration\Behaviors\Actions 文件夹下，然后重新启动 Dreamweaver，就会在行为控制器中找到新加入的行为。

知识点 5-5　网站的测试与发布

1. 网站的测试

在网站发布之前，可以在本地对网站进行测试，以免上传后出现错误。网站测试主要包括：浏览器兼容性、链接检查器、站点报告等。

链接检查器（图 5-80）各选项含义如下：

- 断掉的链接：用于检查文档中是否存在断掉的链接。
- 外部链接：用于检查外部链接。
- 孤立文件：用于检查站点中是否存在孤立文件，即没有被任何链接所引用的文件。

当找到断掉的链接并想进行修复时，可找到此链接的文字或图像，在"链接检查器"面板中选择此断掉的链接，然后重新输入链接路径；也可以选择断掉的链接，重新创建链接。

2. 浏览器兼容性检查

在实际应用过程中，有时因为客户端浏览器类型或版本问题，会造成网页无法正常显示的现象。如果在发布网站前，对所有网页的兼容性进行测试，就能避免此情况的发生。

图 5-118 为"浏览器兼容性"面板。

图 5-118 "浏览器兼容性"面板

单击面板左上角的 ▶ 按钮，在下拉列表中选择"设置"，弹出如图 5-119 所示的"目标浏览器"对话框。

在此对话框中设置各浏览器的测试版本，单击【确定】按钮。此时在面板中将列出一个报告单，其中显示了可能导致网页无法正常运行或显示的选项、位置以及对应浏览器的类型和版本。

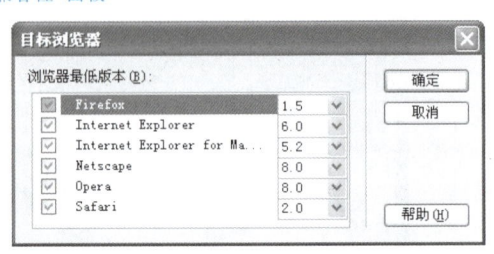

图 5-119 "目标浏览器"对话框

3. 申请主页空间

使用以下方法可以在互联网上拥有一个网站空间：

(1) 购置服务器：购置自己的 Web 服务器，将网页内容上传到服务器上，并选择好的 ISP 服务提供商，将 Web 服务器接入互联网。

(2) 租用专用服务器：租用一个专用服务器，用户可以有完全的管理权和控制权。但因其租用费用较高，所以个人一般不适用这种服务。

(3) 使用虚拟主机：虚拟主机也称虚拟服务器，它是指用特殊的软硬件技术，把一台 Internet 上的服务器主机分成多个"虚拟"的主机，供多个用户共同使用，以此降低建站成本与维护费用。每一个虚拟主机都具有独立的域名和完整的 HTTP、FTP、E-mail 等功能，相互之间完全独立、互不干扰，用户可以自行管理各自的虚拟主机。

(4) 免费个人主页：对一些个人网站的站长来说，在网上建一个"家"往往出于兴趣爱好或交朋结友，对网站的访问量和功能并无太高的要求，因此可以优先选择申请免费的个人主页空间。

4. 上传文件到服务器

网站制作完毕后，要发布到 Web 服务器上，才能够让互联网上的朋友观看。有些主页空间支持在线 Web 上传，也可以使用专门的 FTP 软件上传网站，如 CuteFTP、LeapFTP 等。Dreamweaver 也有自带 FTP 功能，可以很方便地把网站发布到自己申请的网站空间里。

执行"站点"→"管理站点"命令，在弹出的"管理站点"对话框的列表中选择要上传的网站名称，然后单击【编辑】按钮，弹出"站点设置对象"对话框。选择"服务器"选项，然后单击【添加新服务器(+)】按钮，打开新的对话框，设置如图 5-120 所示。

- 服务器名称：可以起一个你喜欢的任何名称。
- 连接方法：选择 FTP。
- FTP 地址：输入远程的 FTP 主机名称，如 www.baike369.com，或者 IP 地址，如 203.171.236.155。一定要输入有权访问的空间的域名地址，否则连接不上。
- 端口：可以根据服务器提供商的要求来填写。
- 用户名：输入连接到 FTP 服务器的注册名。
- 密码：输入连接到 FTP 服务器的密码。

图 5-120　服务器设置 2

- 测试：单击【测试】按钮可以检查是否能够成功连接到服务器上。如果不能，则修改前面的设置。
- 根目录：输入远程服务器上存放网站的目录。
- Web URL：输入 URL 地址。

设置完成后，单击【保存】按钮，返回上一级对话框，再单击【保存】按钮，即可完成设置。使用本地站点连接好远程服务器后，在"站点"面板中就可以对文件进行上传、下载操作了。

在"文件"面板上单击【上传文件】按钮，Dreamweaver 就开始连接远端站点并上传文件了。上传完毕后，单击【从远端主机断开】按钮，断开与服务器的连接。在浏览器地址栏输入申请空间时系统自动分配的域名就可以查看发布在网上的网页了。

实训指导 5

【实训项目 5-1】　创建一个站点，并且制作网站。要求综合利用 Flash 动画、Fireworks 绘画、Dreamweaver 层的行为等技巧制作，建立子网页及各网页之间的链接，申请空间和域名，进行网站的上传。网站如图 5-121 所示。

图 5-121　校园网网站效果

操作步骤参考如下：

Step1：在硬盘上设立本地站点目录。

（1）在桌面双击"我的电脑"图标。

（2）在"我的电脑"窗口中双击打开用于存储站点的硬盘驱动器（如 D 盘）。

（3）使用"文件"→"新建"→"文件夹"命令，在硬盘中建立一个新文件夹。

（4）在新文件夹上单击鼠标右键，选择"重命名"命令，在英文输入法状态下输入站点名称。

Step2：建立 Dreamweaver 站点。

（1）启动 Dreamweaver。

（2）执行"站点"→"新建站点"命令，弹出"站点设置对象"对话框。

（3）选择"站点"选项。

（4）在"站点名称"文本框中输入"校园网"，在"本地站点文件夹"输入 D:\xyw 作为本地根文件夹，其他可采用默认设置。

（5）单击【保存】按钮，完成站点创建。

Step3：在校园网网站中建立子文件夹。

（1）在"文件"面板中选择"站点－校园网（D:\xyw）"文件夹，单击鼠标右键，在弹出的快捷菜单中选择"新建文件夹"命令，建立一个 untitled 文件夹。

（2）单击 untitled 文件夹的名称部分，输入 images，将文件夹改名为 images，此文件夹用于存放图像文件。

（3）参照步骤（1）和（2），依次建立子文件夹 swf（存放 Flash 动画）、xyzx（校园资讯）、xyqg（校园情感）、cyjy（创业就业）、pxyd（培训园地）、xyfg（校园风光）。

（4）选中"站点－校园网（D:\xyw）"文件夹，单击鼠标右键，在弹出的快捷菜单中选择"新建文件"命令。

（5）单击新文件名的名称部分，将 untitled.html 改名为 index.html（作为网站的主页文件）。

（6）选中各子文件夹，单击鼠标右键，在弹出的快捷菜单中选择"新建文件"命令，建立网页 xyzx.html（校园资讯）、xyqg.html（校园情感）、cyjy.html（创业就业）、pxyd.html（培训园地）、xyfg.html（校园风光）。

Step4：设置主页的页面属性。

（1）在站点中双击 index.html，打开主页文件。

（2）单击"属性"面板中的【页面属性】按钮，在弹出的"页面属性"对话框的"分类"列表中选中"标题/编码"。

（3）在"标题"文本框中输入标题"欢迎光临校园网"。

（4）单击"属性"面板中的【页面属性】按钮，在弹出的"页面属性"对话框的"分类"列表中选中"链接（CSS）"，设置网页中可链接文字颜色为♯FFFFFF，网页中已访问过的链接文字颜色为♯CC6600。

（5）按快捷键【Ctrl】+【S】保存网页。

Step5：插入表格布局网站。

（1）鼠标定位至空白网页中，执行"插入"→"表格"命令。

（2）在"表格"对话框中输入"行数"为 10，"列"为 3，"表格宽度"为 850 像素，"边框粗细"为 0，其余值默认，单击【确定】按钮。

（3）根据网站布局需求合并单元格，如图 5-122 所示。

(4) 按快捷键【Ctrl】+【S】保存网页。

图 5-122 主页表格布局

Step6：制作网站动态 Logo。
(1) 新建 Flash 文件，舞台设置为 200×42。
(2) 选择"矩形"工具绘制 3 个矩形，并分别填充颜色为♯0066FF，♯FF9900，♯FF66FF；使用"任意变形"工具进行变形。
(3) 选择"文本"工具分别绘制"校园网"三个文字，字体为华文琥珀，大小为 23，首帧效果如图 5-123 所示。

图 5-123 首帧效果

(4) 在第 15、30 帧分别插入关键帧，并复制第 1 帧内容。
(5) 在第 15、30 帧上分别改变矩形的颜色。
(6) 执行"文件"→"导出"→"导出为影片"命令，弹出"导出影片"对话框，选择文件保存的位置为 D:\xyw\images，文件名为 xiao，文件类型为"SWF 影片（*.swf）"，单击【保存】按钮，将文件导出为 xiao.swf。
(7) 在 Dreamweaver 的站点中双击 index.html 文件，将光标定位到网页布局表格的第 1 行第 1 列。
(8) 执行"插入"→"媒体"→"SWF"命令，在弹出的"选择图像源文件"对话框中选择 D:\xyw\images\xiao.swf 文件。
(9) 单击【确定】按钮，弹出"图像标签辅助功能属性"对话框，输入"替换文本"为"网站 logo"，单击【确定】按钮。
(10) 按快捷键【Ctrl】+【S】保存网页。

Step7：制作网站导航栏。
(1) 在 Dreamweaver 的站点中双击 index.html 文件，将光标定位到网页布局表格的第 1 行第 2 列。
(2) 新建 CSS 样式，设置背景图像为 navi.jpg，应用于单元格。
(3) 输入导航栏文字，并设置链接，效果如图 5-124 所示。
(4) 按快捷键【Ctrl】+【S】保存网页。

图 5-124 导航栏效果

Step8:输入并设置栏目区。
(1)在表格中按照内容分别输入文字。
(2)新建 CSS 样式.tdbg2,设置栏目标题的背景图像效果,文字颜色为♯0033CC。
(3)分别将几个栏目的内容设置成无序列表的形式。
(4)设置"MORE"分别链接到相应的子网页上。
(5)按快捷键【Ctrl】+【S】保存网页,效果如图 5-125 所示。

图 5-125　栏目区效果

Step9:设置行为。
(1)将光标定位到"校园风光"下的单元格中,插入图像 01.jpg～04.jpg。
(2)设置图像的交换行为,分别将"设置原始档为"设置为图片 05.jpg～08.jpg。
(3)按快捷键【Ctrl】+【S】保存网页。

Step10:设置表单。
(1)在右侧最大的单元格中插入一个 2 行 1 列的表格。
(2)新建 CSS 样式,分别设置单元格背景图像为 login.jpg。
(3)输入文本,插入表单标记。
(4)在"用户:"和"密码:"后分别插入文本字段。
(5)最后插入【登录】和【取消】按钮。
(6)按快捷键【Ctrl】+【S】保存网页,效果如图 5-126 所示。

Step11:应用多媒体标记插入多媒体对象。
应用多媒体标记制作校园公告区域。
(1)输入文本。
(2)插入滚动文字<marquee>标记,代码如下:

图 5-126　表单效果

```
<tr>
    <td height="206" valign="top" background="images/login.jpg" align="center">
    <p> <font color="#0033CC">校园公告</font> </p>
    <p>
    <marquee direction=up width="200" height="100" scrollamount="1" scrolldelay="50" onmouseover="this.stop()" onmouseout="this.start()" align="absmiddle">     首届高校达人争霸赛正在火热进行,欢迎各团体、个人踊跃参加,比赛日程、注意事项及报名相关问题请关注本站通知。
    </marquee>
    </p>
    <p>  </p> </td>
</tr>
```

(3)按快捷键【Ctrl】+【S】保存网页,效果如图 5-127 所示。

【实训项目 5-2】 请读者自行设计校园网的各子网页。

【实训项目 5-3】 按照本项目讲授的小型企业网站制作过程制作自己的企业网站。

图 5-127 公告效果

综合练习 5

1. 选择题

(1)Flash 是制作( )的工具软件。
A. 动画　　　B. 交互媒体　　C. 矢量图形　　D. 多媒体光盘
(2)关于 Flash 影片舞台的最大尺寸,下列说法正确的是( )。
A. 可以设置到无限大　　　　　B. 1000 px×1000 px
C. 2880 px×2880 px　　　　　D. 4800 px×4800 px
(3)如果一个对象是以 100%的大小显示在工作区中,选择工具箱中的"缩放"工具,并按下【Alt】键,使用鼠标单击,则对象将以多少的比例显示在工作区中。( )
A. 50%　　　B. 100%　　　C. 200%　　　D. 400%
(4)在 Flash 中,要绘制精确的直线或曲线路径,可以使用( )。
A. "铅笔"工具　B. "钢笔"工具　C. "刷子"工具　D. A 和 B 都正确
(5)选择"插入"菜单中( )子菜单中的 AP Div 命令,即可在指定位置插入一个默认大小的层。
A. 布局对象　　B. 标签　　　C. 表格　　　D. 表格对象
(6)按住( )键,在每个要选择的层中单击鼠标,即可选择多个图层。
A. Ctrl　　　B. Alt　　　C. Shift　　　D. Ctrl+Alt
(7)选中层,按住【Ctrl】键再使用方向键,一次可以调整( )个像素。
A. 1　　　　B. 2　　　　C. 3　　　　D. 4
(8)按( )键,可以打开"AP"元素面板。
A. F4　　　　B. F5　　　　C. F2　　　　D. F1

2. 填空题

(1)关键帧定义了动画的变化环节,在"帧"面板上表现为_____,而无内容的关键帧即_____,用_____表示。在关键帧和空白关键帧上可以加入动作脚本控制动画。
(2)Flash 动画是将一系列具有细微差别的画面(即帧)以一定的速度播放,利用人的_____原理,使原来静止的图像运动起来。
(3)AP Div 又称为_____元素,用来精确控制网页中对象的位置。

3. 操作题

(1)根据项目中的操作过程制作一个 Flash 逐帧动画。
(2)根据项目中的操作过程制作一个 Fireworks 动态交换图像动画。
(3)根据项目中的操作过程,利用 Dreamweaver 的层制作一个网站导航栏。

项目 6 金鑫房地产开发公司网站制作

内容提要

本项目从清晰明确的任务训练入手,讲授了金鑫房地产开发公司网站的规划与设计,应用中文Dreamweaver、中文Fireworks和中文Flash建立网站并制作网页的全过程,同时对网站规划、设计及应用上述软件进行网页制作等相关知识进行了详细阐述。

能力目标

1. 能够运用网站规划设计相关知识进行企业网站规划设计。
2. 能够较熟练运用中文Dreamweaver、中文Fireworks以及中文Flash制作网页。
3. 能够运用网站创建、管理知识对企业网站进行创建与管理。

知识目标

1. 熟悉网站规划设计的基本知识及要点。
2. 掌握表单在网页制作中的应用。
3. 理解并掌握制作Flash渐变动画的基本操作。
4. 掌握用中文Dreamweaver进行网页设计制作的相关知识。

6.1 金鑫房地产开发公司网站制作过程

任务 6-1　设计规划金鑫房地产开发公司网站

前期准备工作决定了综合网站建设的效率,工作准备得充分与否是网站建设成败的关键。准备工作主要包括对企业特点调查分析、网站风格定位、确定网站栏目和架构、素材收集等。本任务以金鑫房地产开发公司为背景,对网站开发的整个环节进行详细叙述。

【子任务 6-1-1】　网站整体需求分析

本任务主要完成的工作是对该企业的背景、发展历史、企业发展现状以及客户特点等进行详细调查、分析,然后根据企业和客户特点对网站进行总体规划。同时,还针对公司领导层、管理层、作业层和潜在客户进行了问卷调查,供相关人员参阅。网站整体需求主要包括以下几个方面:

(1)网站建设背景及目标。主要包括该企业的性质、业务领域、发展背景等,以及通过网站建设要达到的目标,比如是宣传企业形象还是拓展公司的业务领域。公司业务领域主要包括置地、规划、开发、销售、物业等一系列内容。

(2)网站建设现状分析。通过调查研究,分析同领域网站建设现状,并进行归类总结,找出同类公司网站建设的优点和不足,在后期建设过程中弥补不足,发挥优势。本网站主要突显了该公司的资质雄厚、口碑非常好,在同行及民众中有着良好的形象。

(3)网站建设目标分解。通过调查分析,明确网站建设目标,并将目标划分为若干子模块,确定建站所使用的技术,是采用静态网页技术还是动态网页技术,采用何种数据库技术等。金鑫房地产开发公司网站的建设主要从楼盘结构、销售、物业等几个方面入手,以宣传为主,主要采用静态网页技术,利用中文 Dreamweaver、中文 Fireworks 和中文 Flash 三大软件来进行开发、创建。

(4)网站建设资金及人员投入情况分析。确定网站建设规模,申请域名,确定是购置服务器还是租用空间;通过建站需求、模块划分确定建站资金和人员投入情况;核算建站所需时间;针对网站的规模及特点,分析由公司内部专门人员维护网站还是由网络公司对网站进行后期维护。本网站主要是一个小型企业网站,选择免费的域名空间即可。

【子任务 6-1-2】　确定网站风格

网站风格的设计主要依据企业形象、用户需求及访问者的特点等。本任务根据该公司的企业特点,确定网站的整体风格,以高贵、典雅、祥和为主题。保持着企业形象以权威为主并不失柔和,因此确定其主要色调为冷色系,版式为规整的骨骼形结构。根据该公司的背景及行业特点,使用图像处理软件设计网站 Logo,如图 6-1 所示。

图 6-1　网站 Logo

【子任务 6-1-3】 网站模块划分

根据需求分析的结果,划分网站模块。该网站模块如图 6-2 所示。

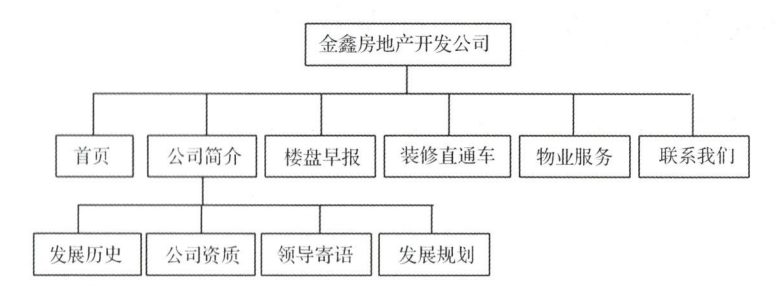

图 6-2 网站模块

另外,"楼盘早报"下还有:商品房、别墅区、二手房、楼盘设计图以及小区规划模拟图。其他的就不一一赘述,读者可根据需求自行设置。

【子任务 6-1-4】 网站素材收集

明确网站主题和划分模块后,接着要为后续的网站建设收集相关素材。素材的准备很重要,一般可以从公司获取,也可以从网络中收集,主要包括文字、图片、音频、视频、动画等多媒体素材。另外,也可以根据需求自行制作素材,比如,通过 Photoshop 等图像处理软件对图像进行优化处理等。

※特别提示 **本任务相关知识请参阅:**
知识点 1-1 网页与网站的概念
知识点 1-2 网站设计与制作流程

任务 6-2　创建金鑫房地产开发公司网站站点

创建本地站点的操作步骤如下:

(1)双击"我的电脑",选择用于存储站点目录的硬盘驱动器(如 D 盘),打开选定硬盘驱动器,在空白区域单击鼠标右键,执行"新建"→"文件夹"命令,在 D 盘中建立一个新文件夹 jxfdc。

(2)运行 Dreamweaver,选择"站点"→"新建站点"命令,弹出"站点设置对象"对话框。选择"站点"选项,在"站点名称"文本框中输入"金鑫房地产开发公司",在"本地站点文件夹"中输入 D:\jxfdc 作为本地根文件夹,单击【保存】按钮,完成站点创建,如图 6-3 所示。

(3)执行"窗口"→"文件"命令,打开"文件"面板。选择"金鑫房地产开发公司"站点,在 D:\jxfdc 文件夹上单击鼠标右键,在弹出的快捷菜单中选择"新建文件夹"命令,建立 images 子文件夹(用于存放图像文件),如图 6-4 所示。

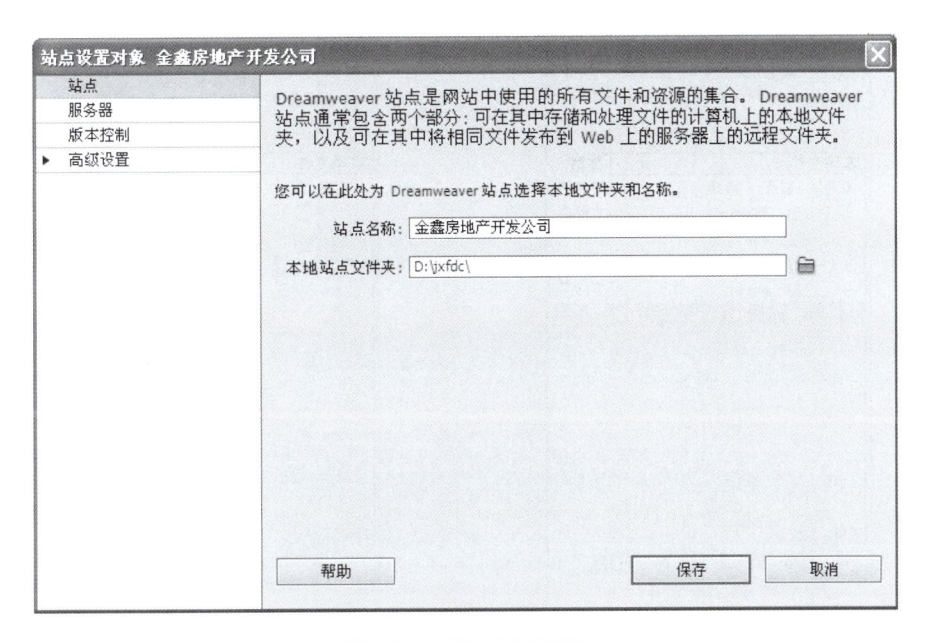

图 6-3　本地站点设置界面

（4）用同样方法分别建立子文件夹 web（用于存放非主页的其他网页）、flash（用于存放 Flash 动画）、music（用于存放音乐文件），如图 6-5 所示。

图 6-4　建立 images 子文件夹　　　　图 6-5　建立所需子文件夹

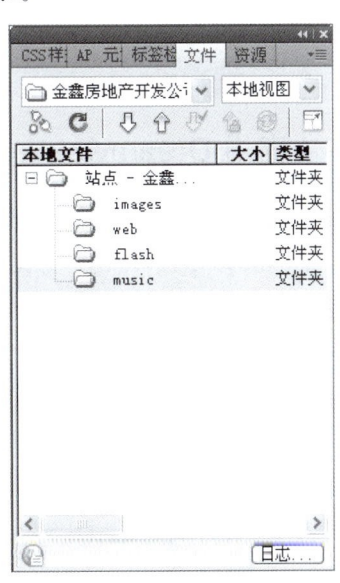

（5）选择 D:\jxfdc 文件夹，单击鼠标右键，在弹出的快捷菜单中选择"新建文件"命令，建立主页文件 index.html，如图 6-6 所示。

（6）选中 web 子文件夹，单击鼠标右键，在弹出的快捷菜单中选择"新建文件"命令，建立网页 introduction.html（公司简介）。

（7）用同样方法依次建立网页 lpzb.html（楼盘早报）、zxztc.html（装修直通车）、wyfw.html（物业服务）、lxwm.html（联系我们），如图 6-7 所示。

图 6-6　建立主页文件　　　　　　　　　　　图 6-7　建立网页文件

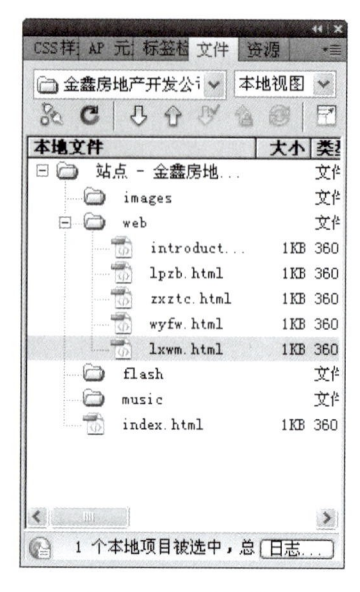

> ※特别提示　**本任务相关知识请参阅：**
>
> 知识点 1-3　初步认识 Dreamweaver

任务 6-3　应用 Dreamweaver 表格进行网站整体布局

前期工作准备完成以后，按照如下步骤开始制作网站主页。

(1)打开 Dreamweaver，创建一个文档，执行"窗口"→"属性"命令，打开"属性"面板。单击【页面属性】按钮，弹出"页面属性"对话框，对整个文档进行外观设置：网页的背景颜色为♯3333FF，网页中的元素与周围边框的距离为上边距 50，其余三个值均为 0，如图 6-8 所示。

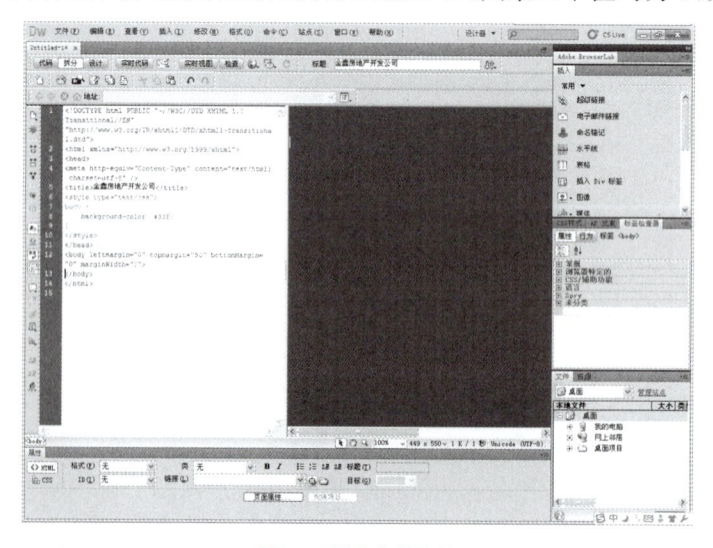

图 6-8　网站背景效果

（2）单击文档工具栏中的【设计】按钮，打开网页"设计"窗口，如图6-9所示。

图 6-9　网页"设计"窗口

（3）在网页"设计"窗口中单击鼠标，将光标定位到窗口内，然后执行"插入"→"表格"命令，弹出"表格"对话框。

（4）在弹出的"表格"对话框中设置"行数"为9，"列"为1，"表格宽度"为100百分比，"边框粗细"、"单元格边距"和"单元格间距"均为0，如图6-10所示。

图 6-10　"表格"对话框

（5）单击【确定】按钮，在网页中插入了一个9行1列、宽度为100%的表格，如图6-11所示。

（6）在第1行单元格中插入光标，执行"插入"→"图像"命令，弹出"选择图像源文件"对话框，在"查找范围"下拉表中打开images子文件夹，然后选中图像logo.jpg，如图6-12所示。

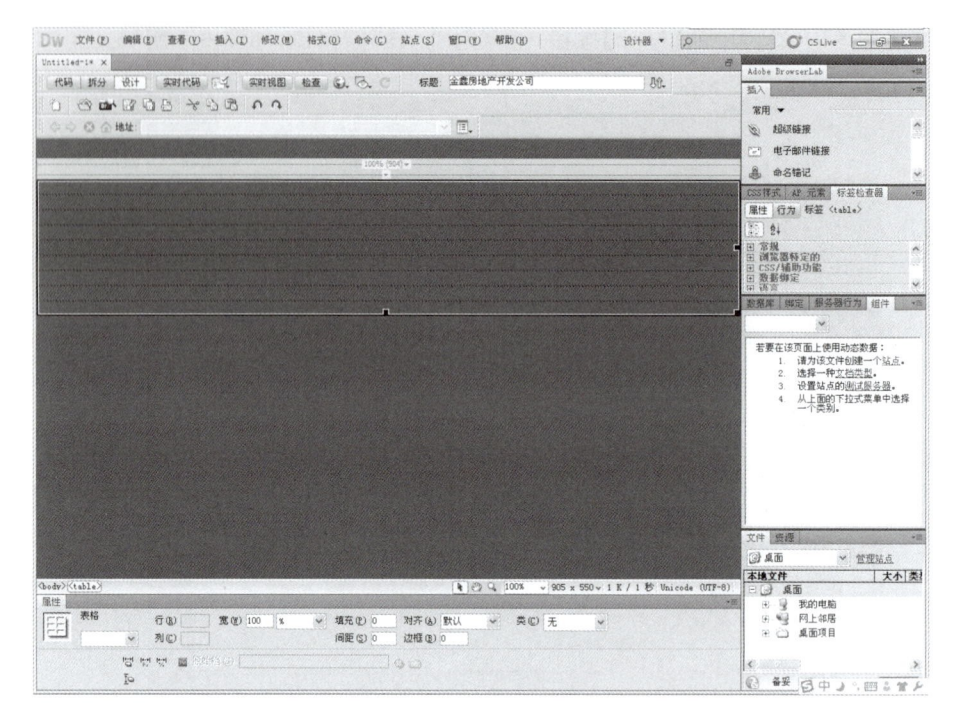

图 6-11 插入表格

图 6-12 插入图像 logo.jpg

(7)单击【确定】按钮,弹出"图像标签辅助功能属性"对话框,在"替换文本"中输入Logo,单击【确定】按钮,网站 Logo 图像显示在编辑窗口第 1 行单元格中,如图 6-13 所示。

(8)在第 2 行单元格中插入光标,在"属性"面板中设置"高"为 35,"背景颜色"为♯E8E8E8,此单元格的变化如图 6-14 所示。

(9)在第 3 行单元格中插入光标,设置"属性"面板的"背景颜色"为♯B1B1B1,"高"为 10,但此时单元格高度并没有变化,因为在单元格代码中的" "限制了单元格的设置。因

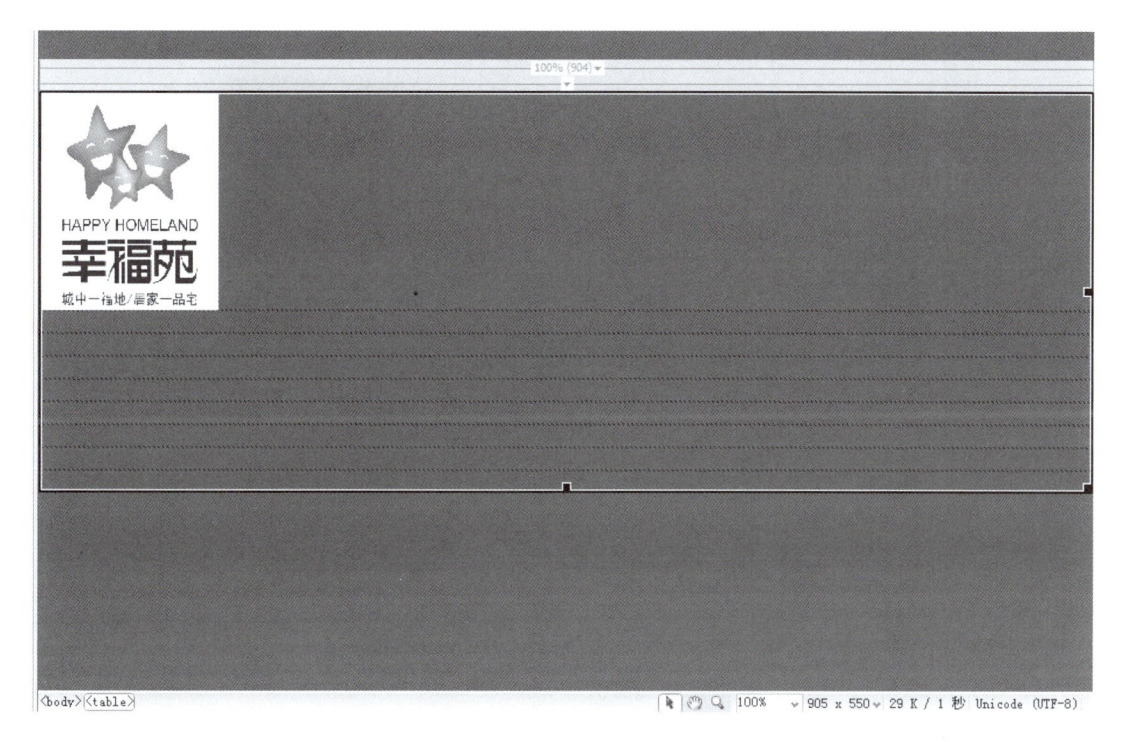

图 6-13 插入图像 logo.jpg 效果

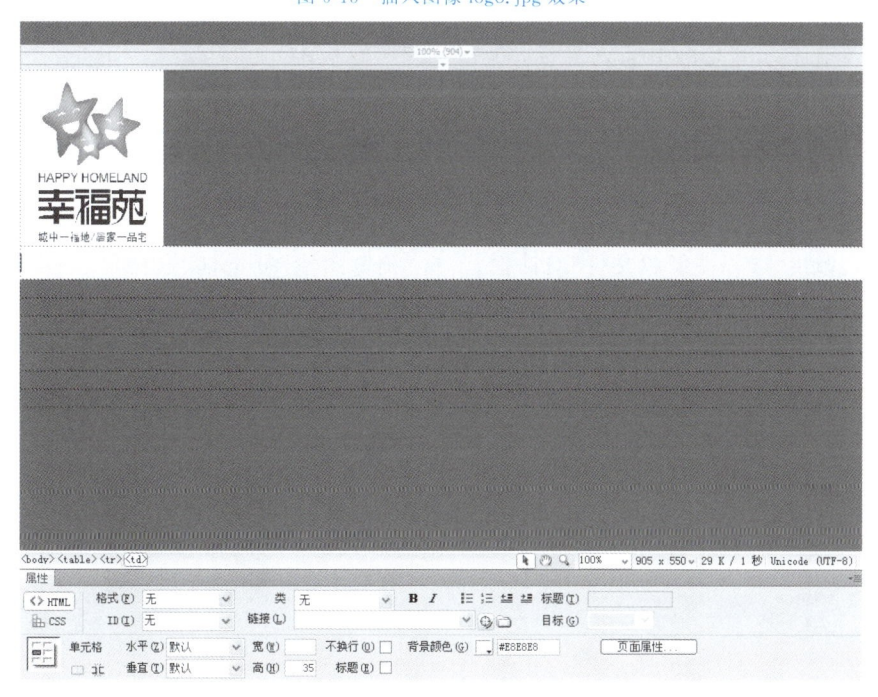

图 6-14 设置导航栏背景颜色

此,需要进行以下的操作步骤来解决这个问题。

(10) 单击文档工具栏中的【拆分】按钮,在此单元格代码中拖动选中" ",然后按空格键,此时编辑窗口显示如图 6-15 所示。

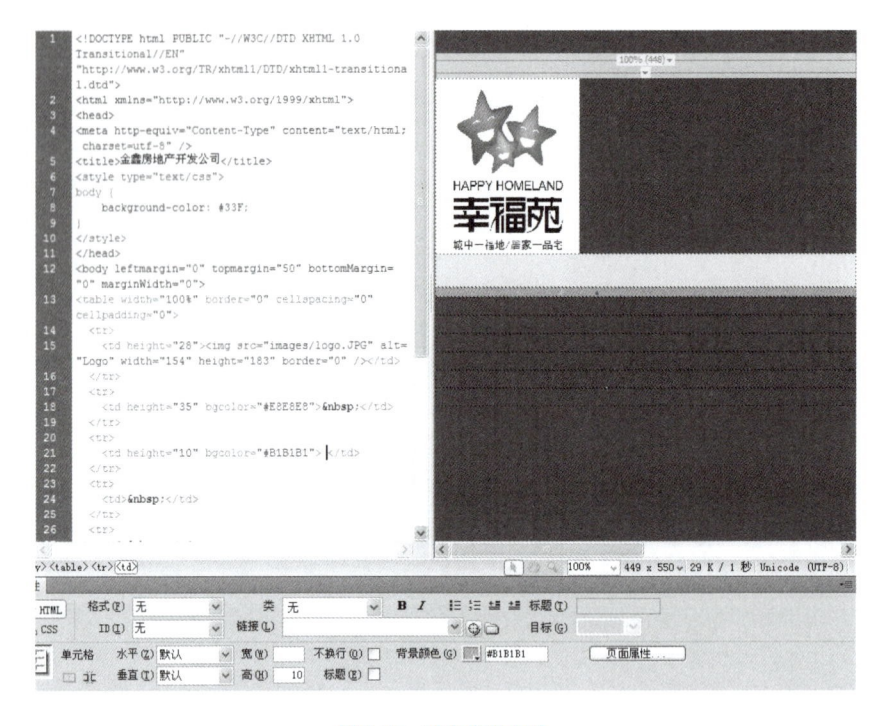

图 6-15 对应代码查看

（11）单击文档工具栏中的【设计】按钮，返回至网页"设计"窗口。在第 4 行单元格中插入光标，单击"属性"面板中的【拆分单元格为行或列】按钮，在弹出的"拆分单元格"对话框中单击"列"单选按钮，在"列数"文本框中输入 2，如图 6-16 所示。

图 6-16 "拆分单元格"对话框

（12）单击【确定】按钮，单元格被拆分为两列。在左侧单元格中插入光标，执行"插入"→"图像"命令，弹出"选择图像源文件"对话框，勾选"预览图像"复选框，这样可以看到图像的预览效果。选择图像 imag01.jpg，如图 6-17 所示。

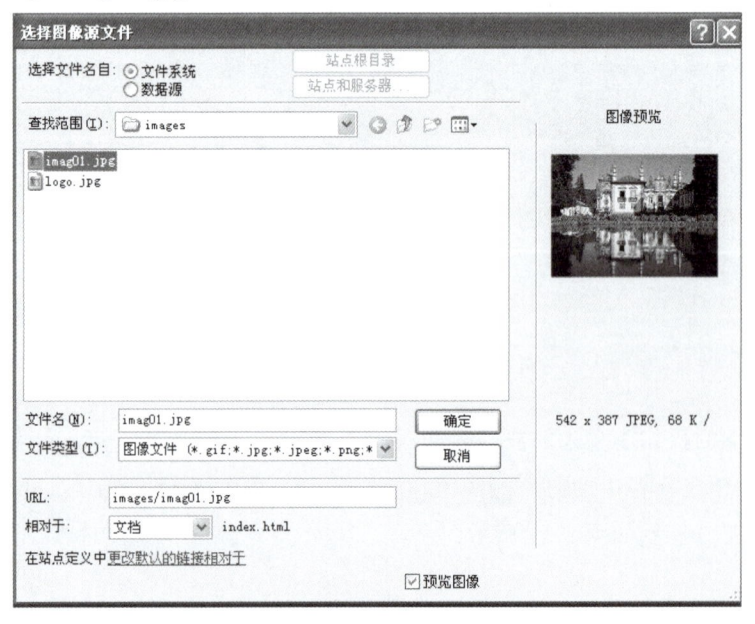

图 6-17 插入图像 imag01.jpg

(13) 单击【确定】按钮,效果如图 6-18 所示。

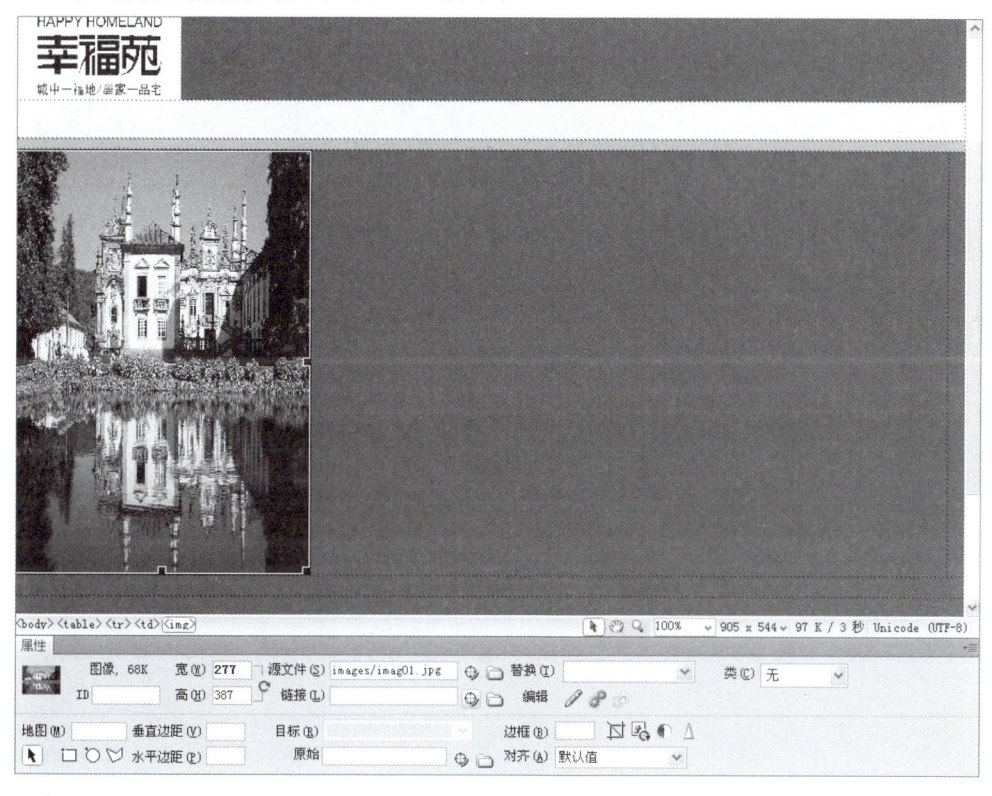

图 6-18　插入图像 imag01.jpg 效果

(14) 光标移至列的边框上,当鼠标指针变成双向箭头时,拖动鼠标指针调整图像的宽度。在右侧单元格中插入光标,执行"插入"→"图像"命令,在弹出的"选择图像源文件"对话框中选择图像 bg.jpg,如图 6-19 所示。

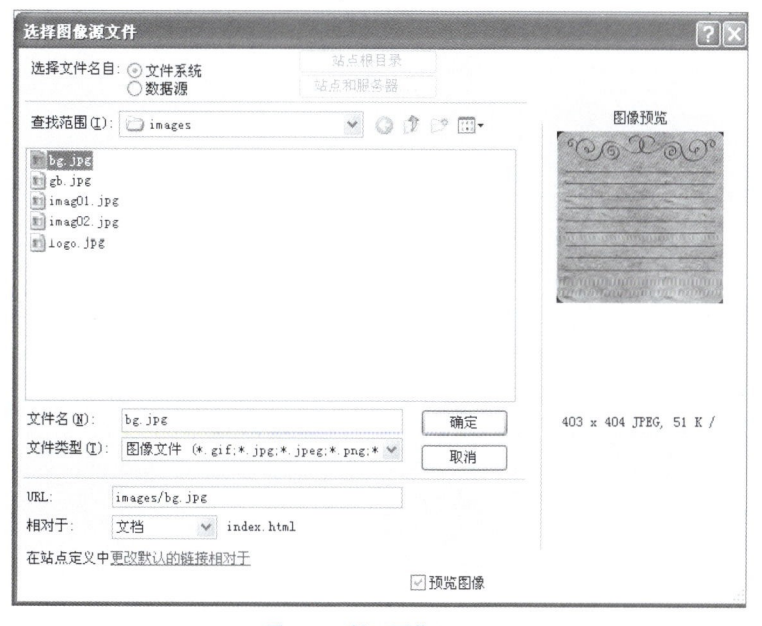

图 6-19　插入图像 bg.jpg

(15)单击【确定】按钮,在单元格中插入背景图像。采用同样的方法继续插入图像 imag02.jpg,完成后效果如图 6-20 所示。

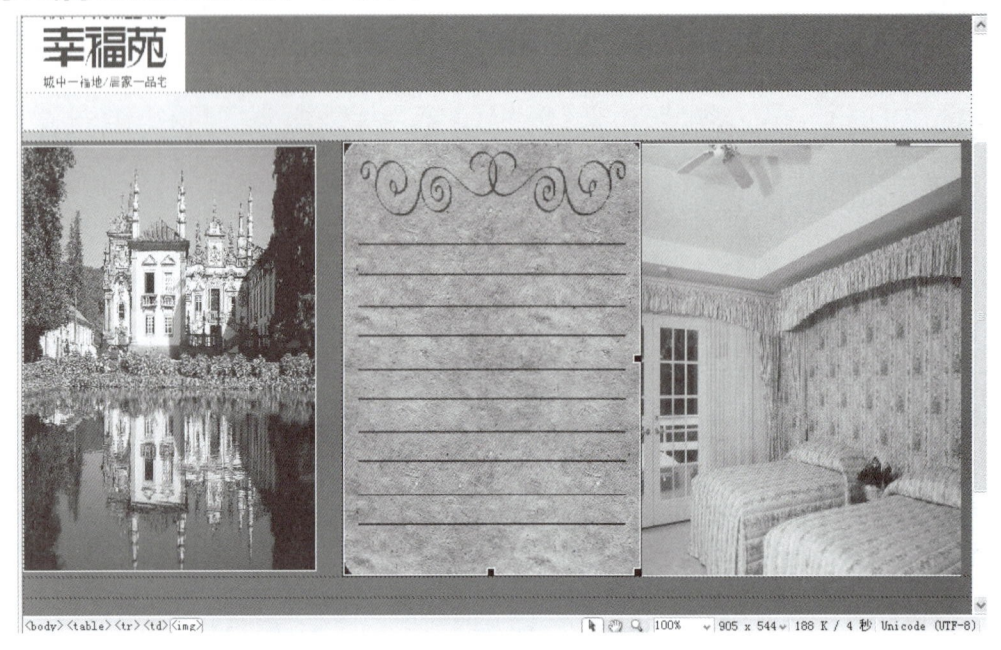

图 6-20　插入后续图像效果

(16)在第 5 行单元格中插入光标,在"属性"面板中设置"背景颜色"为♯393C4A,输入 "Copyright@2017.01lnist.edu.cn",完成后效果如图 6-21 所示。

图 6-21　版权设置效果

(17)在第 6 行单元格中插入光标,在"属性"面板中设置"高"为 100,"背景颜色"为 ♯E8E8E8,完成后效果如图 6-22 所示。

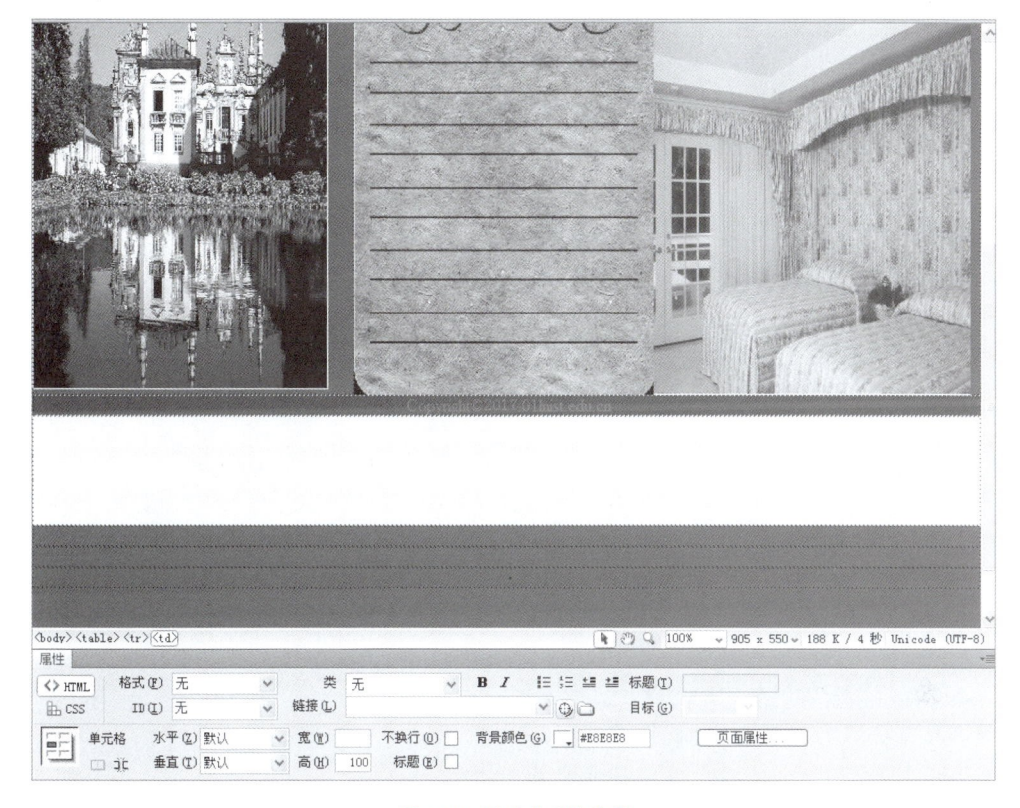

图 6-22　最后单元格效果

(18)此时网站主页基本制作完成,因此表格最后 3 行单元格已经没有用了,选中这 3 行单元格,按【Delete】键删除,完成后效果如图 6-23 所示。

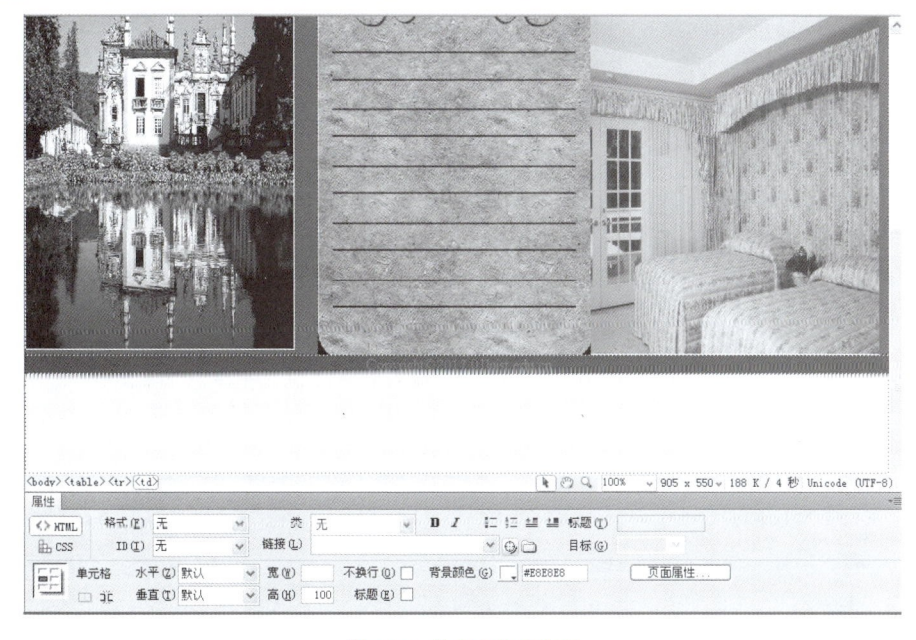

图 6-23　整理表格后效果

(19)执行"文件"→"保存"命令,或按快捷键【Ctrl】+【S】,保存制作完成的网页。按【F12】键,在浏览器中查看网页效果,如图 6-24 所示。

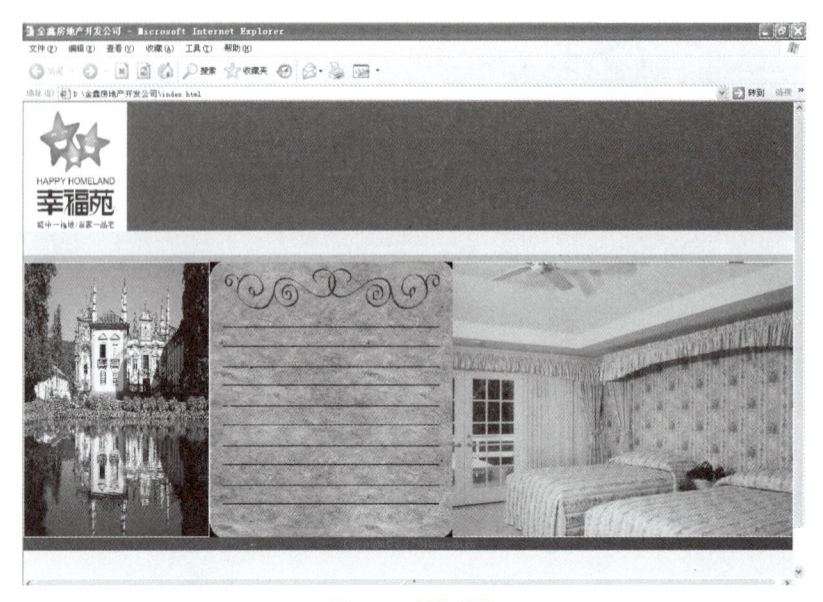

图 6-24　最终效果

> ※特别提示　**本任务相关知识请参阅：**
> 知识点 1-5　Dreamweaver 图像及应用
> 知识点 1-7　Dreamweaver 表格建立与基本操作

任务 6-4　应用 Fireworks 制作站标动画

应用 Fireworks 制作网站的站标动画操作步骤如下：

(1)打开 Fireworks，工作界面如图 6-25 所示。

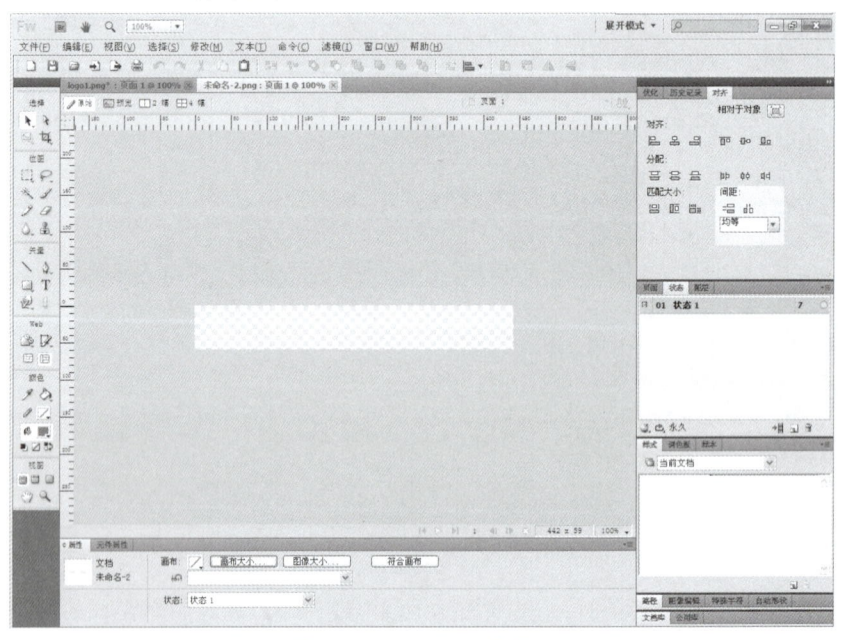

图 6-25　Fireworks 工作界面

(2)设置画布的大小及其他属性。可以在"属性"面板中直接设置画布的各个参数,也可以通过执行"修改"→"画布"命令对画布的大小及颜色等参数进行设置,"画布大小"对话框如图 6-26 所示。

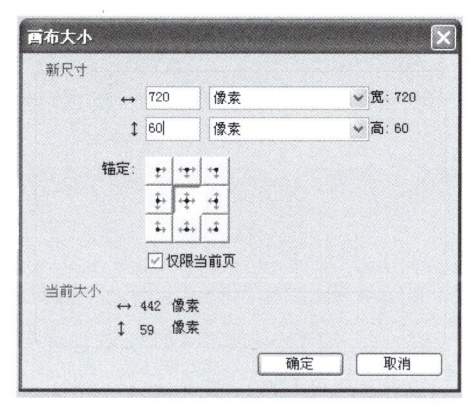

图 6-26 "画布大小"对话框

(3)导入图像。执行"文件"→"导入"命令,弹出"导入"对话框,选择所需要添加的文件,单击【打开】按钮,在弹出的"导入页面"对话框中单击【导入】按钮,如图 6-27 所示。

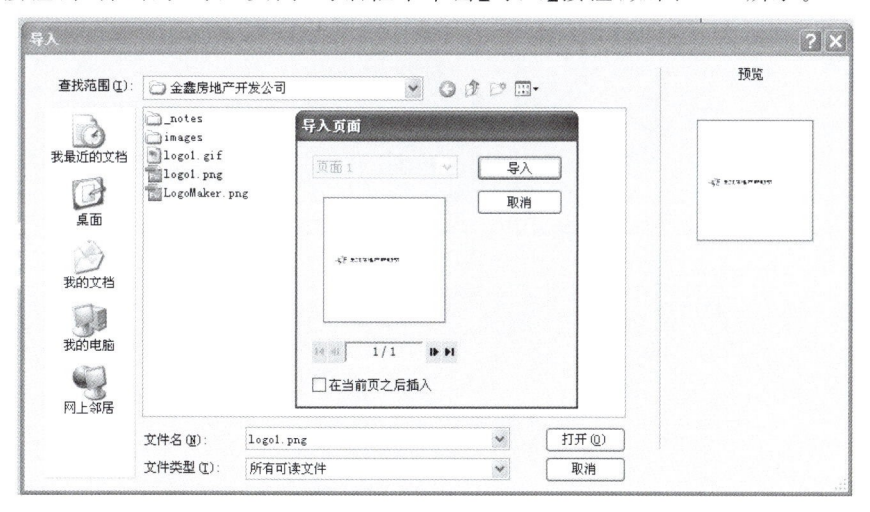

图 6-27 导入图像

(4)在画布上导入图像的效果如图 6-28 所示。

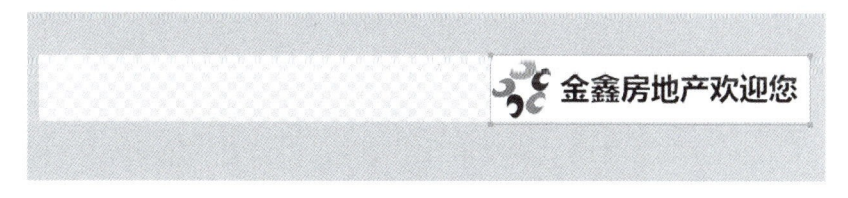

图 6-28 导入图像效果

(5)执行"修改"→"元件"→"转换为元件"命令,弹出"转换为元件"对话框,将图形转换为元件,在"名称"文本框中输入 logo1,"类型"选择"图形",单击【确定】按钮,如图 6-29 所示。

(6)通过"属性"面板可以设置元件的各项参数,如图 6-30 所示。

(7)执行"修改"→"动画"→"选择动画"命令,弹出"动画"对话框,进行各项参数的设置,包括状态(帧数)、移动距离、移动方向、缩放等,如图 6-31 所示。

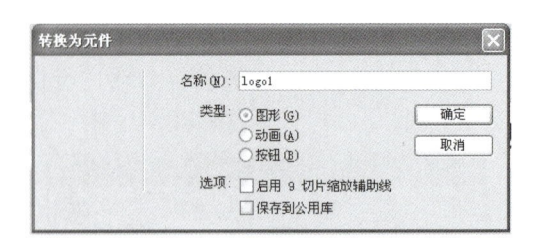

图 6-29 "转换为元件"对话框

图 6-30 元件属性面板

(8)各项参数设置完毕后,单击【确定】按钮,弹出提示对话框,提示用户当元件的动画超过文档的最后一个状态时,是否自动添加新的状态,直接单击【确定】按钮,如图 6-32 所示。

图 6-31 "动画"对话框　　　　图 6-32 提示对话框

(9)添加帧成功后,效果如图 6-33 所示。

图 6-33 动画帧效果

(10)在"属性"面板中对其属性的各项参数依据需要自行设置,如图 6-34 所示。

图 6-34 属性设置

(11)执行"窗口"→"状态"命令,打开"状态"面板,使用"状态"面板来创建和组织帧。每一帧的状态延迟设置为 7/100 秒。若需要状态延迟,则可以双击"状态 n"后面的时间,打开状态延迟窗口,根据需要输入值,这里输入"30"(输入完数值直接按回车键即可),如图 6-35 所示。

(12)依照上一步将后续的状态均修改状态延迟,如图 6-36 所示。

(13)单击状态栏中的【播放】按钮,进行动画的播放,如图 6-37 所示。

图 6-35 "状态"面板

图 6-36 状态延迟设置效果

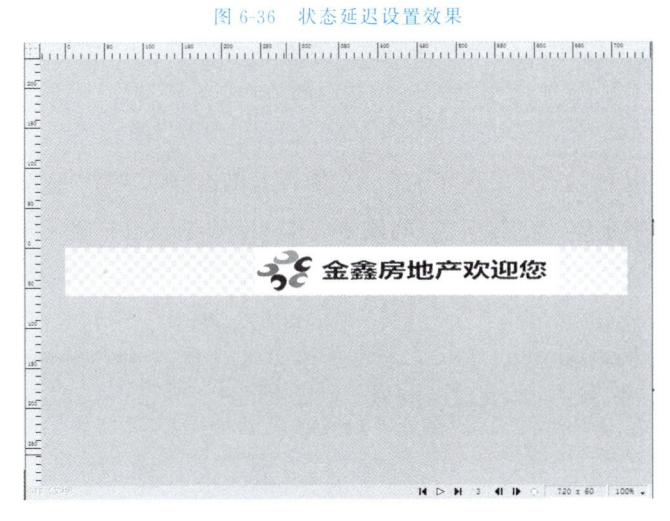

图 6-37 动画播放效果

※特别提示 **本任务相关知识请参阅：**
知识点 3-7　Fireworks 基本动画制作
知识点 4-3　Fireworks 元件及应用

任务 6-5　应用 Flash 制作网站标题动画

访问者打开网页时，第一印象很重要，因此网站主页的每一个细节都不容忽视，金鑫房地产开发公司网站的标题主要采用中文 Flash 来制作。本任务利用 Flash 将文本文字做成打字机效果来显示网站标题。

操作步骤如下:

(1)打开 Flash,新建一空白文档,舞台大小为 750×400,如图 6-38 所示。

图 6-38　Flash 软件界面

(2)选择工具箱中的"文本"工具 T,然后在舞台上单击输入文字"金",同时在窗口右侧设置文字属性,包括文字字体、大小、颜色、间距等(用户可根据自己需要自行设置)。如图 6-39 所示。

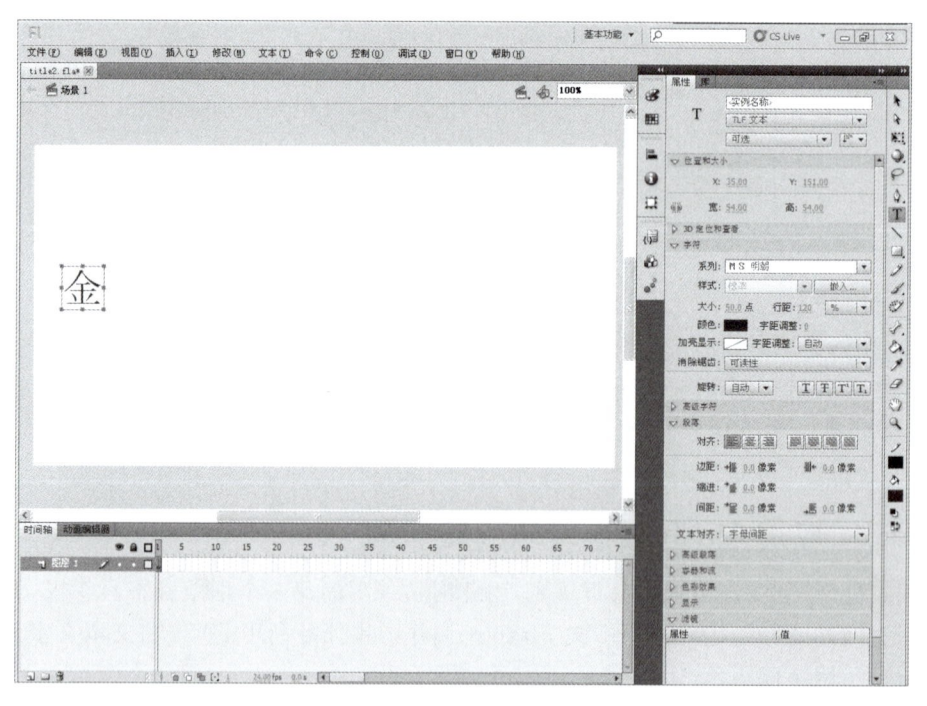

图 6-39　文本设置

(3)在窗体的下部选择"时间轴"面板,在第 1 帧、第 5 帧处添加"插入关键帧",在第 5 帧处的内容和第 1 帧处的内容相同,如图 6-40 所示。

图 6-40 插入关键帧

(4)在第 10 帧处添加"插入关键帧",内容为"金 鑫"(这里需要注意:在文本输入框中输入空格时,Flash 对句末空格不敏感,常常看不出已经添加了空格,但是实际上空格是存在的,只要继续输入空格后面的文本,空格就会显示出来了)。如图 6-41 所示。

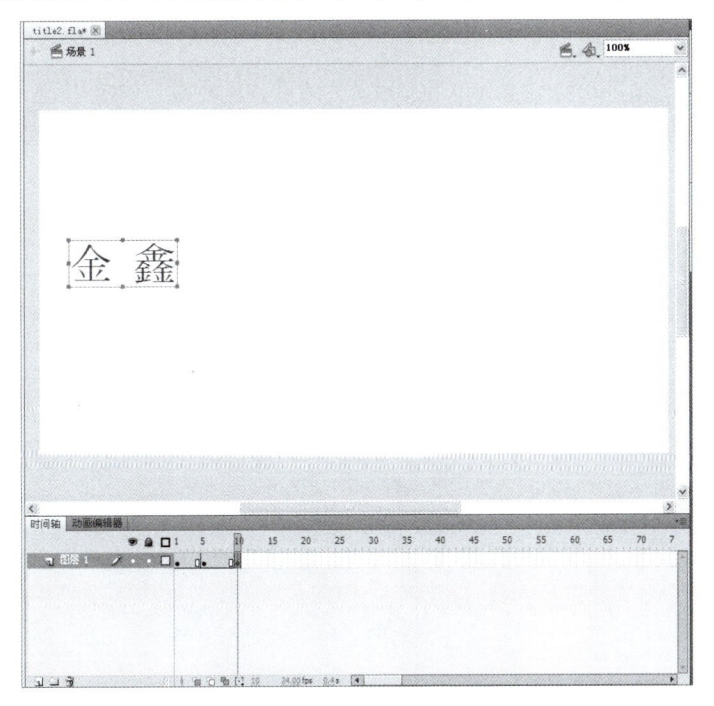

图 6-41 继续添加文本

(5)在第 15 帧处添加"插入关键帧",内容同第 10 帧处的内容。如图 6-42 所示。

图 6-42　继续插入关键帧

(6)同样的操作依次在 5 的倍数帧(最大为 80 帧)处添加"插入关键帧",奇数倍帧处的内容均和偶数倍帧处的内容相同。如图 6-43 所示。

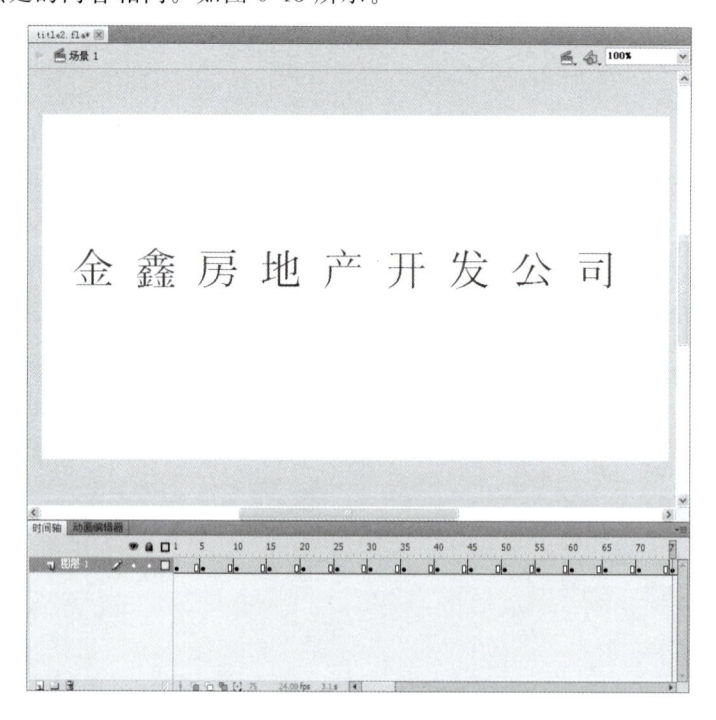

图 6-43　文本完整输入效果

(7)单击时间轴上的第 1 帧,执行"修改"→"分离"命令,也可以按快捷键【Ctrl】+【B】,连续两次将文字打散,如图 6-44 所示。

图 6-44 将"金"字打散效果

(8) 执行"修改"→"变形"→"缩放和旋转"命令,弹出"缩放和旋转"对话框,在"缩放"中输入 120,如图 6-45 所示。

(9) 单击第 10 帧,将显示的文字"金鑫"打散,然后选用工具箱中的"选择"工具 ,只选中"鑫"字,如图 6-46 所示。

图 6-45 "缩放和旋转"对话框

图 6-46 "金鑫"字打散效果

(10) 执行"修改"→"变形"→"缩放和旋转"命令,弹出"缩放和旋转"对话框,在"缩放"中输入 120。

(11) 参照步骤(9)和(10),打散和缩放每一个字(注意选择帧数为 5 的偶数倍帧处)。

(12) 执行"调试"→"调试影片"→"在 Flash 中"命令,动画演示效果如图 6-47 所示。

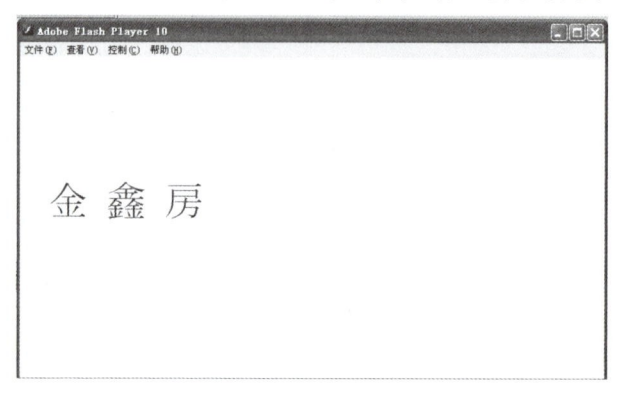

图 6-47　动画演示效果

※特别提示　**本任务相关知识请参阅:**
知识点 6-1　Flash 渐变动画制作

任务 6-6　应用 Dreamweaver 层与行为制作网站导航栏

这里所说的层就是 AP Div。AP Div 是网页设计中非常重要的一种网页元素,其最大特点是可以方便地定位到网页任意位置,因此利用 AP Div 来制作网站导航栏可以使网页更加整齐、美观。

操作步骤如下:

(1) 打开前面设计的 index.html 网页,如图 6-48 所示。

图 6-48　网站主页

(2)在第 2 行单元中单击鼠标,执行"插入"→"表格"命令,插入 1 行 6 列的表格,其他参数设置如图 6-49 所示。

图 6-49　表格设置

(3)在第 2 行单元格中依次输入"首页"、"公司简介"、"楼盘早报"、"装修直通车"、"物业服务"和"联系我们",如图 6-50 所示。

图 6-50　导航栏设置

(4)导航栏中各个项目输入完毕以后,可以选择 CSS 来进行字体外观设计,如图 6-51 所示。

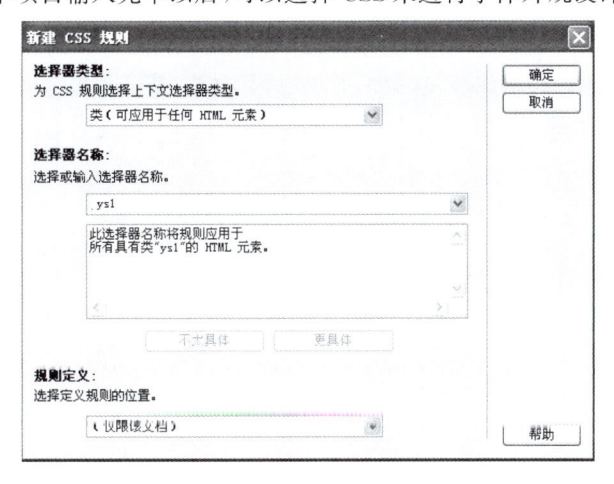

图 6-51　新建 CSS 规则

① 选择器类型

选择器类型有"类"、"标签"和"高级"三个选项,分别对应类选择器、标签选择器和 ID 选择器。

● 类:创建可应用于任何标签的类别选择器。若用户在应用时,需要首先选中网页元素,然后将该样式应用到元素上。

● 标签:创建用于重新定义 HTML 中标签外观的标签选择器。设置完毕后不需要选中相应的元素就可以直接应用到网页中。

● 高级：创建 ID 选择器，定义用于特定网页元素的 CSS 样式。

②选择器名称

选择器名称用来定义样式表的名称。名称以句点开头，并可以包含任何字母和数字的组合。如果没有输入开头的句点，Dreamweaver 就会自动根据选择器类型添加。

③规则定义

规则定义用来定义样式所要保存的位置。

(5) 确定了 CSS 规则的选择器类型以及选择器名称后单击【确定】按钮，打开 CSS 规则定义对话框，用户可以根据"分类"列表选择要定义的种类，根据实际情况自行设置对应的属性，如图 6-52 所示。

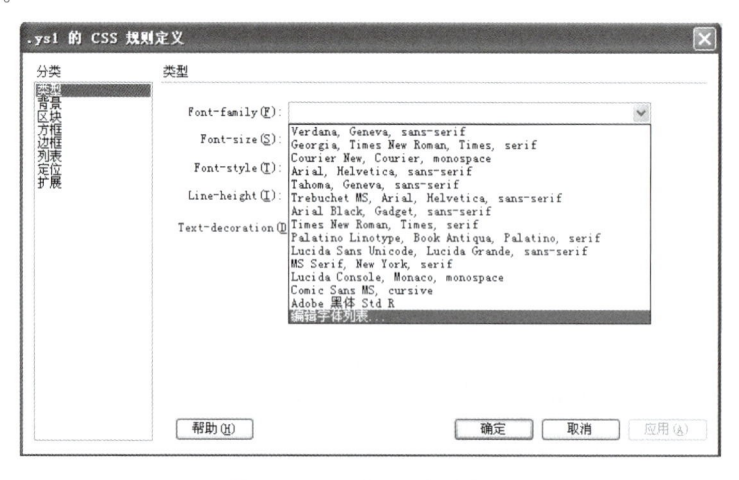

图 6-52　.ys1 的 CSS 规则定义

(6) 设置完 .ys1 的 CSS 样式后，选定导航栏中所有文字应用 .ys1 的样式，如图 6-53 所示。

图 6-53　导航栏应用样式效果

(7) 执行"插入"→"布局对象"→"AP Div"命令，插入一个 AP Div，选中该 AP Div，在"属性"面板中设置其"左"、"上"、"宽"和"高"分别为 100 px、210 px、400 px 和 24 px。效果如图 6-54 所示。

图 6-54　添加 AP Div 效果

(8) 将光标置于 AP Div 内，执行"插入"→"表格"命令，在弹出的"表格"对话框中设置 1 行 4 列的表格，其他参数设置如图 6-55 所示。

(9) 在单元格中分别输入"发展历史"、"公司资质"、"领导寄语"和"发展规划"，并且在"属性"面板中设置文字的外观，如图 6-56 所示。

图 6-55　AP Div 中插入表格的设置

图 6-56　弹出式子菜单效果

（10）选择"公司简介"文本，执行"窗口"→"行为"命令，打开"行为"面板，设置如图 6-57 所示。

图 6-57　设置行为

(11)在打开的"行为"面板中单击 [+] 按钮,从弹出的列表中选择"显示-隐藏元素",弹出"显示-隐藏元素"对话框,如图 6-58 所示。

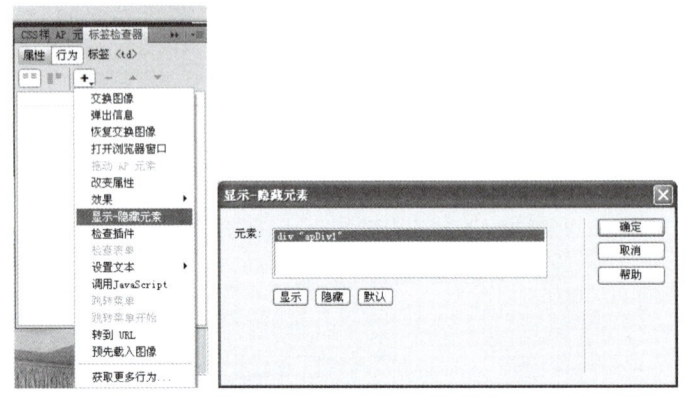

图 6-58　显示-隐藏元素

(12)在弹出的"显示-隐藏元素"对话框中选择刚刚创建的 AP Div 元素 div "apDiv1",单击【显示】按钮,如图 6-59 所示。

(13)单击"显示-隐藏元素"对话框中的【确定】按钮,在"行为"面板中就添加了一个新的行为。单击"行为"面板左侧的事件下拉列表,在其中选择 onMouseMove,表示当鼠标移动到"公司简介"文本上时,就显示该 AP Div 元素。如图 6-60 所示。

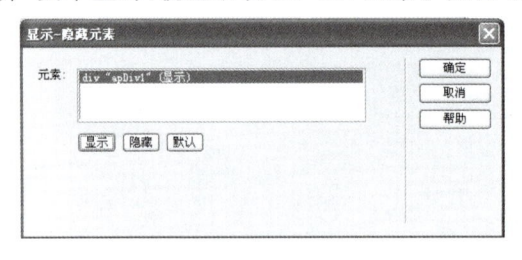

图 6-59　显示设置　　　　　　　　　图 6-60　onMouseMove 行为设置

(14)选择"公司简介"文本,添加第 2 个行为。在"行为"面板中单击 [+] 按钮,从弹出的列表中选择"显示-隐藏元素",在弹出的"显示-隐藏元素"对话框中选择刚刚创建的 AP Div 元素 div "apDiv1",单击【隐藏】按钮,如图 6-61 所示。

(15)单击"显示-隐藏元素"对话框中的【确定】按钮,在"行为"面板中就添加了一个新的行为。单击"行为"面板左侧的事件下拉列表,在其中选择 onMouseOut,表示当鼠标离开"公司简介"文本时,就隐藏该 AP Div 元素。如图 6-62 所示。

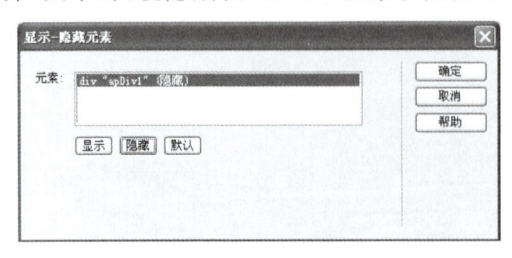

图 6-61　隐藏设置　　　　　　　　　图 6-62　onMouseOut 行为设置

(16)选择 AP Div 元素,在"属性"面板中的"可见性"下拉列表中选择 hidden,将 AP Div 元素隐藏起来。如图 6-63 所示。

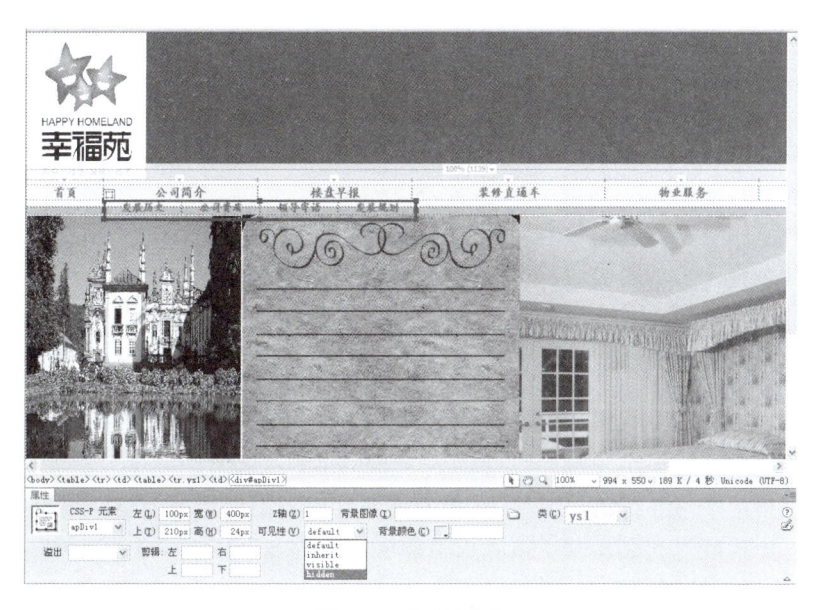

图 6-63 可见性设置

可见性包括 default(默认)、inherit(继承)、visible(可见)和 hidden(隐藏)。

(17)按快捷键【Ctrl】+【S】保存网页,按【F12】键在浏览器中预览效果,如图 6-64 所示。

图 6-64 导航栏预览效果

※特别提示 **本任务相关知识请参阅:**
知识点 5-4 Dreamweaver 行为

任务 6-7 应用 Dreamweaver 制作网站注册表单

表单是网站用来收集用户信息的主要工具,也是用户和网站之间的桥梁。

利用表单制作网站中客户注册信息表,操作步骤如下:

(1) 在 Dreamweaver 中新建一个网页文件,命名为 members.html。

(2) 执行"插入"→"表单"→"表单"命令,在文档中插入一个表单。

(3) 将光标置于创建的表单内,插入一个 12 行 2 列的表格,设置表格的宽为 600 px、间距为 0 px、边框为 0 px。

(4) 选中第 1 行的两个单元格,执行"修改"→"表格"→"合并单元格"命令,将其合并为一个单元格。同样,将该表单的最后一行的两个单元格也合并为一个单元格。

(5) 将光标置于第 1 行的单元格中,输入"会员注册",在单元格属性面板中设置文本"居中对齐"。

(6) 分别在表格第 1 列的第 1 个单元格至第 10 个单元格中输入:昵称、真实姓名、密码、确认密码、性别、兴趣爱好、出生年月、联系电话、E-mail 和个人说明。

(7) 选中表格中 2~10 行的单元格,在单元格属性面板中设置单元格的高为 30 px。

(8) 分别在表格第 2 列的第 2 个单元格至第 5 个单元格、第 9 个单元格和第 10 个单元格中插入文本字段;在第 11 个单元格中插入文本区域。

(9) 依据用户需求在文本域属性面板中设置它们的相关属性。

(10) 将光标置于"性别"后面的单元格中,单击"插入"面板"表单"工具栏中的【单选按钮】,或者执行"插入"→"表单"→"单选按钮"命令,弹出"输入标签辅助功能属性"对话框。

(11) 在"标签"文本框中输入"男",单击【确定】按钮,在光标处创建一个带有"男"标识文字的单选按钮。用同样的方法设置一个标识"女"的单选按钮。

(12) 选中创建的单选按钮对其设置属性:

- 单选按钮:用于输入该单选按钮的名称。
- 选定值:设置单选按钮代表的值,一般为字符型数据,即当选定单选按钮时,表单指定的处理程序获得的值。
- 初始状态:设置单选按钮的初始状态。即当浏览器中载入表单时,单选按钮是否处于被选中状态。一组单选按钮中只能有一个按钮的初始状态被选中。
- 类:将 CSS 规则应用于单选按钮。

> 提示:在同一组中的两个或多个单选按钮的名称必须相同。

(13) 创建复选框,将光标置于"兴趣爱好"后面的单元格中,单击"插入"面板"表单"工具栏中的【复选框】按钮,或者执行"插入"→"表单"→"复选框"命令,弹出"输入标签辅助功能属性"对话框。

(14) 修改复选框属性,在"标签"文本框中输入"音乐",单击【确定】按钮,在光标处创建一个带有"音乐"标识文字的复选框。用同样的方法依次创建"体育"、"军事"和"摄影"复选框。

(15) 选中创建的复选框,在对应的"属性"面板上设置属性。

(16) 将光标置于"出生年月"后面的单元格中,单击"表单"工具栏中的【选择(列表/菜单)】按钮,或者选择"插入"→"表单"→"选择(列表/菜单)"命令,弹出"插入标签辅助功能属性"对话框。在"标签"文本框中输入"年",单击【确定】按钮,在光标处创建一个带有"年"标识文字的

"选择(列表/菜单)"对象。用同样的方法创建带有"月"标识文字的"选择(列表/菜单)"对象。

(17)设置"选择(列表/菜单)"属性:
- 选择(列表/菜单):用于输入滚动列表的名称。
- 类型:设置菜单的类型("菜单"表示添加下拉菜单,"列表"表示添加滚动列表)。
- 高度:设置滚动列表的高度(即列表中一次最多可以显示的项目数)。
- 选定范围:设置用户是否可以从列表中选择多个项目。
- 【列表值】按钮:单击该按钮可以在列表中添加若干项目。

(18)将光标置于最后一行单元格中,执行"插入"→"表单"→"按钮"命令,或者单击"表单"工具栏中的【按钮】,在光标处插入一个【提交】按钮。用同样的方法创建一个【重置】按钮。如图 6-65 所示。

图 6-65　会员注册表单

(19)美化表单,如图 6-66 所示。

图 6-66　美化表单

(20)按快捷键【Ctrl】+【S】保存网页,按【F12】键预览会员注册网页效果,如图 6-67 所示。

图 6-67　会员注册网页效果

※特别提示　**本任务相关知识请参阅：**
知识点 6-2　Dreamweaver 表单

任务 6-8　各子网页制作与链接测试

【子任务 6-8-1】　制作 introduction 子网页

网站是由若干个网页组成，具体情况要根据网站需求来规划，本任务仅用 introduction 子网页来做实例进行讲解，其他网页设计的方法基本上雷同，这里就不再赘述。

制作 introduction 子网页的操作步骤如下：

(1) 执行"窗口"→"文件"命令，打开"文件"面板，双击 web 子文件夹下的 introduction.html 文件，打开空白的 introduction 子网页，如图 6-68 所示。

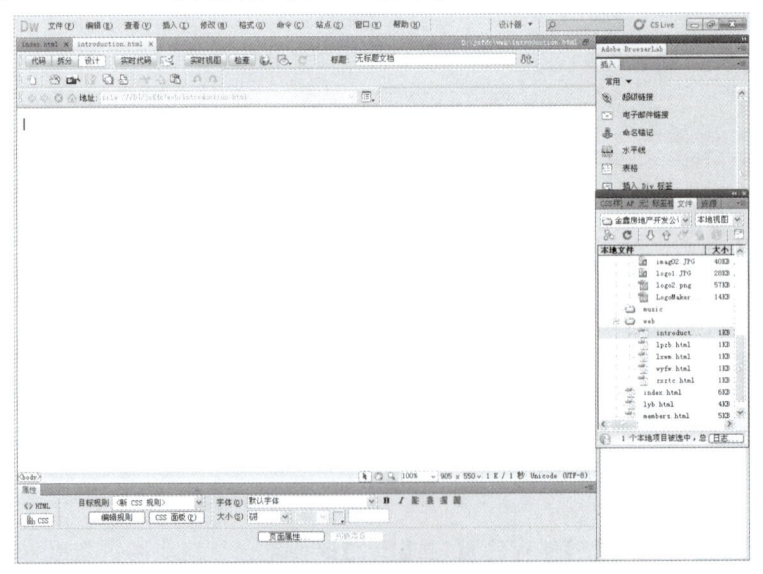

图 6-68　introduction 子网页

(2)执行"插入"→"表格"命令,弹出"表格"对话框,设置"行数"为 3,"列"为 2,其他默认即可,如图 6-69 所示。

图 6-69 插入表格

(3)单击【确定】按钮,将空白网页划分成 3 行 2 列的布局,如图 6-70 所示。

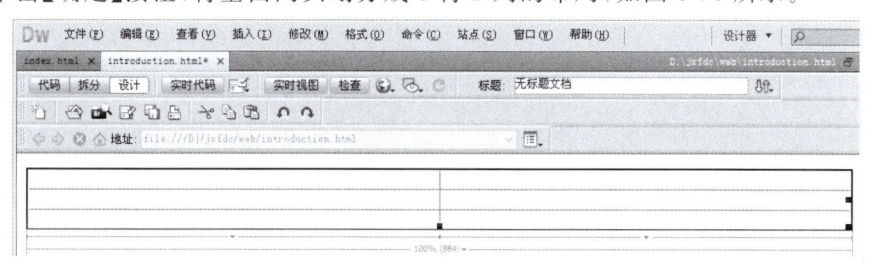

图 6-70 introduction 子网页布局

(4)选择表格第 1 行的两个单元格,在"属性"面板的左下角单击按钮,完成合并单元格,设置如图 6-71 所示。

(5)执行"插入"→"媒体"→"SWF"命令,弹出"选择 SWF"对话框,确定资源所在的路径(具体的依据个人设置而定),选择要添加的 title1.swf 文件,如图 6-72 所示。

图 6-71 合并单元格设置

图 6-72 "选择 SWF"对话框

(6)单击【确定】按钮,弹出"对象标签辅助功能属性"对话框,这里的"标题"、"访问键"和"Tab 键索引"依据情况自行设置,单击【确定】按钮,网页效果如图 6-73 所示。

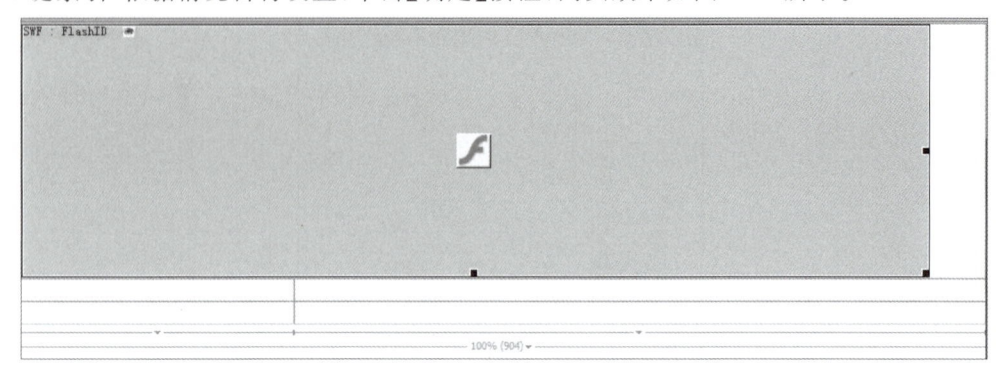

图 6-73 添加 introduction 子网页标题效果

(7)整个网页做细微调整后,选择第 2 行与第 3 行的第 1 列进行合并,然后执行"插入"→"表格"命令,弹出"表格"对话框,设置"行数"为 5,"列"为 1,单击【确定】按钮,效果如图 6-74 所示。

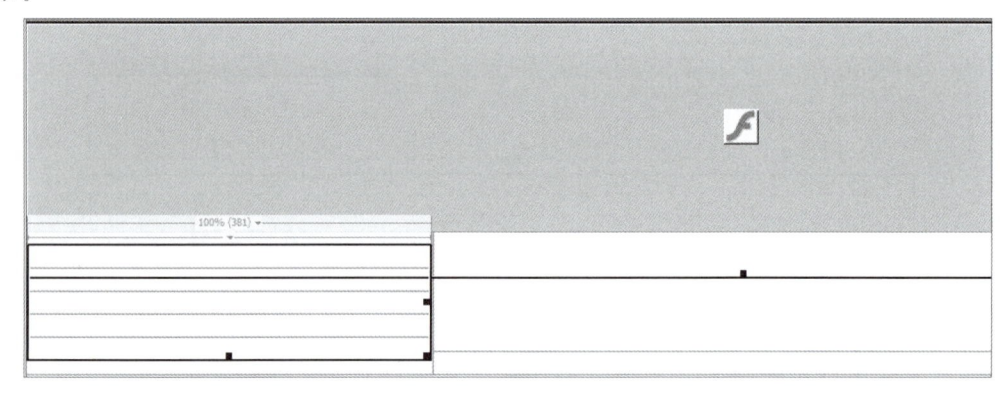

图 6-74 插入导航栏效果

(8)选择嵌套表格第 1 个单元格,输入"导航栏",设置外观属性:字体为宋体,大小为 36,颜色为♯990099,单元格背景颜色为♯99CCFF,字体加粗以及居中对齐等,效果如图 6-75 所示。

图 6-75 导航栏外观字体设置效果

(9)按步骤(8),依次在嵌套表格的第 2 至第 5 个单元格中输入"公司概况"、"公司荣誉"、"领导简历"和"公司章程",并设置其外观属性,如图 6-76 所示。

图 6-76 导航栏整体设置效果

（10）在表格第 2 行的第 2 列中输入文本"诚信为本　真诚服务"，设置文字外观属性字体为楷体，字号为 36 px，背景颜色为＃99CCFF，如图 6-77 所示。

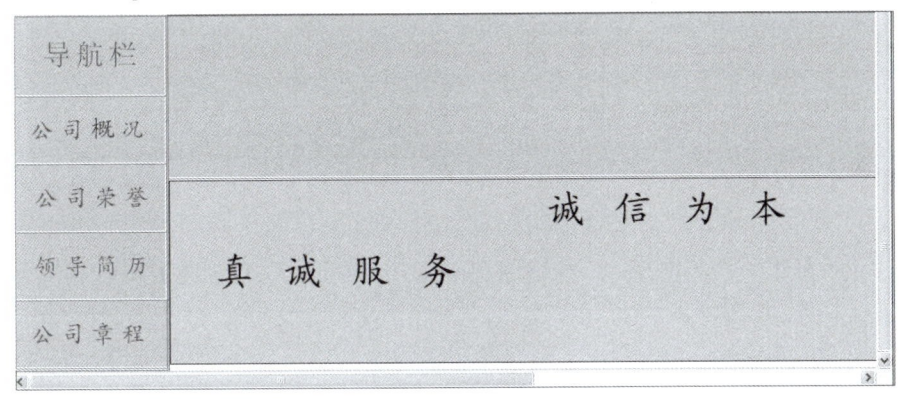

图 6-77 文本输入效果

（11）选择表格第 2 列第 2 个单元格，单击文档工具栏中的【拆分】按钮，如图 6-78 所示。

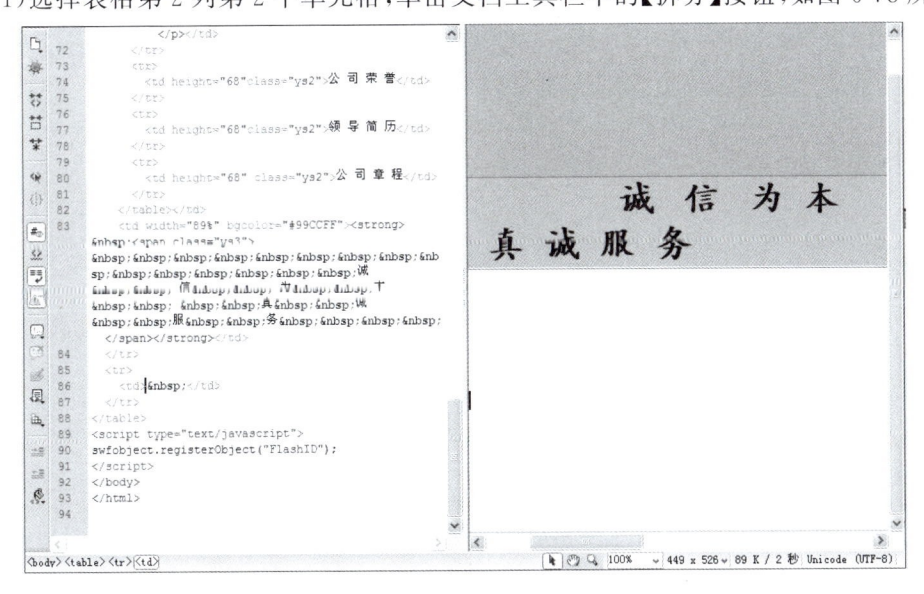

图 6-78 "代码"窗口与"设计"窗口同时显示

(12)在代码光标处输入<iframe></iframe>，即在"设计"窗口光标所在处添加浮动框架，同时给浮动框架设置属性：name 为"ziye"，width 为"1300"，height 为"300"，scrolling 为"auto"，frameborder 为"0"（不需要显示框架边框），实际上这些参数用户都可以依据自己设计的界面来确定，如图 6-79 所示。

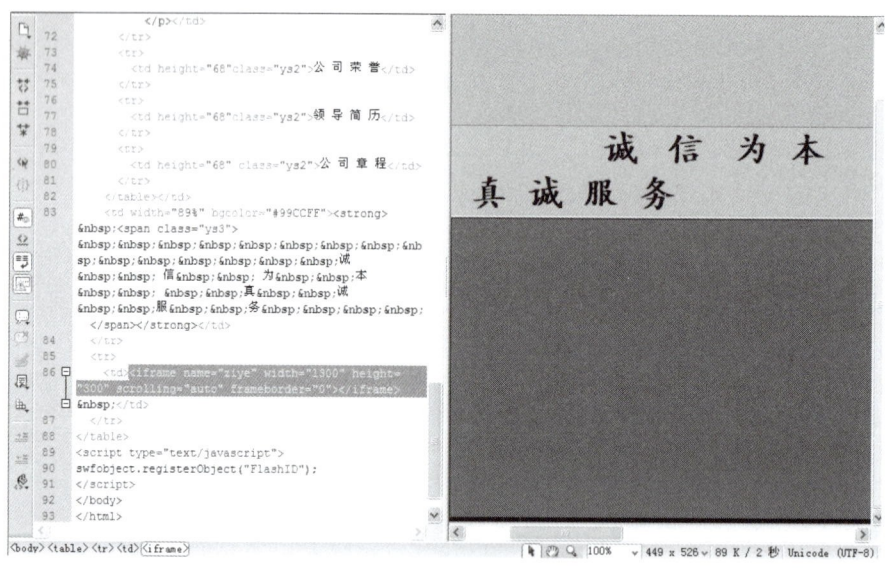

图 6-79 添加浮动框架效果

(13)执行"文件"→"新建"命令，选择新建 HTML 网页，单击【创建】按钮，输入文本内容，保存为 gsgk.html，如图 6-80 所示。

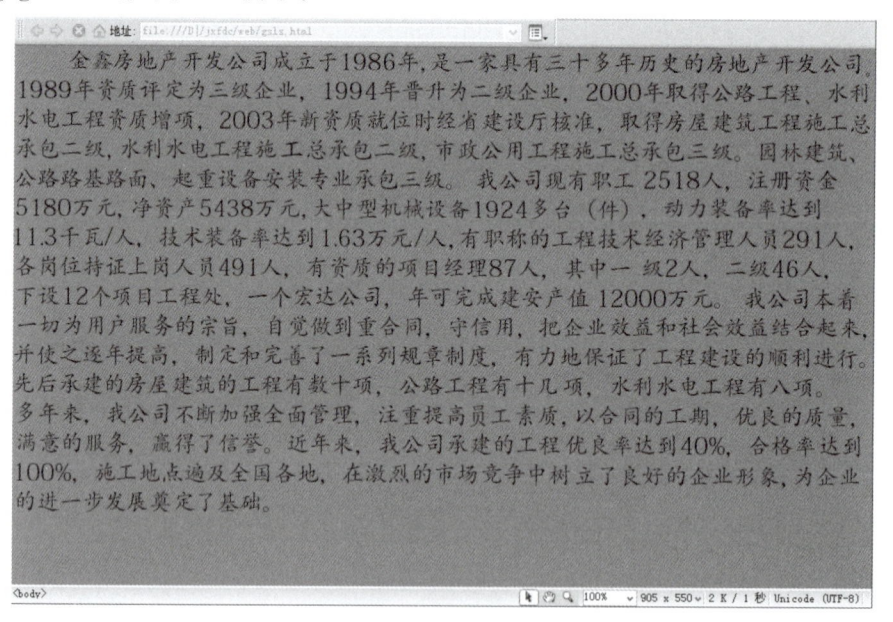

图 6-80 "公司概况"网页内容

(14)选中 introduction.html 网页中的"公司概况"，选择"属性"面板中的链接，用户可以直接输入链接网页的路径，也可以单击 □ 按钮，弹出"选择文件"对话框，如图 6-81 所示。

(15)选择了要链接的文件 gsgk.html，单击【确定】按钮，创建了"公司概况"的链接。但是链接目标在给定的项目中没有，用户可以在"目标"文本框中输入刚刚创建的浮动框架 ziye，如

项目 6　金鑫房地产开发公司网站制作　257

图 6-81　创建"公司概况"链接

图 6-82 所示。

图 6-82　子网页链接设置

(16)同步骤(13),创建 gsry.html、ldjl.html、gszc.html 子网页;同步骤(14),创建链接,如图 6-83 所示。

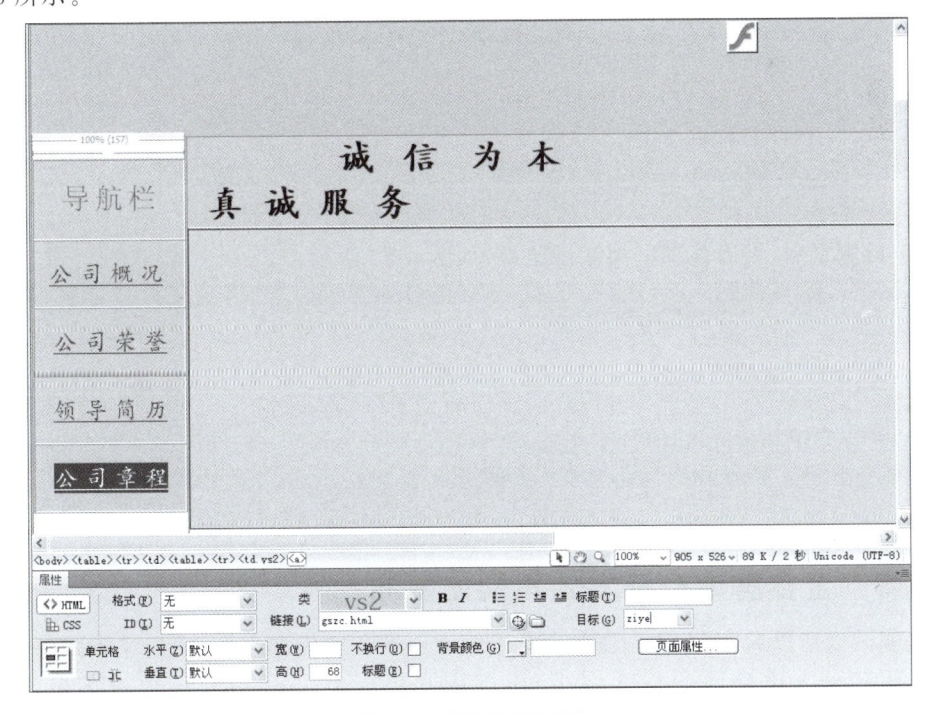

图 6-83　导航栏链接效果

(17)打开 index.html 网页,选择"公司简介"中的"发展历史",在"属性"面板中设置链接。同样的操作建立各子网页的链接,这里就不再赘述了。

【子任务 6-8-2】 链接测试

整个网站建立好之后,接下来的工作是将网站上传到 Internet 的服务器上,供用户浏览。在将网站发布到 Internet 服务器之前,首先要在本地计算机上对网站进行测试,测试的内容包括网页内容的正确性、网站链接正确性、浏览器兼容性等。这里主要讲述链接测试。

链接测试功能用于搜索断开的链接和孤立的文件,可以测试打开的文件、本地站点的某一部分或者整个本地站点的链接状况。

链接测试的操作步骤如下:

(1)在 Dreamweaver 中,执行"窗口"→"结果"→"链接检查器"命令,打开"链接检查器"面板。

(2)单击【检查链接】按钮,弹出如图 6-84 所示的选项菜单,通过菜单选择需要检查的链接对象。

图 6-84 选择要检查的链接对象

(3)这里选择"检查整个当前本地站点的链接",进行整个网站链接测试,测试结果如图 6-85 所示。通过测试结果,可以查看当前网站的链接状况,如断掉的链接、外部链接和孤立文件等。

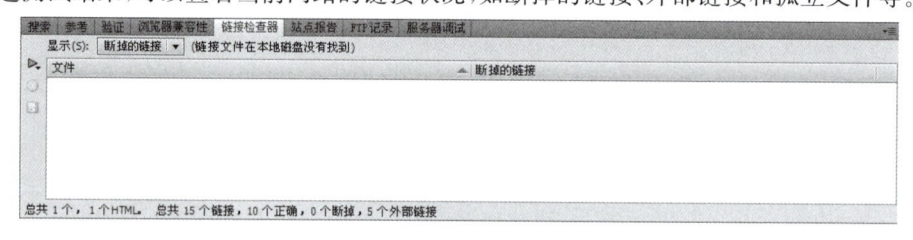

图 6-85 链接检查结果

(4)链接测试后,查看外部链接测试结果,如图 6-86 所示。

图 6-86 外部链接测试结果

任务 6-9 金鑫房地产开发公司网站发布

网站测试完毕以后,在上传到服务器之前还有一些工作需要去做,比如注册域名和申请网络空间。国际域名申请网址是 http://www.networksolution.com,国内域名申请网址是 http://www.cnnic.net.cn,本任务申请国内域名即可,如图 6-87 所示。

项目 6　金鑫房地产开发公司网站制作　259

图 6-87　中国互联网络信息中心界面

要注册申请域名,首先在线填写申请表,收到确认回复后提交申请表,同时缴纳一定费用即可获得一个域名,这里确定为 www.jinxin.com.cn。

网站空间是在 Internet 服务器上存放网站文件的场所,相当于网站的"家"。这里我们申请一个免费空间即可。但是如果是真正意义上的企业就需要申请收费的空间了,因为收费与否决定了服务的质量好坏与安全系数的高低。

用户通过百度网站搜索提供免费空间的网站,在百度网站中输入"申请免费主页的空间",然后单击【百度一下】按钮,会显示大量的免费空间信息,如图 6-88 所示。

图 6-88　搜索免费空间

【子任务 6-9-1】 申请免费空间

申请免费空间的操作步骤如下：

(1)在浏览器地址栏输入 http://free.3v.do，如图 6-89 所示。

图 6-89　免费空间申请网站

(2)如果还不是注册用户的话，单击【注册】按钮，打开注册页面，如图 6-90 所示。

图 6-90　注册页面

(3)注册信息填写完整后,单击【递交】按钮,注册成功的提示对话框如图 6-91 所示。

图 6-91　注册成功对话框

(4)单击【确定】按钮,注册成功后,显示免费空间和域名的信息,如图 6-92 所示。

图 6-92　注册成功后页面

(5)在浏览器地址栏输入 http://jinxin2017.3vhost.net,可以访问到刚刚申请到的免费空间,如图 6-93 所示。

图 6-93　访问免费空间

【子任务 6-9-2】 上传网站

由于该空间还没有上传网站，所以内容为空，接下来使用 Dreamweaver 上传网站。

操作步骤如下：

(1) 执行"站点"→"管理站点"命令，弹出"管理站点"对话框，如图 6-94 所示。

(2) 对已有的站点进行"编辑"，各项配置完毕后，单击【保存】按钮，参数设置如图 6-95 所示。

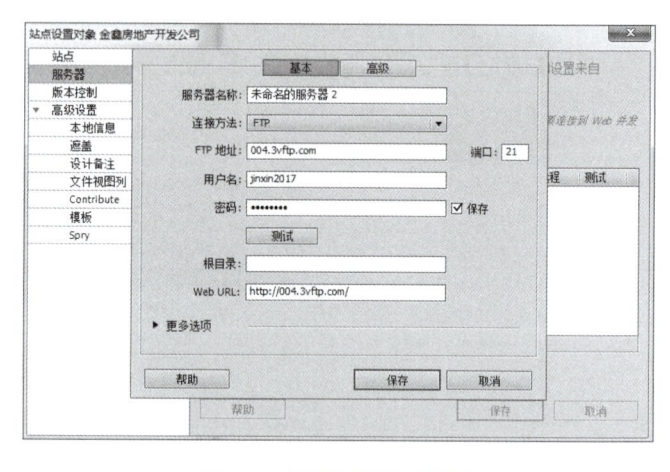

图 6-94 "管理站点"对话框

图 6-95 设置远程服务器参数

(3) 返回"文件"面板就可以发布所建立的站点了。单击 ⇧ 按钮进行上传，上传界面如图 6-96 所示。

图 6-96 上传界面

(4) 通过在浏览器地址栏输入网站域名，用户就可以登录网站，浏览网站内容了。

※特别提示 本任务相关知识请参阅：

知识点 5-5 网站的测试与发布

6.2 金鑫房地产开发公司网站制作相关知识

本网站制作过程中主要涉及的知识包括 Flash 的应用以及 Dreamweaver 中表单的应用，这里进行详细讲述。

知识点 6-1　Flash 渐变动画制作

在 Flash 中,渐变动画属于比较常见的应用,一般渐变动画分为两种,一种是动作渐变,另一种是形状渐变。制作均是由设计者制作两个关键帧,在这两个关键帧中的物体在位置或者形状上有一些变化,然后在这两个关键帧上添加渐变命令,包括位置渐变和形状渐变。

【实例 6-1】　创建动作渐变动画。

操作步骤如下:

(1)打开 Flash,文档属性默认,如图 6-97 所示。

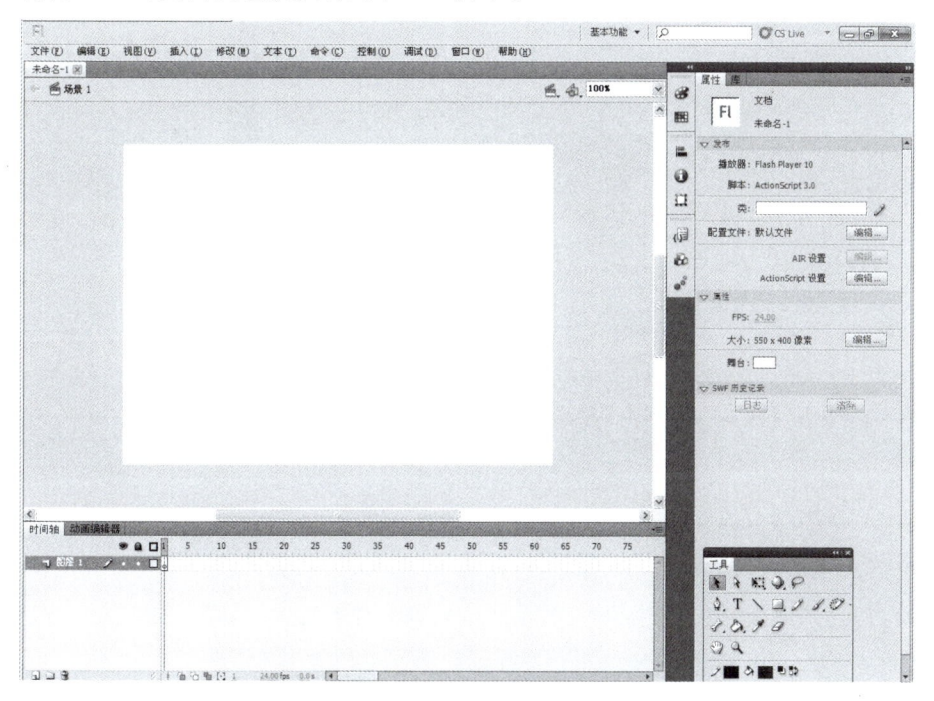

图 6-97　Flash 初始界面

(2)执行"修改"→"文档"命令,弹出"文档设置"对话框,设计者可以通过修改各项参数来调整舞台的大小以及颜色的属性等,如图 6-98 所示。

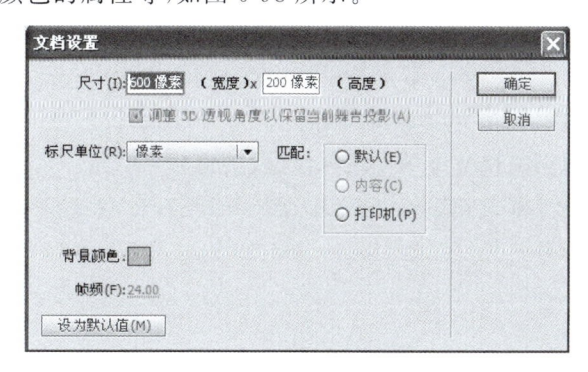

图 6-98　"文档设置"对话框

(3)单击工具箱中的"椭圆"工具,同时按下【Shift】键绘制一个红色的正圆,如图 6-99 所示。

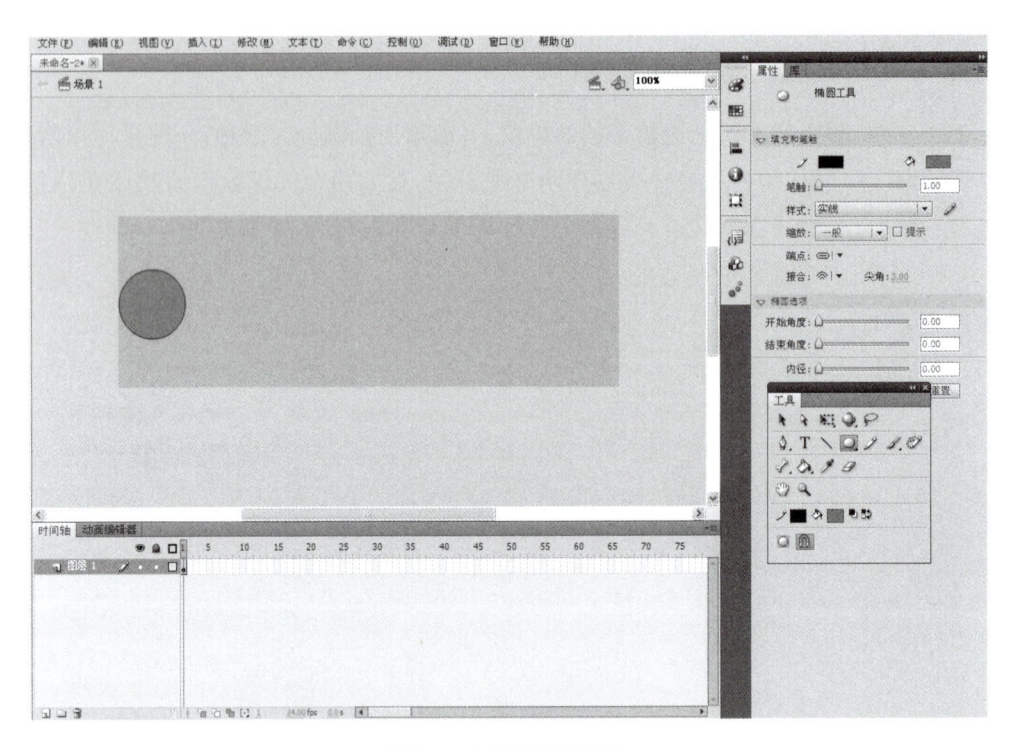

图 6-99　利用工具箱画圆

> **注意**：工具箱中默认为显示"矩形"工具，设计者单击"矩形"工具下拉箭头就会显示其他工具按钮。

（4）单击此圆形，执行"修改"→"转换为元件"命令，或者按【F8】键，再或者利用鼠标右键，打开"转换为元件"面板，把它转换为图形元件。设置元件名称为"红圆"，如图 6-100 所示。

图 6-100　"转换为元件"对话框

（5）单击"时间轴"面板的第 60 帧，执行"插入"→"时间轴"→"关键帧"命令，或者在第 60 帧处单击鼠标右键，在弹出的快捷菜单中选择"插入关键帧"命令。如图 6-101 所示。

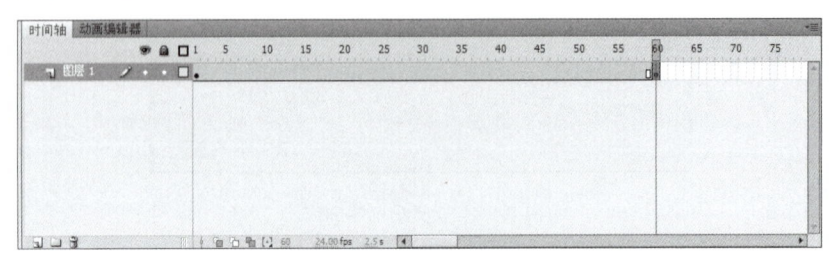

图 6-101　插入关键帧

(6)利用鼠标拖动或者按方向键移动"红圆"元件到右边的另外一个位置,如图 6-102 所示。

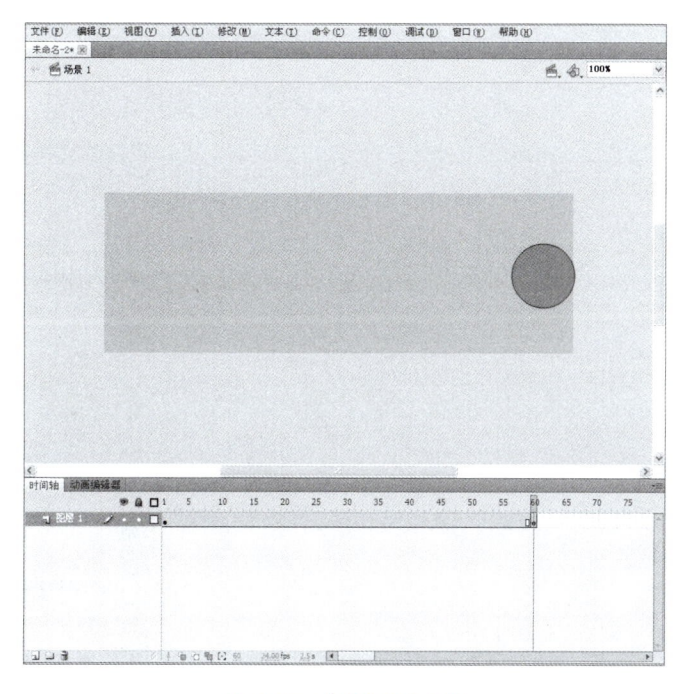

图 6-102　将圆形移动位置

(7)在第 1 帧到第 60 帧之间任意一帧处单击鼠标右键,在弹出的快捷菜单中选择"创建补间动画"命令,如图 6-103 所示。

图 6-103　创建补间动画

(8)第 1 帧到第 60 帧之间的所有帧变成蓝色,这说明已经在第 1 帧到第 60 帧之间创建了一个动作渐变动画效果,如图 6-104 所示。

(9)执行"控制"→"播放"命令,或者按【Enter】键测试动画效果,如图 6-105 所示。

(10)保存,完成动画创建。

需要注意的是,当无法实现动作渐变效果的时候,其问题的根本原因在于元件与图形的区别。Flash 中一共有三种元件,分别是图形、按钮和影片,这三种元件都可以做移动动画的。

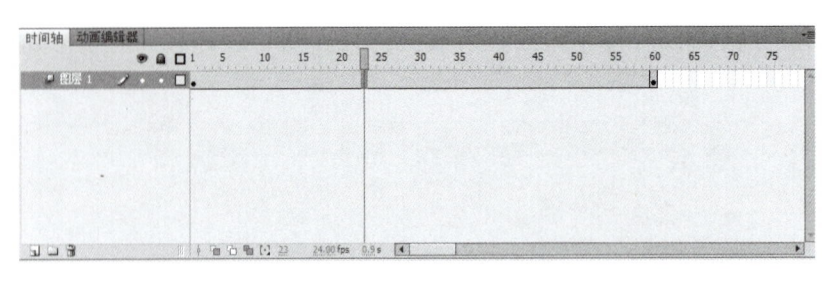

图 6-104　动作渐变动画时间轴

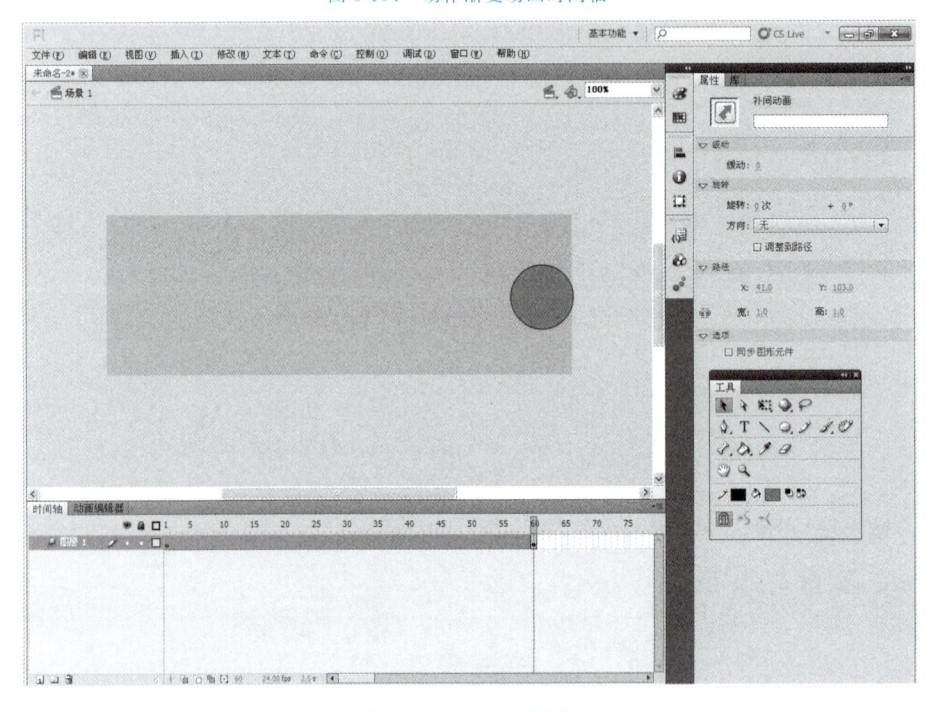

图 6-105　动作渐变效果

但是 Flash 中的图形就不可以做动作渐变动画,这里所说的图形是指矢量化的图形。我们只要了解了这一点,这个问题就会迎刃而解。之所以可以实现动作渐变动画效果,是因为把绘制的矢量图转换为了图形元件。

> **注意:**
> ● 除了元件可以做动作渐变外,文本格式、"组"对象、位图同样可以制作动作渐变效果。
> ● 养成给元件命名和给图层命名的好习惯,在制作大型 Flash 动画时,可以方便地寻找、修改命名的元件或者图层。
> ● MovieClip,中文是指"影片剪辑"。影片剪辑与图形元件的显著区别在于,影片剪辑可以给它命名,用来接受 Flash ActionScript 的控制,并且影片剪辑可以独立于时间轴播放。
> ● 在 Flash 中不可以像 Photoshop 那样合并图层,但是可以通过拷贝帧或者是拷贝帧内的元件,来达到合并图层的目的。

【实例 6-2】 创建形状渐变动画。

操作步骤如下：

(1) 选择要变形的物体所在的层，如果有其他层的话，将这些层锁定，以免操作时对它们产生影响。

(2) 在第 1 帧插入一个关键帧，然后在舞台上用绘图工具画出一个圆形，并将其填充颜色设为红色。如图 6-99 所示。

(3) 在第 50 帧处插入一个关键帧，单击选择该帧，然后在舞台上删除圆形，重新创建一个矩形，将其填充颜色设置为蓝色，如图 6-106 所示。

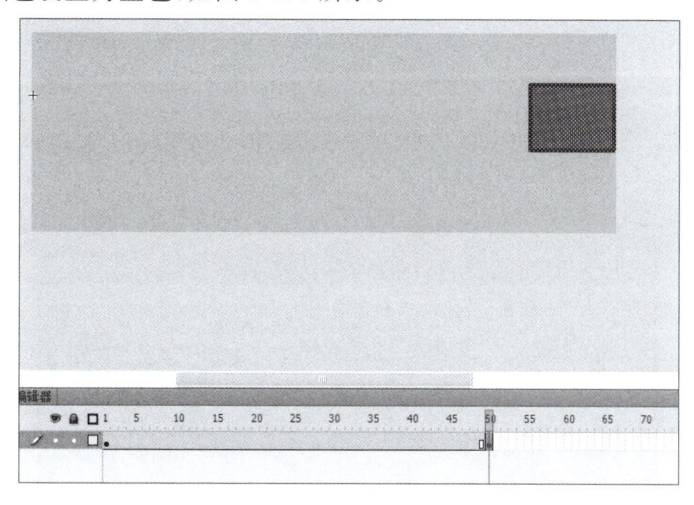

图 6-106　绘制矩形

(4) 单击第 1 帧，选择圆形，单击鼠标右键，在弹出的快捷菜单中选择"创建补间形状"，如图 6-107 所示。

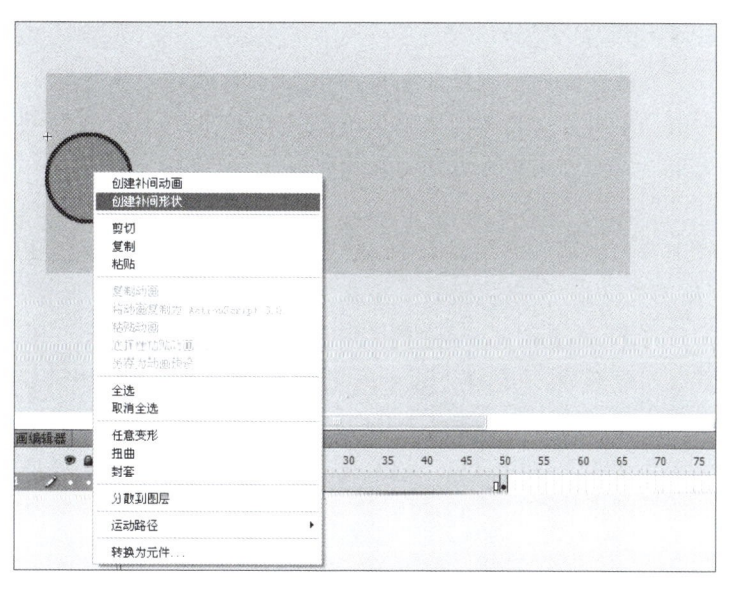

图 6-107　创建补间形状

(5) 创建了补间形状后，在"时间轴"面板上显示为绿色并且带有一个箭头，说明第 1 帧到第 50 帧之间创建了补间形状，如图 6-108 所示。

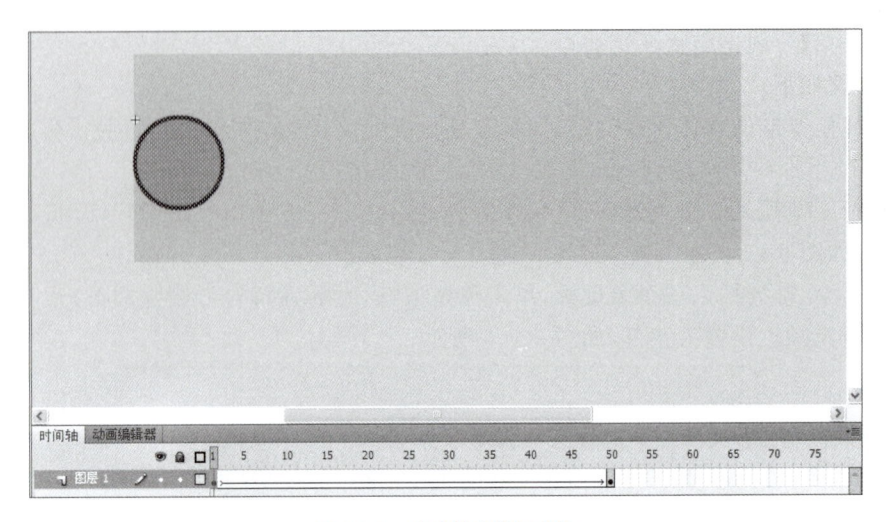

图 6-108　成功创建补间形状

（6）执行"控制"→"播放"命令，或者按下【Enter】键，预览动画的播放，如图 6-109 所示。

图 6-109　形状渐变效果

知识点 6-2　Dreamweaver 表单

一个网站不仅需要各种供用户浏览的网页，而且还需要与用户进行交互，这样表单就是网页制作中必不可少的一个对象。表单用于收集用户信息，是网站管理者与网页浏览者之间沟通的桥梁。通过表单可以使网页浏览者和 Internet 服务器之间实现交互。

1. 认识表单

表单是网站管理者和浏览者沟通的纽带，也是一个网站成功的秘诀，更是网站生存的命脉。有了表单，网站不仅仅是"信息提供者"，也是"信息收集者"。表单通常用于用户登录、留言簿、网上报名、产品订单、网上调查以及搜索等功能。

表单有两个重要组成部分：一是描述表单的 HTML 源代码；二是用于处理用户在表单域中输入的服务器端应用程序或客户端脚本，如 CGI、ASP 等。

使用 Dreamweaver 可以创建表单，可以在表单中添加表单对象，还可以通过使用"行为"来验证用户输入的信息的正确性。例如，可以检查用户输入的电子信箱是否包含"@"符号，或者某个必须填写的文本域是否包含值等。

2. 创建表单

在文档中插入表单有两种方法：一种是使用菜单命令，另一种是使用【表单】按钮。

（1）使用菜单命令插入表单

在文档窗口中选定插入点，执行"插入"→"表单"→"表单"命令，插入表单。

(2)使用【表单】按钮插入表单

在文档窗口中选定插入点,单击"插入"面板"表单"中的【表单】按钮,或者直接将【表单】按钮拖曳到文档中,均可插入表单。

插入表单后,会在文档中以红色的矩形虚线框显示,如图 6-110 所示。可在表单虚线框中插入诸如文本域、按钮、复选框等对象。

图 6-110　插入表单

注意:插入表单后,如果在网页中看不到表单边框,可通过执行"查看"→"可视化助理"→"不可见元素"命令将红色虚线框显示出来。

更需要注意的是,网页中的红色虚线框表示创建的表单,这个框的作用仅是方便编辑表单对象,在浏览器中不会显示。另外,可以在一个网页中包含多个表单,但是,不能将一个表单插入到另一个表单中。

3. 设置表单属性

在文档窗口中选中插入的表单,表单"属性"面板如图 6-111 所示。

图 6-111　表单"属性"面板

表单"属性"面板中各选项含义如下:

(1)表单 ID

表单 ID 是＜form＞标签的 name 参数,用于标明表单的名称,各个表单的名称不能相同。命名表单后,用户就可以使用 JavaScript 或 VBScript 等脚本语言引用或控制该表单。

(2)动作

动作是＜form＞标签的 action 参数,用于设置处理该表单数据的动态网页路径。用户可以在此选项中直接输入动态网页的完整路径,也可以单击右侧的【浏览文件】按钮,选择处理该表单数据的动态网页。

(3)方法

方法是＜form＞标签的 method 参数,用于设置将表单数据传输到服务器的方法。其列表中包含"默认"、"GET"和"POST"三项:

①默认:使用浏览器默认的方法,通常默认为 GET 方法。

②GET:将值附加到请求该网页的 URL 中,并将其传输到服务器上。由于 GET 方法有字符个数的限制,所以适合于向服务器提交少量数据的情况。

③POST:在 HTTP 请求中嵌入表单数据,并将其传输到服务器上。该方法适合于向服务器提交大量数据的情况。

(4) 编码类型

编码类型是<form>标签的 enctype 参数,用于设置提交给服务器处理的数据使用的 MIME 编码类型。MIME 编码类型默认设置为 application/x-www-form-urlencoded,通常与 POST 方法一起使用。如果要创建文件上传域,则指定为 multipart/form-data 类型。

(5) 目标

目标是<form>标签的 target 参数,设置打开目标浏览器的方式。其列表中包含的目标值有:

①_blank:在未命名的不同的新浏览器窗口打开要链接的网页。

②_parent:在显示当前文档窗口的父窗口打开要链接的网页。

③_self:默认选项,表示在当前窗口打开要链接的网页。

④_top:表示在整个浏览器窗口打开链接的网页并删除所有框架。一般使用多级框架时才选用此选项。

⑤_new:在同一个新窗口中打开要链接的网页。

4. 表单对象

表单是一个容器对象,用来存放表单对象,并负责将表单对象的值提交给服务器端的某个程序处理,所以在添加文本域、按钮等表单对象之前,要先插入表单。

(1) 向表单中插入对象

在 Dreamweaver 中,表单对象是允许用户输入数据的网页元素。向表单中插入表单对象的方法有如下几种:

①将光标定位到表单内(即红色虚线框内)的插入点,从"插入"→"表单"级联式菜单中选择需要的对象。

②将光标定位到表单内的插入点,在"插入"面板的"表单"中单击表单对象按钮。

③在"插入"面板的"表单"中,选中需要的表单对象按钮,按下鼠标左键将其直接拖曳到表单内的插入点位置。

(2) 认识表单对象

表单对象包含文本字段、文本区域、隐藏域、复选框、单选按钮、选择(列表/菜单)、跳转菜单、图像域、文件域、按钮等。

①文本字段和文本区域:接受任何类型的字母、数字、文本输入内容。文本可以单行或多行显示,也可以以密码域的方式显示,在这种情况下,输入文本将被替换为星号或项目符号,以保证输入信息的安全。

②隐藏域:存储用户输入的信息,如姓名、电子信箱等信息并在用户下次访问此网站时使用这些数据。隐藏域在网页中不显示,只是将一些必要的信息存储并提交给服务器。插入隐藏域后,Dreamweaver 会在表单内创建隐藏域标签。

③复选框:允许在一组选项中选择多个选项。

④单选按钮:在一组选项中一次只能选择一项。也就是说,在一个单选按钮组(由两个或多个共享同一名称的按钮组成)中选择一个按钮,就会取消选择该组中的其他按钮。

⑤选择(列表/菜单):"列表"选项在一个滚动列表中显示选项值,用户可以从该滚动列表中选择一个或多个选项。"菜单"选项在一个下拉菜单中显示选项值,用户只能从中选择单个选项。

⑥跳转菜单:可以是导航列表或弹出菜单。使用它可以插入一个菜单,每个选项都链接到

指定网页文件。

⑦图像域：可以在表单中插入一幅图像，使其生成图形化的按钮，来代替不太美观的普通按钮。

⑧文件域：可以实现在网页中上传文件的功能。文件域的外观与其他文本区域类似，只是文件域还包含一个【浏览文件】按钮，用户可以通过单击【浏览文件】按钮，在打开的"选择文件"对话框中选择需要上传的文件。

⑨按钮：用于控制表单的操作。一般情况下，表单中设有3种按钮：提交按钮、重置按钮和普通按钮。其中，提交按钮是将表单数据提交到表单指定的处理程序中进行处理，重置按钮将表单内容还原到初始状态。

实训指导 6

【实训项目 6-1】 创建一个甜点屋网站。

要求：1. 网站由若干个网页组成，网页间建立链接，链接层次不能太深。

2. 网站导航由 AP Div 来创建。

3. 网站风格以甜美、温馨为主。

4. 网站中要求有动画、图像、音乐等素材。

操作步骤参考如下：

Step1：在硬盘上建立本地站点目录。

(1)打开"我的电脑"窗口。

(2)在"我的电脑"窗口中选择用于存储站点目录的硬盘驱动器（如 D 盘），打开选定的硬盘驱动器。

(3)执行"文件"→"新建"→"文件夹"命令，或在空白区域单击鼠标右键，在弹出的快捷菜单中执行"新建"→"文件夹"命令，在 D 盘中建立一个新文件夹 tdw。

(4)关闭"我的电脑"窗口。

Step2：建立 Dreamweaver 站点。

(1)启动 Dreamweaver。

(2)执行"站点"→"新建站点"命令，弹出"站点设置对象"对话框。

(3)选择"站点"选项。

(4)在"站点名称"文本框中输入"王子甜点屋"，在"本地站点文件夹"中输入 D:\tdw 作为本地根文件夹，其他可采用默认设置。

(5)单击【保存】按钮，完成站点创建。

Step3：建立站点文件夹和网页文件。

(1)在"文件"面板中选择"王子甜点屋"站点，在 D:\tdw 文件夹上单击鼠标右键，在弹出的快捷菜单中选择"新建文件夹"命令，建立文件夹 flash，此文件夹用于存放 Flash 动画。

(2)参照步骤(1)，依次建立文件夹 images（用于存放图像文件）、music（用于存放音乐文件）、web（用于存放非主页的其他网页）。

(3)选中 D:\tdw 文件夹，单击鼠标右键，在弹出的快捷菜单中选择"新建文件"命令，建立主页文件 index.html。

(4)选中 web 文件夹,单击鼠标右键,在弹出的快捷菜单中选择"新建文件"命令,建立网页 introduction.html(简介)。

(5)参照步骤(4),分别建立网页 cpjj.html(产品简介)、tdwh.html(甜点文化)、mqxw.html(妙趣新闻)、xqyz.html(心情驿站),如图 6-112 所示。

Step4:打开主页文件。

在"王子甜点屋"站点中双击主页文件 index.html,此时主页是空白网页,进入主页编辑状态。

Step5:利用表格进行网页布局。

执行"插入"→"表格"命令,插入 4 行 2 列的表格。

图 6-112 网站文件结构

Step6:制作主页标题部分。

(1)合并表格中第 1 行的单元格,执行"插入"→"图像"命令,弹出"选择图像源文件"对话框。

(2)在驱动器中找到标题图像文件(title.gif),单击【确定】按钮,系统弹出提示信息对话框,提示大家这个图像不在站点根文件夹内,询问是否将该文件复制到根文件夹中。

(3)单击【是】按钮,出现"复制文件为"对话框,"保存在"会自动切换到打开的站点文件夹 tdw。

(4)把这个图像文件放在 images 下。双击 images 文件夹,单击【保存】按钮。此时出现"图像标签辅助功能属性"对话框,可在"替换文本"中输入替换文本,也可不输入任何信息,单击【确定】按钮,此时一个标题图像就插入完毕了。

(5)执行"文件"→"保存"命令,或按快捷键【Ctrl】+【S】保存网页。

Step7:设置导航栏。

(1)合并表格第 2 行。

(2)在"插入"面板"布局"工具栏中单击【表格】按钮,弹出"表格"对话框,设置"行数"为 5,"列"为 1,"表格宽度"为 20 百分比,"边框粗细"为 1。

(3)单击【确定】按钮,表格插入到网页中。

(4)此时表格处于选中状态,拖动控制点(黑点)适当调整表格的大小。

(5)在"属性"面板中设置表格的背景颜色为#0066FF。

(6)在表格的第 1 个单元格里单击鼠标,出现光标插入点,通过键盘输入文字"首页"。

(7)选中文字"首页",然后在"属性"面板中设置其字体为黑体、大小为 24,对齐方式为居中对齐。

(8)参照步骤(6)和(7),输入和设置其他导航栏:"产品简介"、"甜点文化"、"妙趣新闻"和"心情驿站"。

(9)执行"文件"→"保存"命令,或按快捷键【Ctrl】+【S】保存网页。

Step8:设置网页文字区域的内容。

(1)在"插入"面板"布局"工具栏中单击【绘制 AP Div】按钮。

(2)在表格右侧的文字区域按住鼠标左键拖出一个矩形区域。

(3)此时层处于选中状态,设置层属性。

(4)在层内单击鼠标,输入文字标题内容"甜点屋简介",并在"属性"面板中设置文字属性(用户根据需求自行设置)。

(5)将光标放在标题文字后,执行"插入"→"HTML"→"水平线"命令,在标题文字下插入了一条水平线,将标题与文字分开。

(6)在水平线下单击鼠标,输入正文内容。

(7)执行"文件"→"保存"命令,或按快捷键【Ctrl】+【S】保存网页。

Step9:设置网页版权信息。

在表格第4行,合并单元格,输入文本"Copyright@liaoning.edu.cn"。

Step10:设置导航栏文字的超链接和图像的超链接。

(1)先选中用来做链接的文字"首页"。

(2)单击"属性"面板中"链接"右边的【浏览文件】按钮,在弹出的"选择文件"对话框中双击打开web文件夹,选择与"首页"相关的网页文件index.html。

(3)参照步骤(1)和(2),设置其他导航栏的文字链接:"产品简介"链接为web/cpjj.html、"甜点文化"链接为web/tdwh.html、"妙趣新闻"链接为web/mqxw.html、"心情驿站"链接为web/xqyz.html。

(4)执行"文件"→"保存"命令,或按快捷键【Ctrl】+【S】保存网页。

Step11:设置页面属性。

(1)执行"修改"→"页面属性"命令。

(2)在弹出的"页面属性"对话框中设置网页标题为"王子甜点屋"、网页的背景图像为images/1.gif、背景颜色为♯CCFFFF、文本颜色为♯000000、页面边距为0、文档编码为"简体中文(GB2312)"等。

(3)单击【确定】按钮。

(4)执行"文件"→"保存"命令,或按快捷键【Ctrl】+【S】保存网页。

Step12:浏览网页。

(1)执行"文件"→"在浏览器中预览"→"IExplore"命令,或按【F12】键出现浏览器窗口。

(2)将鼠标放到设置链接的文字或图像上时,鼠标指针变成手形,单击就可以切换到链接的网页。

(3)根据预览效果再回到文档窗口对网页进行调整。

【实训项目6-2】 创建一婚纱影楼网站。

要求首页有标题区、水平线、导航区、文本区和图片区,导航区与其他网页链接,设置网页标题等页面属性。

综合练习6

1. 选择题

(1)在域名系统中,域名采用(　　)命名机制。

A. 树形　　　　　　B. 星形　　　　　　C. 层次形　　　　　　D. 网状形

(2) 如果要使浏览器不显示表格边框,应将"边框粗细"设置为(　　)。

A. 1　　　　　　B. 2　　　　　　C. 3　　　　　　D. 0

(3) 若要编辑 Dreamweaver 站点,可采用如下(　　)方法完成。

A. 执行"站点"→"管理站点"命令,然后选择一个站点,单击【编辑】按钮

B. 在"文件"面板中,切换到要编辑的站点窗口,双击站点名称

C. 执行"站点"→"打开站点"命令,然后选择一个站点

D. 在"属性"面板中进行站点的编辑

(4) 在进行网站设计时,属于网站建设过程规划和准备阶段的是(　　)。

A. 网页制作　　　B. 确定网站主题　　C. 后期维护与更新　　D. 测试发布

(5) Dreamweaver 是(　　)软件。

A. 图像处理　　　B. 网页编辑　　　C. 动画制作　　　D. 字处理

(6) 在网站整体规划时,第一步要做的是(　　)。

A. 确定网站主题　　　　　　　　B. 选择合适的制作工具

C. 收集素材　　　　　　　　　　D. 制作网页

(7) 下列(　　)不能在网页的"页面属性"中进行设置。

A. 网页背景图像及其透明度　　　B. 背景颜色、文本颜色、链接颜色

C. 文档编码　　　　　　　　　　D. 跟踪图像及其透明度

(8) 对插入文件中的 Flash 动画,不能在"属性"面板中设置动画的(　　)属性。

A. 动画是否循环播放　　　　　　B. 动画循环播放的次数

C. 是否自动播放动画　　　　　　D. 动画播放时的品质

(9) 如图 6-113 所示,对于一个简单的调查表单,以下说法正确的是(　　)。

A. 表单的元素必须使用两个以上

B. 图中【投票】按钮不是一个表单元素

C. 调查表单只能使用单选按钮

D. 调查结果如需要保存到数据库中,需要建立一个数据库链接

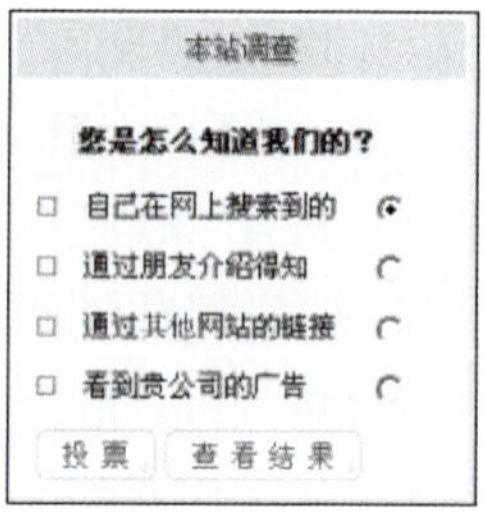

图 6-113　调查表单

(10) 制作如图 6-114 所示的表格效果,需要设置(　　)。

A. 第 1 行第 1 个单元格的 colspan 属性

B. 第 3 行第 1 个单元格的 colspan 属性

C. 第 1 行第 1 个单元格的 rowspan 属性

D. 第 3 行第 1 个单元格的 rowspan 属性

图 6-114　表格效果

2. 填空题

(1) 在中文 Flash 中,渐变动画属于比较常见的应用,一般渐变动画分为两种,一种是_____,另一种是_____。

(2) 在将网站发布到 Internet 服务器之前,首先要在本地计算机上对网站进行测试,测试的内容包括_____、网站链接正确性、_____等。

(3) 表格的宽度可以用像素和_____两种单位来设置。

(4) 通过_____方式可以使各个网页之间联系起来,使网站中众多网页构成一个有机整

体,使访问者可以在各个页面之间跳转。

(5) CSS 规则中,选择器类型有:_____、_____和_____三个选项。

(6)_____是网站的第一个网页,也是网站的门面。

3. 简答题

(1)表单在网站建设中的作用是什么?

(2)网站建设初期的需求分析中主要包括几个方面?

(3)阐述 Flash 制作渐变动画的过程。

(4)简单描述 Fireworks 创建网站标题的步骤。

4. 操作题

创建萃文书屋网站,要求使用表格布局网页。采用多媒体技术手段将书屋的特质、特色表现出来。

附录　知识点索引

模块一　网页设计制作基础知识

知识点 1-1　网页与网站的概念 ……………………………………………………… 20

知识点 1-2　网站设计与制作流程 …………………………………………………… 23

模块二　HTML 基础

知识点 2-1　HTML 网页的基本组成与特点 ………………………………………… 76

知识点 2-2　文本格式标记 …………………………………………………………… 80

知识点 2-3　版面控制标记 …………………………………………………………… 82

知识点 2-4　图像标记 ………………………………………………………………… 84

知识点 2-5　超链接标记 ……………………………………………………………… 85

知识点 2-6　表格标记 ………………………………………………………………… 86

知识点 2-7　表单标记 ………………………………………………………………… 89

知识点 2-8　多媒体及其他常用标记 ………………………………………………… 94

模块三　Dreamweaver 相关知识

知识点 1-3　初步认识 Dreamweaver ………………………………………………… 25

知识点 1-4　Dreamweaver 文本编辑与格式化 ……………………………………… 28

知识点 1-5　Dreamweaver 中图像及应用 …………………………………………… 34

知识点 1-6　Dreamweaver 中超链接的概念与基本应用 …………………………… 38

知识点 3-2　Dreamweaver 中超链接的进一步应用 ………………………………… 125

知识点 1-7　Dreamweaver 中表格的建立与基本操作 ……………………………… 41

知识点 3-3　Dreamweaver 表格与网页布局 ………………………………………… 126

知识点 1-8　Dreamweaver 中层的建立与基本操作 ………………………………… 48

知识点 3-1　Dreamweaver 中 CSS 样式及应用 ……………………………………… 120

知识点 5-4　Dreamweaver 行为 ……………………………………………………… 215

知识点 6-2　Dreamweaver 表单 ……………………………………………………… 268

知识点 4-1　Dreamweaver 框架及应用 ……………………………………………… 158

知识点 4-2　Dreamweaver 模板及应用 ……………………………………………… 163

知识点 5-5　网站的测试与发布 ……………………………………………………… 217

模块四　Fireworks 相关知识

知识点 1-9　初步认识 Fireworks ……………………………………………………… 52

知识点 3-4	Fireworks 文字特效	128
知识点 3-5	Fireworks 图像处理	130
知识点 3-6	Fireworks 按钮导航	138
知识点 3-7	Fireworks 基本动画制作	140
知识点 4-3	Fireworks 元件及应用	164
知识点 4-4	Fireworks 切片及应用	166
知识点 4-5	Fireworks 补间动画制作	169
知识点 5-3	应用 Fireworks 制作动态交换图像	214

模块五　Flash 相关知识

知识点 5-1	Flash 操作基础	206
知识点 5-2	Flash 逐帧动画制作	213
知识点 6-1	Flash 渐变动画制作	263